5大基地について

海上自衛隊の５大基地は、いずれも日本海軍の根拠地であった鎮守府と警備府を引き継いでいる。共通しているのは、周囲を陸地に囲まれた内海に位置し、波が穏やかで水深が深い「天然の良港」であること、そして旧国鉄の駅から近いことである。これは駅の近くに開庁したわけではなく、開庁後に国策として駅が設置されたことによるものだ。このことからも、四方を海に囲まれた海洋国家である日本の近代化に際して、海軍がいかに重要な役割を担っていたかがうかがえるだろう。

旧海軍は戦後解体されたとはいえ、海上自衛隊はその良き伝統や文化を継承しており、各基地の歴史は百年をゆうに超える。そのため、基地のある街は軍港として発展しながらそれぞれが独自の地域文化を形成しており、それらは今日、観光資源としても活用されている。

海上自衛隊の５大基地は海上防衛の重要拠点である。そして過去と現在が交錯する場所でもあるのだ。

Contents

prologue

海上自衛隊の任務と編成

海自の使命は「国土の防衛」と「海上交通の保護」

四方を海に囲まれた日本における海上自衛隊（JMSDF）の任務は、大きくわけて2つある。有事に際しては海からの脅威に備えること、そして平時は海上交通路（シーレーン）防衛である。

国民生活の基盤となる物資の大半を海外に依存し、その9割以上を海上輸送網に頼る日本にとって、シーレーン防衛は安全保障上、死活的に重要なのである。さらに近年は、海外における国際平和協力活動や弾道ミサイル防衛などの新たな任務が加わり、海上自衛隊の体制もより効率的な形に見直されてきた。

海上自衛隊の組織は、主に海上幕僚監部、部隊、機関から構成される。海上幕僚監部は防衛大臣のスタッフで言わば頭脳、部隊は作戦行動を任務とし、機関は教育や補給部門などがこれにあたる。

最大の基幹部隊は「自衛艦隊」で、司令部のほか、隷下に実力部隊である「護衛艦隊」「航空集団」「潜水艦隊」、さらに「掃海隊群」「情報業務群」「海洋業務群」「開発隊群」などをもって編成。すべての部隊の司令部は神奈川県（航空集団は綾瀬市、それ以外は横須賀市）に所在している。

艦艇は約100隻、航空機は約230機。各隷下部隊はフォースプロバイダー（練度管理責任者）として教育・訓練等を行い、自衛艦隊はフォースユーザー（事態対処責任者）として部隊の運用を行っている。

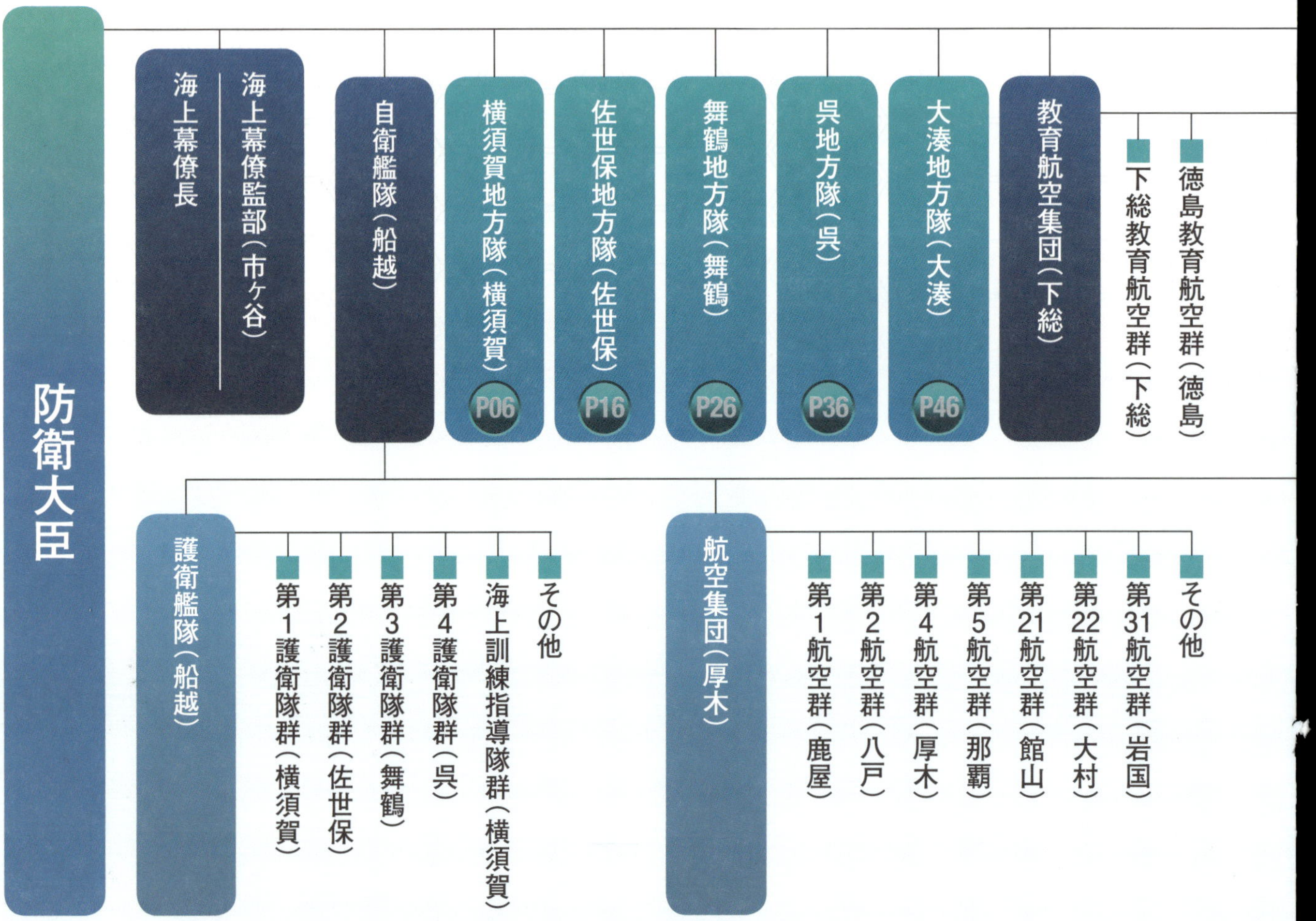

警備区域の防衛と、「人」と「物」の基盤となる5大基地

海自では日本を5つの警備区に区分し、そこに活動拠点として地方隊・地方総監部を設置している。それが横須賀、佐世保、舞鶴、呉、大湊の5大基地である。

自衛艦はいずれかの地方総監部に籍を置くと定められているため、地方隊は警備区の防衛や警備のほかにも、艦艇への補給、修理、人事などの後方支援業務も担う海自の最重要拠点なのである。

自衛艦隊の中核である護衛艦隊は4個護衛隊群が編成され、第1は横須賀、第2は佐世保、第3は舞鶴、第4は呉に司令部が置かれている。各護衛隊群はヘリコプター搭載護衛艦（DDH）1隻・ミサイル護衛艦（DDG）1隻・汎用護衛艦（DD）2隻からなる護衛隊と、ミサイル護衛艦（DDG）1隻と汎用護衛艦3隻からなる護衛隊計8隻により構成され、それぞれ「DDHグループ」「DDGグループ」と呼ばれている。DDHグループは従来の対潜重視型、DDGグループはBMD（弾道ミサイル防衛）を含めた防空重視型といえる。

護衛艦の定係港は、以前は基本的に護衛隊群の司令部がある基地にまとめられていたが、現在は5つの基地に分散して所属している。

艦艇は定期的な保守・修理や改修工事をする際に長期間ドック入りする必要がある。しかしその間は、乗員の訓練ができないのでいったん練度が低下してしまい、艦隊としての錬度を統一できないという問題があった。そこで基本的に従来の母港はそのままに、ドック入りの時期の似た艦を同じ護衛隊群の所属にして運用の効率化を図ったため。

現在は、即応、高練度、低練度、整備の4つのフェーズを1サイクルとして、常に即応態勢の1個護衛隊群を前線配備し、ローテーションにより間断なく戦力を維持している。

- 小月教育航空群（小月）
- その他
- 練習艦隊（呉）
- システム通信隊群（市ケ谷）
- 幹部学校（目黒）
- 幹部候補生学校（江田島）
- 第1術科学校（江田島）
- 第2術科学校（田浦）
- 第3術科学校（下総）
- 第4術科学校（舞鶴）
- 補給本部（十条）
- その他の部隊・機関

- 潜水艦隊（船越）
  - 第1潜水隊群（呉）
  - 第2潜水隊群（横須賀）
  - その他
- 掃海隊群（船越）
- 情報業務群（船越）
- 海洋業務群（船越）
- 開発隊群（船越）
- その他

基地紹介

横須賀 JMSDF 基地

Yokosuka NAVAL BASE

メジャーコマンドが集中する中枢基地

横須賀は、軍港としての起源は幕末までさかのぼる伝統ある港。近代的な街並みの中に、旧海軍からの歴史、在日米海軍がもたらしたアメリカ文化、街おこしによって生まれた新しい海軍グルメなどが混在する、軍港独特の魅力にあふれた街だ。

そんな中にある横須賀基地は、５大基地の中で最大規模を誇る。また首都東京からほど近く、司令部機能が集中しているため、在日米海軍とともに日本の海上防衛の最前線基地として位置付けられている。

正門

横須賀基地の正門。JR横須賀駅のすぐ近くにある

総監部

横須賀地方総監部。旧横須賀鎮守府庁舎は現在、米海軍司令部となっている

基地と市街地

横須賀基地の後ろに見えるビル群は京急汐入駅周辺の市街地

Spec

在籍艦艇	37隻
総監部住所	〒238-0046 神奈川県横須賀市西逸見町 1丁目無番地
Webページ	http://www.mod.go.jp/ msdf/yokosuka/

横須賀基地の吉倉桟橋。バース(接岸施設)は右からY-1、Y-2、Y-3、Y-4と呼ばれる。

新井堀割

長浦地区と田浦地区を結ぶ人口の水路、新井堀割

長浦門

横須賀警備隊などへアクセスする長浦門

アクセスガイド

JR横須賀駅から、徒歩約5分
または
京急汐入駅から、徒歩約15分

概要

自衛艦隊司令部・護衛艦隊司令部・潜水艦隊司令部などの主要な司令部が集中する海上自衛隊の中枢基地。また、旧海軍横須賀鎮守府跡には在日米海軍司令部が置かれており、日本の海上防衛の要といえる。

基地は吾妻島を挟んで大きく吉倉地区と船越地区の2つに分かれ、吉倉地区には主に護衛艦や補給艦などの大型艦、船越地区には掃海母艦や掃海艇などの喫水が浅い小型艦艇が係留されている。自衛艦隊司令部、護衛艦隊司令部は船越地区、横須賀地方総監部、第１護衛隊群司令部は吉倉地区、潜水艦隊司令部は米海軍施設内に所在している。

横須賀基地は長年にわたり岸壁不足に悩まされてきたが、2010（平成22）年には横須賀総監部前にヘリポートを備えた逸見岸壁が完成。タイミングがよければ、JR横須賀駅周辺から大型艦やヘリコプターの発着を間近に見ることができるだろう。

警備区域は、北は岩手県、西は三重県に至る太平洋沿岸一帯を担当区域としている。

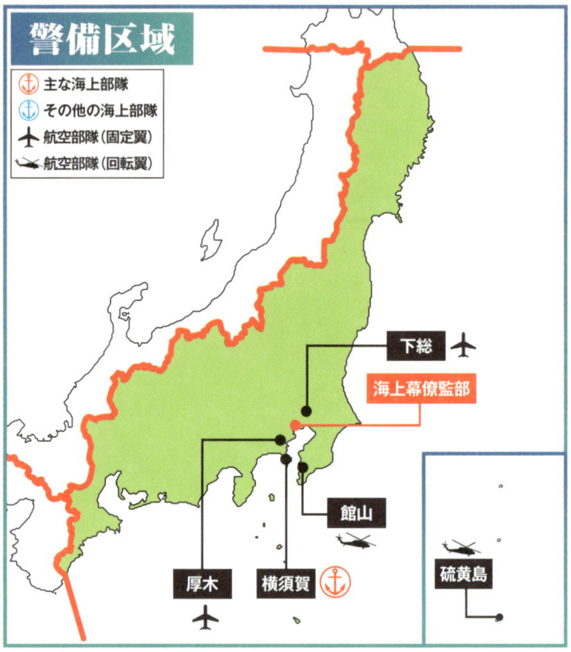

主な所在部隊

- 横須賀地方隊
  - 横須賀地方総監
    - 横須賀地方総監部
    - 多用途支援艦「えんしゅう」
    - 輸送艇2号
    - 砕氷艦「しらせ」
    - 父島基地分遣隊
    - 横須賀音楽隊
    - 横須賀衛生隊
    - 横須賀基地業務隊
    - 横須賀造修補給所
    - 横須賀弾薬整備補給所
    - 横須賀警備隊
      - 特務艇「はしだて」
      - 横須賀水中処分隊
      - 横須賀港務隊
      - 横須賀陸警隊
      - 横須賀警備隊本部
    - 横須賀教育隊
    - 第41掃海隊
- 自衛艦隊司令部
  - 開発隊群司令部
  - 海洋業務群司令部
  - 情報業務群司令部
  - 掃海隊群司令部
  - 潜水艦隊司令部
    - 第2潜水隊群司令部
  - 護衛艦隊司令部
    - 第1護衛隊群司令部
- 海上幕僚長
  - 自衛隊横須賀病院
  - 第2術科学校

※白い枠は、横須賀地区以外に所在する部隊

沿革

軍港としての歴史は5大基地の中で最も古く、江戸幕府が150年前の1865（慶応元）年に設置した横須賀製鉄所が始まりとされる。明治維新後は新政府に引き継がれ、1884（明治17）年に旧日本海軍・横須賀鎮守府直轄に。以来、横須賀は東京から近いことから首都防衛の要の地となった。第二次世界大戦後は米国に接収され、現在も大半は在日米海軍が使用。海自施設はJR横須賀駅付近の横須賀本港から長浦湾にかけた沿岸部に点在している。

海自としての歴史は1952（昭和27）年4月の海上警備隊発足後、同年8月に保安庁警備隊が創設されたのと同時に、地方総監部と3航路啓開隊からなる横須賀地方隊が編成されたのが始まり。1954（昭和29）年7月に保安庁は防衛庁に改称、保安庁警備隊は海上自衛隊となり、その後横須賀警備隊、横須賀教育隊、横須賀補給所、横須賀造修所、横須賀音楽隊などが新編された。

なお旧横須賀鎮守府は終戦後、連合軍に接収されて現在は在日米海軍基地に、旧鎮守府庁舎は在日米海軍司令部庁舎となっている。建物は基地開放などのイベントの際に見られる場合がある。

総監部地域から新井堀割をのぞむ。白い部分が新たに造られた逸見岸壁

撮影ポイントの安針台公園から見た横須賀基地

1955（昭和30）年当時の横須賀地方総監部

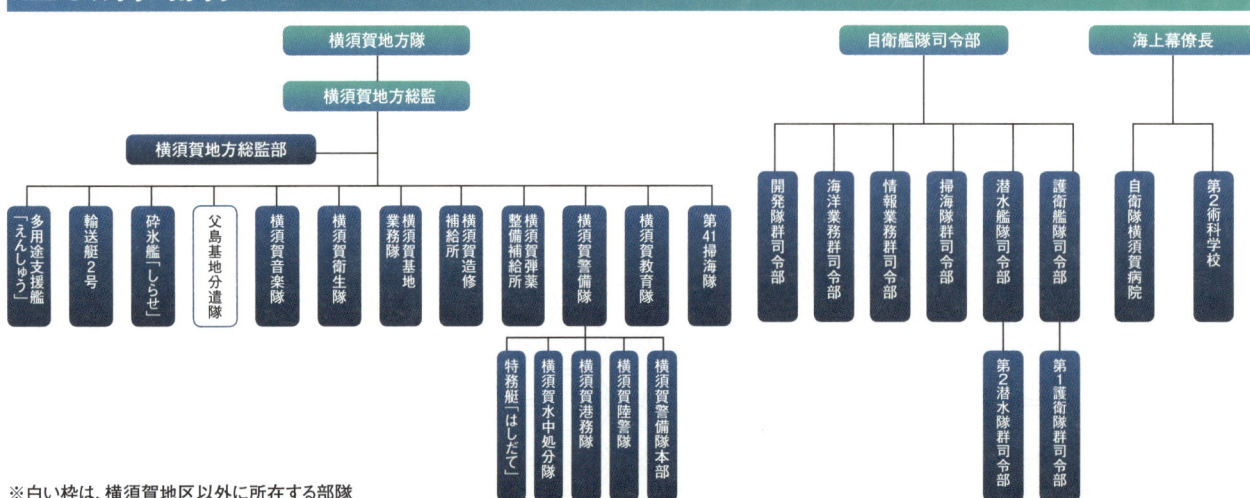

隊員インタビュー

手《て》塚《づか》浩《こう》貴《き》

第41掃海隊「ちちじま」水中処分員　3等海曹

自衛官を志したきっかけ: 消防の水難救助をしていた父にあこがれて。子どもの頃からダイビングとラグビーを始め、体力に自信があったので希望しました。

これまでの部隊歴: 試験艦「あすか」、掃海母艦「うらが」、護衛艦「きりしま」。

現在の仕事: 水中の機雷に直接爆薬を仕掛けて爆破します。停泊中は最低週3回は訓練です。

休日の過ごし方: 以前はロードの自転車に乗っていましたが、子どもが生まれてからは子どもが生きがいです。趣味でダイビングは……行かなくなりましたね（笑）。

自衛官としてのやりがい： 実機雷対処訓練に参加したときは緊張しましたが、処分が無事に終わったときの達成感は何ともいえないものでした。また東日本大震災では約2カ月、水中捜索に参加し、被災地の方に「ありがとうございます」と言っていただいたときは自衛隊に入ってよかったと思いました。

COLUMN

3年に一度の一大イベント

観艦式を見に行こう

自衛隊では、自衛隊記念日の行事として、最高司令官である内閣総理大臣が視察するパレードとして、海上自衛隊の「観艦式」、陸上自衛隊の「観閲式」、航空自衛隊の「航空観閲式」を持ち回りで開催している。

開催時期は例年10月頃。海上自衛隊では観艦式のほか、事前公開（予行）なども含めて、一般の乗船見学を受け付けている。

申し込み方法は、8月頃に申し込み方法がホームページ上に掲載されるが、毎回かなりの高倍率となっているため、当選するのは狭き門といえる。たとえ抽選に外れてしまっても、港に集まっている艦船を見ることはできるので、カメラを片手に横須賀や横浜へ行ってみるのもいいだろう。

イベント内容は、護衛艦に乗艦して海上で観閲を受ける様子を実際に見ることができる体験航海や、装飾した護衛艦隊の観覧（夜には、電装したイルミネーション展示）、さらに音楽隊による生演奏（広報生演奏）などもある。

2012年・観艦式の様子

受閲部隊（左）と観閲艦「くらま」（手前）。たくさんの見学者を乗せている

護衛艦「ひゅうが」艦上の近くを通り過ぎるSH-60

護衛艦「あたご」の艦橋で、参加者へ説明をしているところ

本番を前に演奏の練習をする、東京音楽隊の岩重2曹（当時）

着水準備のため低空飛行中のUS-2、後方は護衛艦「いせ」

次回観艦式は2015年10月予定

在籍艦艇

中枢基地ということもあって定係港とする艦艇も多く、総数は36隻を数える。護衛艦「ひゅうが」や「てるづき」、掃海艇「えのしま」など最新鋭艦艇の１番艦や２番艦も配備されている。また砕氷艦「しらせ」や特務艇「はしだて」などは横須賀でしか見られない。なお、「いずも」の3月配備に伴い「ひゅうが」は舞鶴に配備される。

呉とともに潜水艦が配備されているのも特徴。係留されているのが米海軍基地側なので、ヴェルニー公園から目の前に見ることができる。

護衛艦（護衛隊群）

種別	艦番号	艦名	所属
護衛艦	DDH-181	ひゅうが	第1護衛隊群第1護衛隊
護衛艦	DDG-171	はたかぜ	第1護衛隊群第1護衛隊
護衛艦	DD-101	むらさめ	第1護衛隊群第1護衛隊
護衛艦	DD-107	いかづち	第1護衛隊群第1護衛隊
護衛艦	DDG-174	きりしま	第2護衛隊群第6護衛隊
護衛艦	DD-110	たかなみ	第2護衛隊群第6護衛隊
護衛艦	DD-111	おおなみ	第2護衛隊群第6護衛隊
護衛艦	DD-116	てるづき	第2護衛隊群第6護衛隊

護衛艦（地方配備）

種別	艦番号	艦名	所属
護衛艦	DD-129	やまゆき	護衛艦隊直轄第11護衛隊
護衛艦	DD-152	やまぎり	護衛艦隊直轄第11護衛隊
護衛艦	DD-153	ゆうぎり	護衛艦隊直轄第11護衛隊

掃海母艦・掃海艦・掃海艇

種別	艦番号	艦名	所属
掃海母艦	MST-463	うらが	掃海隊群直轄
掃海艦	MSO-301	やえやま	掃海隊群第51掃海隊
掃海艦	MSO-302	つしま	掃海隊群第51掃海隊
掃海艦	MSO-303	はちじょう	掃海隊群第51掃海隊
掃海艇	MSC-604	えのしま	横須賀地方隊第41掃海隊
掃海艇	MSC-605	ちちじま	横須賀地方隊第41掃海隊

潜水艦救難母艦・潜水艦

種別	艦番号	艦名	所属
潜水艦救難母艦	AS-405	ちよだ	第２潜水隊群直轄
潜水艦	SS-590	おやしお	第2潜水隊群第2潜水隊
潜水艦	SS-592	うずしお	第2潜水隊群第2潜水隊
潜水艦	SS-595	なるしお	第2潜水隊群第2潜水隊
潜水艦	SS-505	ずいりゅう	第2潜水隊群第4潜水隊
潜水艦	SS-597	たかしお	第2潜水隊群第4潜水隊
潜水艦	SS-598	やえしお	第2潜水隊群第4潜水隊
潜水艦	SS-599	せとしお	第2潜水隊群第4潜水隊

その他（補助艦艇など）

種別	艦番号	艦名	所属
補給艦	AOE-423	ときわ	第1海上補給隊直轄
試験艦	ASE-6102	あすか	開発隊群直轄
海洋観測艦	AGS-5103	すま	海洋業務群直轄
海洋観測艦	AGS-5104	わかさ	海洋業務群直轄
海洋観測艦	AGS-5105	にちなん	海洋業務群直轄
海洋観測艦	AGS-5106	しょうなん	海洋業務群直轄
砕氷艦	AGB-5003	しらせ	横須賀地方隊直轄
多用途支援艦	AMS-4305	えんしゅう	横須賀地方隊直轄
輸送艇	LCU-2002	輸送艇2号	横須賀地方隊直轄
特務艇	ASY-91	はしだて	横須賀地方隊横須賀警備隊
水中処分母船	YDT-03	水中処分母船3号	横須賀警備隊 横須賀水中処分隊

※艦艇の所属は2015（平成27）年2月現在のものです。

基地施設・周辺図

横須賀地方総監部地域はJR横須賀駅からすぐ。艦艇が停泊していれば駅から目の前に見られる。市街地は京急横須賀中央駅、どぶ板通りは京急汐入駅から近い。

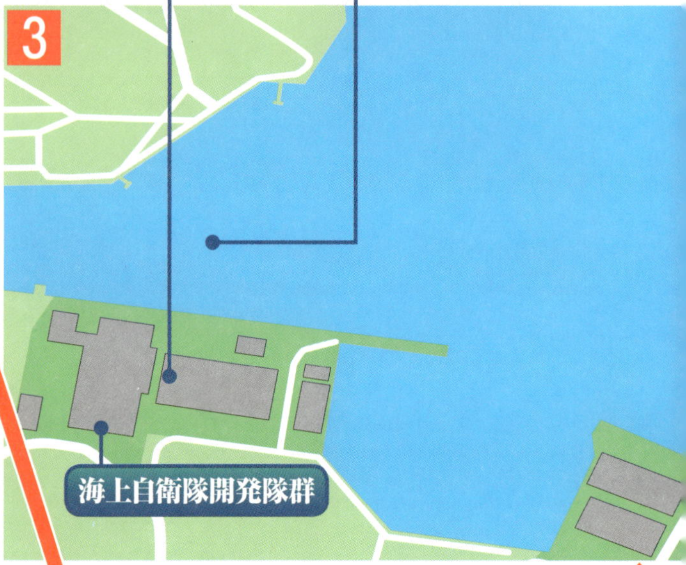

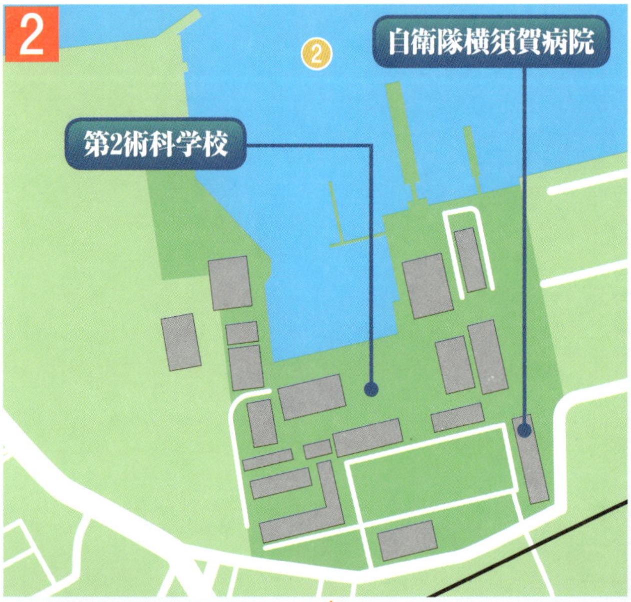

第2術科学校、自衛隊横須賀病院のある田浦地区はJR田浦駅からすぐ。

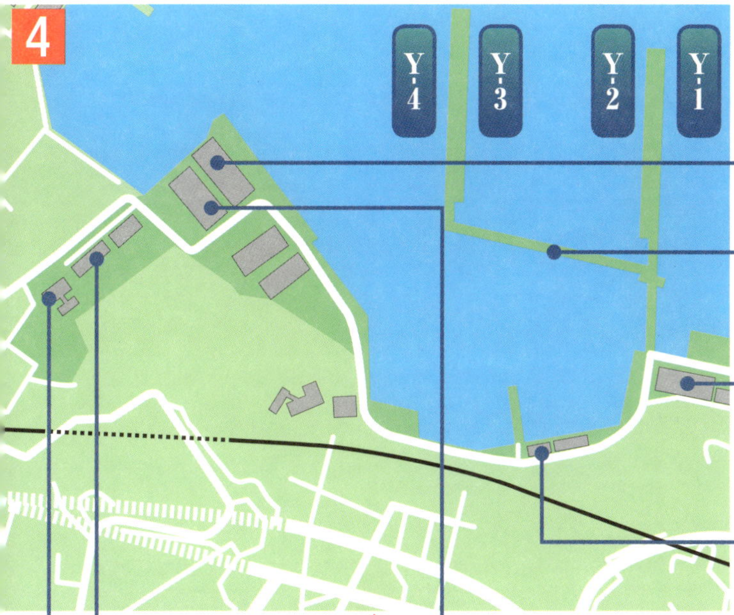

長浦隊員食堂·長浦プール

吉倉栈橋

横須賀厚生センター（資料室、売店、食堂、体育館）

横須賀港務隊

長浦隊舎

横須賀基地業務隊

横須賀衛生隊·第1医務室

長浦地区には横浜DeNAベイスターズの練習場が隣接。

総監部前の逸見岸壁は大型艦を縦に2隻係留可能。

逸見岸壁　H-1 H-2

第1護衛隊群司令部

横須賀地方総監部、第1護衛隊群司令部などが所在する横須賀基地の中枢、吉倉地区。

横須賀地方総監部

横須賀造修補給所

正門

①ヴェルニー公園
②長浦港周辺
③安針台公園

イベント

2001（平成13）年の米国同時多発テロ以降、定期的な開放は行っていないが、毎年6月ごろ開催される「よこすかYYのりものフェスタ」や、8月ごろ開催される「ヨコスカサマーフェスタ」（「よこすか開国際」、「ヨコスカフレンドシップデー」と同時開催）などで艦艇の一般公開が行われている。また10名以上40名以下の団体で事前予約すれば、日曜日の午前と午後の各2回、艦艇見学を受け付けている。横須賀地方総監部 広報係（046-822-3500／内線2208）。平日 8:00～17:00に受付。

年に数回行われる艦艇の一般公開は大勢の人でにぎわう。グッズの販売も楽しみのひとつだ。

停泊している護衛艦の数などは、日によって異なる。たくさん停泊している日に見学したいものだ

撮影ポイント

ヴェルニー公園（地図①参照）

JR横須賀駅前にある公園で、横須賀基地の目の前。総監部前の逸見岸壁に接岸している艦艇が間近で撮影できる。ただし、その場合は奥にある吉倉桟橋の艦艇は撮りづらい。対岸にある在日米海軍の艦艇や、そこに停泊している潜水艦も撮影できる。

長浦港周辺（地図②参照）

船越地区に停泊している掃海艇や掃海母艦などの撮影スポット。自衛艦隊司令部のある隊舎も望める。京急田浦駅から近く、アクセスは良好。この港湾施設は明治初年に海軍省が建設を始め、大正にはほぼ現在の姿になった。

安針台公園（地図③参照）

横須賀総監部の背後にある高台の頂上にある公園。吉倉桟橋に停泊している艦艇を見下ろすアングルで撮影でき、米海軍基地も見渡せる。ここからは浦賀水道への出入り口まで見えるので、タイミングがよければ出入港場面も撮影可能だ。

ショッパーズプラザ横須賀

京急汐入駅すぐのショッピングモール「ショッパーズプラザ横須賀」から、吉倉桟橋に停泊している艦艇を真横から見られる。

ただし距離があるので望遠レンズを用意したい。ちなみに、ここが横須賀海軍工廠のあった場所。

ゆかりの施設

田戸台分庁舎（旧海軍横須賀鎮守府司令長官官舎）

東京湾を一望する小高い丘の上にある。1913（大正2）年、旧海軍横須賀鎮守府長官の住居として建てられ、終戦まで34代の長官が居住。文化財的価値の高い近代建築で、現在は横須賀地方総監部が管理。年に一度、桜の開花時期に無料で開放される。

住所　〒238-0015 神奈川県横須賀市田戸台90
アクセス　京急県立大学駅より徒歩約7分

防衛大学校

陸・海・空各自衛隊の幹部自衛官を養成する教育訓練施設。祝祭日を除く毎週月曜日（午後）・水曜日（午前と午後）・金曜日（午後）に「防大ツアー」を実施しており（要事前予約・無料）、卒業式の帽子投げで有名な記念講堂などを案内してくれる。

住所　〒239-8686 神奈川県横須賀市走水1-10-20
アクセス　京急馬堀海岸駅より京急バスで約6分、または徒歩で約25分、JR横須賀駅よりバスで約30分

第2術科学校

「術科」とは各隊員が担当する職種のスキルのことで、第2術科学校は「機関」、「電機」、「応急工作」、「情報」などの教育機関。「ヨコスカサマーフェスタ」では「オープンスクール」と称して各種体験、水泳教室、展示などが行われている。

住所　〒237-0071 神奈川県横須賀市田浦港町無番地
アクセス　JR田浦駅より徒歩約5分

記念艦三笠

日露戦争において、連合艦隊旗艦としてロシア海軍のバルチック艦隊を撃破したことで知られる戦艦。現在は（公財）三笠保存会の管理のもと、艦内や展示物を見学できる。観覧料金は大人が600円、高校生が300円、小中学生は無料、65歳以上は500円。

住所　〒238-0003　神奈川県横須賀市稲岡町82-19
アクセス　京急横須賀中央駅より徒歩約15分、JR横須賀駅よりバスで約10分、バス停より徒歩約7分

横須賀タウン情報

古くから軍港として栄えた横須賀は、今では首都圏のベッドタウンとして大規模なマンションが建ち並ぶなど都市化が進んでいるが、その中にも旧海軍の痕跡をあちこちに残している。また、「元祖海軍カレー」を初めとして海軍ゆかりのグルメもいろいろ。今では街をあげてプッシュしている。

よこすか海軍カレー

1908（明治41）年に発行された「海軍割烹術参考書」に記載されているレシピを現代に復元したのが「よこすか海軍カレー」。現在は30店以上（2015年2月現在）のカレーが「よこすか海軍カレー」として認定されており、原則的なルールを守った上で各店舗独自の海軍カレーを提供している。

事の始まりは、1998（平成10）年12月、古澤忠彦横須賀地方総監の退官パーティーの席上、総監の「カレーライスが庶民の食卓に普及したのは海軍のカレーにルーツがあるので、海軍の街である横須賀でカレー発信の地として、“カレー”を地域の活性化に利用してみては」という一言。この話を受けて、横須賀市役所・横須賀商工会議所・海上自衛隊の3者が協力して行う「カレー」による街おこしがスタート。今では横須賀の重要な観光資源のひとつとなっている。

カレーの街よこすか加盟店公式WEBサイト
http://kaigun-curry.net/

ヨコスカネイビーバーガー

日米友好の象徴として、2008（平成20）年に米海軍から伝統的なハンバーガーのレシピが横須賀市に提供された。このレシピをもとにしたハンバーガーを「ヨコスカネイビーバーガー」と名づけ、新しいグルメブランドとして展開し、基地周辺の店舗で販売している。100%牛肉をシンプルに調理し、オニオンスライスやスライストマトをトッピング。ケチャップやマスタードは好みでかけて食べる、本場アメリカの伝統的なスタイルだ。

横須賀観光情報　ここはヨコスカ「ヨコスカネイビーバーガー」
http://cocoyoko.net/eat/navyburger.html

ヨコスカチェリーチーズケーキ

「よこすか海軍カレー」、「ヨコスカネイビーバーガー」の成功の余勢を駆ったグルメブランド第3弾。米海軍基地がプロデュースしたレシピが、2009（平成21）年に提供された。

濃厚でクリーミーな味わいと、グラハムクラッカーの香ばしいクラストが特徴のニューヨークスタイルだが、日米友好の証しとして日本の象徴「桜＝Cherry」がトッピングされている。

横須賀観光情報　ここはヨコスカ「ヨコスカチェリーチーズケーキ」
http://cocoyoko.net/eat/cheesecake.html

YOKOSUKA軍港めぐり

ショッパーズプラザ横須賀前の「YOKOSUKA軍港めぐり汐入ターミナル」から出発し、米海軍施設前から吾妻島を回り、船越地区、新井堀割水路、横須賀総監部前を通る約45分のコース。艦艇を間近に見られる大人気のクルーズだ。運がよければ原子力空母や第7艦隊旗艦「ブルー・リッジ」も目の前で見られるかも。懇切丁寧な案内人もいるので知識がなくても楽しめる。

また「よこすか海軍カレー」、「ヨコスカネイビーバーガー」、「ヨコスカチェリーチーズケーキ」との共同企画「“乗って食べる!!”or“食べて乗る!!”」を使えば、食べてから乗ると乗船料金が10%引き、乗ってから食べると各店舗の「軍港めぐり特典」が受けられる。

停泊中の潜水艦にも、このくらいまで近寄って見ることができる

運航会社
株式会社トライアングル
〒238-0004
神奈川県横須賀市小川町28-1
横須賀ハイム201
TEL:046-825-7144
http://tryangle-web.co.jp/naval-port/

アクセス（YOKOSUKA軍港めぐり汐入ターミナル）
京急線汐入駅から徒歩5分
出港時刻
10:00～15:00の毎正時、6便（10:00便は土日祝日およびGW、夏休み～11月末日の平日のみ運行）
乗船料金
大人1400円、小学生700円、小学生未満無料

基地紹介

佐世保基地 JMSDF

Sasebo NAVAL BASE

護衛艦を多数配備する南西地域の防衛拠点

日清・日露戦争では大陸への前進基地としての機能を果たし、現在は防衛省・自衛隊が進める南西地域の防衛力強化の海の拠点。護衛艦隊の中核となる護衛艦47隻のうち約３分の１にあたる15隻、なかでもイージス艦は海自保有の全６隻中３隻が佐世保に在籍していることからも、極めて重要視されていることがうかがえる。
帝国海軍解体後は米海軍が駐留し、佐世保地方隊が発足してからは両「海軍」と共に発展してきた“Navy Town”である。

正門

正門前には佐世保鎮守府開庁当時に植えられたという楠の木が現存

総監部

佐世保地方総監部。旧佐世保鎮守府庁舎は空襲により焼失

基地業務隊

基地機能は平瀬地区に集中している。写真は佐世保基地業務隊

Spec

敷地面積……… 約1,080km²
隊員数………… 約5,000名
在籍艦艇……… 31隻（下関基地隊、沖縄基地隊含む）
総監部住所…… 〒857-8567 長崎県佐世保市平瀬町18
Webページ…… http://www.mod.go.jp/msdf/sasebo/index.html

佐世保湾を取り囲むように軍施設が並ぶが、大半は米軍施設。海自の大型艦艇は主に中央の立神地区に係留されている

立神桟橋

立神桟橋に係留された補給艦と4隻の護衛艦

アクセスガイド

JR佐世保中央駅
(松浦鉄道西九州線)から
徒歩で約20分

立神桟橋

イージス艦は全6隻中3隻が佐世保を提係港としている

概要

日本の定係港の中で最も西に位置し、東アジア各国に対する海の防衛拠点としての役割も担う佐世保基地は、立神地区と倉島岸壁の2カ所に係留施設が設けられている。

現在、防衛省・自衛隊が南西地域の防衛に力を入れていることもあり、佐世保基地には、対馬海峡や警備区域内の島嶼部の防衛警備を行う対馬警備隊のほか、関門海峡周辺の防衛警備を担う下関基地隊や、南西諸島方面の防衛警備と艦艇等に対する後方支援を担当する奄美基地分遣隊および沖縄基地隊が配置されている。

佐世保基地の警備区域は北は山口県、南は沖縄県までの広い海域をカバーしており、警備地区内にいくつもの航空部隊(固定翼、回転翼ともに)と海上部隊が集まっているのも特徴のひとつといえる。

また、佐世保の港湾のうち、海上自衛隊が使用するのはごく一部で、全体の8割は米海軍の管理下に置かれている。

米軍施設は、司令部を中心として、佐世保港を取り囲むように艦艇係留地区、弾庫地区、燃料地区が機能別に配置されている。

一方、海自は艦艇係留施設、燃料施設、弾庫施設などが分散していることから、決して利便性がいいとはいえない配置になっている。

警備区域

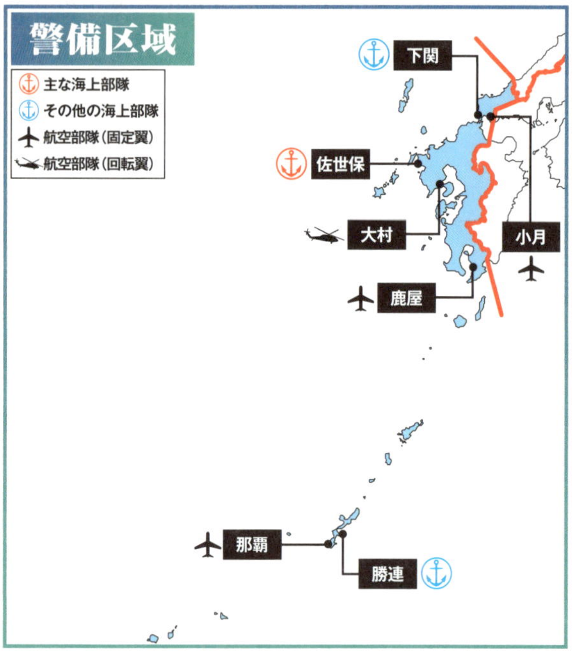

主な所在部隊

- 護衛隊群
  - 第2護衛隊群
- 佐世保地方隊
  - 佐世保地方総監
    - 佐世保地方総監部
      - 多用途支援艦「あまくさ」
      - 輸送艇1号
      - 佐世保音楽隊
      - 佐世保衛生隊
      - 佐世保基地業務隊
      - 佐世保造修補給所
        - 佐世保磁気測定所
      - 佐世保弾薬整備補給所
      - 対馬防備隊
        - 対馬防備隊本部 壱岐警備所 上・下対馬警備所
      - 佐世保警備隊
        - 佐世保警備隊本部
        - 陸警隊
        - 港務隊
        - 水中処分隊
        - 奄美基地分遣隊
        - 第3ミサイル艇隊
      - 佐世保教育隊
      - 沖縄基地隊
        - 沖縄基地隊本部 第46掃海隊 水中処分隊
      - 下関基地隊
        - 下関基地隊本部 第43掃海隊
- 海上幕僚長
  - 自衛隊佐世保病院
  - システム通信隊群
    - 佐世保システム通信隊

※白い枠は、佐世保地区以外に所在する部隊

沿革

佐世保は1889(明治22)年に帝国海軍の佐世保鎮守府が開庁したことを機に、大型艦の母港として、また軍関係施設や造船所が集まる海軍の街として、大きな発展を遂げた。

佐世保鎮守府は西日本地域の防衛および東アジア進出のための拠点であり、日清・日露の戦争では連合艦隊が佐世保に集結した。

佐世保鎮守府の開庁当時、佐世保の人口は約4,000人だったが、第2次世界大戦終結時には約15万人まで増加している。

また、鎮守府司令官は、後に連合艦隊司令長官となる東郷平八郎や首相となる米内光政をはじめ、帝国海軍の大物たちが歴任している。

1945(昭和20)年に敗戦を迎えて佐世保鎮守府は解体されたものの、すぐに米軍が進駐する。1950(昭和25)年に朝鮮戦争が勃発すると、兵士や軍関係者が最前線の佐世保に集まり、街は再び活気を取り戻していく。

その後、1953(昭和28)年9月の保安庁法の施行により、佐世保地方隊が海上警備佐世保地方隊として発足する。翌年には防衛庁・自衛隊が創設され、海上自衛隊佐世保地方隊に改編された。

さまざまな物品の販売で隊員の日常生活を支える平瀬地区の厚生センター

佐世保鎮守府の開庁式が行われた当時の様子(描画:海軍少佐 梅崎氏)

西大久保田町付近からの展望(描画:海上自衛隊 3佐 中山英二氏)

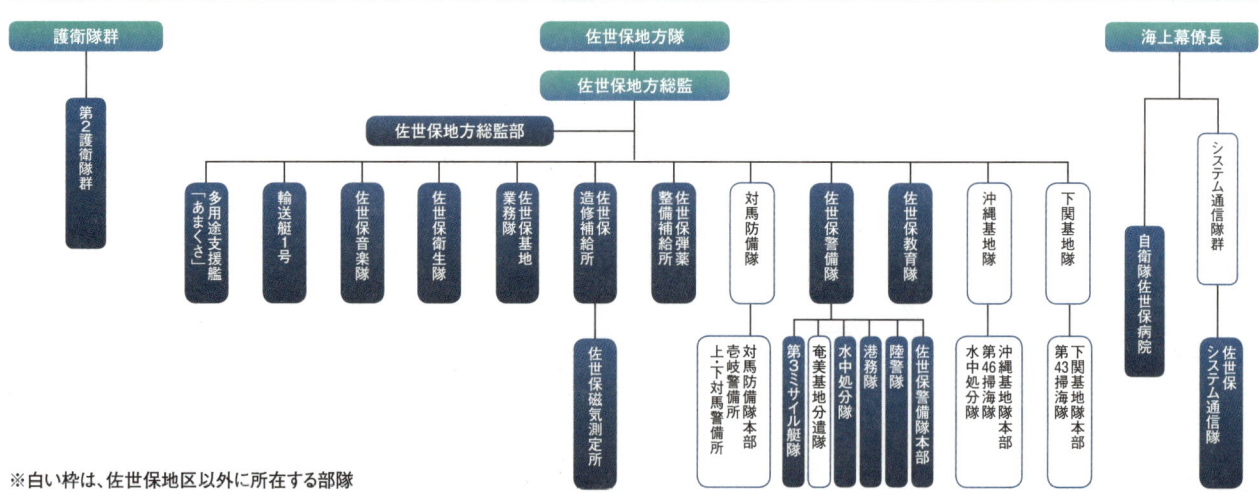

隊員インタビュー その1 ※「その2」は、P22にあります

水《みず》口《ぐち》亮《りょう》

護衛艦「ありあけ」砲雷科 3等海曹

自衛官を志したきっかけ：父親が自衛官だったので、色々と話を聞いていて興味があり、実家の近くに海上自衛隊の航空基地があったこともきっかけとなりました。**これまでの部隊歴：**護衛艦「こんごう」 **現在の仕事：**水測員として潜水艦の探知、捜索、攻撃。 **休日の過ごし方：**趣味のゴルフやドライブ、そのほか近所のソフトボールチームに入り楽しんでいます。 **自衛官としてのやりがい：**衣食住が充実しており、給与面も安定。なによりも、訓練等で海外へ行けることです。 **街の住み心地（所属基地別）：**バスや電車等の公共交通機関が多く、車も運転しやすい便利な生活環境だと思います。中心街も賑わっていて、住み心地は最高です!

古《ふる》田《た》健《けん》太《た》郎《ろう》

護衛艦「きりさめ」航海科 3等海曹

自衛官を志したきっかけ：福利厚生が充実していることと、体を動かすことが好きなので、自衛官になりました。 **これまでの部隊歴：**護衛艦「あさかぜ」、護衛艦「あしがら」、護衛艦「いそゆき」 **現在の仕事：**航海科勤務（海図担当）、艦橋で艦が安全に航行できるよう務めています。 **休日の過ごし方：**バイクツーリングや、家族とのショッピングですね。 **自衛官としてのやりがい：**日本国内に限らず海外活動でも活躍することができ、他国の見識も深めることができること。 **街の住み心地（所属基地別）：**都会が苦手な私には栄え過ぎず田舎過ぎず、とても住みやすい街です。お店が密集しており、買い物するには非常に便利です!

西《にし》村《むら》裕《ひろ》智《のり》

護衛艦「さわぎり」砲雷科 3等海曹

自衛官を志したきっかけ：新聞やテレビといったメディアを通して国際貢献に従事する隊員の姿を目のあたりにし、私も誰かのためになることをやりたいと思ったため。 **これまでの部隊歴：**護衛艦「こんごう」、護衛艦「あさかぜ」 **現在の仕事：**対潜捜索機器の保守整備、潜水艦の捜索、後進の育成。 **休日の過ごし方：**福岡方面へのドライブ、好きな歌手のライブ鑑賞。 **自衛官としてのやりがい：**海外派遣などに従事し他国の方々と接することで、自分が一人の日本人であるとともに、一人の国際人であると感じることができました。 **街の住み心地（所属基地別）：**山と海に囲まれながら再開発も進み、自然との調和がなされており住みやすいと思います。

Interview 佐世保地方総監 海将 池田徳宏

佐世保地方隊の任務

佐世保地方隊は、九州・沖縄（大分・宮崎を除く）、山口県の一部にまたがる沿岸海域を担当警備区としています。任務は、第1に警備区内の防衛および警備であり、監視や沿岸防備、海上交通の保護、災害派遣、爆発性危険物の除去や処理が例として挙げられます。第2に警備区内を行動する機動部隊たる自衛艦隊の艦艇に対する後方支援であり、物資の補給や艦船の修理を行うほか、人事、隊員の教育などを行います。

佐世保という街について

1982（昭和57）年、幹部候補生学校を修業して幹部に任官し、練習艦隊で近海練習航海の際に実習幹部として来たのが初めてで、活気あふれる街というのがその時の印象でした。佐世保での勤務は今回が初めてです。

佐世保地方隊ならではの特徴

今日、佐世保は海上防衛の最前線になっており、佐世保基地を母港とする護衛艦隊の艦艇も17隻と5つの総監部の中で最も多く、警備区内を行動する艦艇も多くなっています。このため、それを支援する立場にある佐世保地方隊の隊員も、いかなる事態が生起しようともそれを整斉と遂行する態勢を維持練成しようという気概があります。

指導方針とその意味

「精強・即応」と「一致団結、楽しく風通しのよい佐世保地方隊」を指導方針としています。困難に際し、一致団結して整斉と与えられた任務を遂行するとともに、どんなに厳しい勤務でも楽しく感じられるようにすることで、厳しい任務・作戦の時でも常に前向きでいられると考えています。また、上下左右の意思疎通が円滑に行われ、適時・適切に報告が上がってくる雰囲気を作ってもらいたいと思っています。

部隊を率いるに当たり留意している点

日頃から「怒らない」ように心がけています。私が怒るようでは、指揮官・艦長が洋上において、判断・決断する際に余計な要素や不安を与えることになり、判断を誤らせる遠因にもなりかねませんので。

地域との関わりや交流

自衛隊が円滑に活動するためには、地元の方々をはじめ、広く国民の皆様に自衛隊のことをよく知っていただくことが不可欠だと思っています。このため、地域の行事にも参加させていただいています。佐世保においては「YOSAKOIさせぼ祭り」にチームの派遣や、基地内の岸壁を会場の1つとして提供したり、「させぼシーサイドフェスティバル」に艦艇一般公開を実施したり、「させぼきらきらフェスティバル」に総監部にイルミネーションや艦艇による電灯艦飾を実施したり、街で開催されるさまざまなイベントに参加させていただいております。

また、2013（平成25）年に佐世保で初めて開催したGC1（護衛艦カレーNo.1）グランプリは四ヶ町商店街協同組合と共催しました。今年は初めて陸上自衛隊と合同で 商店街アーケードで佐世保自衛隊パレードを実施しました。また、インドネシア海軍やインド海軍が親善のため佐世保に寄港した際にも商店街アーケードで合同演奏行進を実施しました。さらに、介護施設の訪問や海岸等の清掃などボランティア活動も行っています。

佐世保地方隊のPR

佐世保は1889（明治22）年に佐世保鎮守府が開庁されてから、終戦後の米軍駐留、海上自衛隊佐世保基地開設から今日に至るまで、帝国海軍、米海軍、海上自衛隊とともに歩み、発展してきたNavy Townであり、創設から60年以上を迎えた佐世保地方隊は、歴史と伝統のもと、来るべき新しい時代の海上防衛の任を全うしつつ、国民の皆様の信頼と負託に応えるべく引き続き努力を重ねてまいります。

佐世保は、市内に九十九島パールシーリゾートや弓張岳展望台、展海峰など風光明媚な観光名所が多数あるほか、水族館や動植物園など、家族や友人と楽しめる施設も豊富にあります。また食事も、九十九島で獲れるかきやトラフグといった自然豊かな海の幸が豊富で、帝国海軍ゆかりのビーフシチューや入港ぜんざい、米海軍ゆかりのレモンステーキや佐世保バーガーといった海軍の街ならではの港街グルメもある魅力的な街です。

当地には海上自衛隊の史料館があり、観光名所にもなっていますので、ぜひお越しください。

在籍艦艇

佐世保を定係港とする艦艇の総数は25隻で、そのうち15隻を護衛艦が占めているのが大きな特徴といえる。護衛艦の数は5大基地で最も多く、海自が保有する護衛艦の3分の1が佐世保に集まっている。

また、海自が保有するミサイル護衛艦のイージス艦全6隻のうち3隻があるほか、補給艦も全5隻のうち2隻が佐世保に配備され、外洋での長期展開にも対応できるようになっている。

このほか、機動力に優れ、不審船などに対処できるミサイル艇2隻や、離島などへの輸送を行うための輸送艇1号なども配備されている。

護衛艦(護衛隊群)

種別	艦番号	艦名	所属
護衛艦	DDG-173	こんごう	第1護衛隊群第5護衛隊
護衛艦	DD-108	あけぼの	第1護衛隊群第5護衛隊
護衛艦	DD-109	ありあけ	第1護衛隊群第5護衛隊
護衛艦	DD-115	あきづき	第1護衛隊群第5護衛隊
護衛艦	DDH-144	くらま	第2護衛隊群第2護衛隊
護衛艦	DDG-178	あしがら	第2護衛隊群第2護衛隊
護衛艦	DD-102	はるさめ	第2護衛隊群第2護衛隊
護衛艦	DD-154	あまぎり	第2護衛隊群第2護衛隊
護衛艦	DDG-172	しまかぜ	第4護衛隊群第8護衛隊
護衛艦	DDG-176	ちょうかい	第4護衛隊群第8護衛隊
護衛艦	DD-104	きりさめ	第4護衛隊群第8護衛隊
護衛艦	DD-117	すずつき	第4護衛隊群第8護衛隊

護衛艦(地方配備)

種別	艦番号	艦名	所属
護衛艦	DD-132	あさゆき	護衛艦隊直轄第13護衛隊
護衛艦	DD-157	さわぎり	護衛艦隊直轄第13護衛隊
護衛艦	DE-230	じんつう	護衛艦隊直轄第13護衛隊

補給艦

種別	艦番号	艦名	所属
補給艦	AOE-424	はまな	護衛艦隊直轄 第1海上補給隊
補給艦	AOE-426	おうみ	護衛艦隊直轄 第1海上補給隊

掃海艇

たかしま

種別	艦番号	艦名	所属
掃海艇	MSC-601	ひらしま	掃海隊群第2掃海隊
掃海艇	MSC-602	やくしま	掃海隊群第2掃海隊
掃海艇	MSC-603	たかしま	掃海隊群第2掃海隊

やくしま

佐世保地方隊

おおたか

種別	艦番号	艦名	所属
ミサイル艇	PG-826	おおたか	佐世保警備隊 第3ミサイル艇隊
ミサイル艇	PG-829	しらたか	佐世保警備隊 第3ミサイル艇隊
輸送艇	LCU-2001	輸送艇1号	佐世保地方隊直轄
多用途支援艦	AMS-4303	あまくさ	佐世保地方隊直轄
水中処分母船	YDT-05	水中処分母船5号	佐世保警備隊 佐世保水中処分隊

下関基地隊

うくしま

種別	艦番号	艦名	所属
掃海艇	MSC-685	とよしま	下関基地隊第43掃海隊
掃海艇	MSC-686	うくしま	下関基地隊第43掃海隊

沖縄基地隊

ししじま

種別	艦番号	艦名	所属
掃海艇	MSC-689	あおしま	沖縄基地隊第46掃海隊
掃海艇	MSC-691	ししじま	沖縄基地隊第46掃海隊
掃海艇	MSC-692	くろしま	沖縄基地隊第46掃海隊

※艦艇の所属は2015（平成27）年2月現在のものです。

隊員インタビュー その2

壇《だん》ゆかり

佐世保地方総監部管理部　総務課総務係　2等海曹

自衛官を志したきっかけ：将来を真剣に考えたとき「人の役に立つ仕事がしたい」と思っていました。親戚の自衛官の任務の話を聞いたり、災害派遣や国際緊急救助活動といった幅広い活躍を知り、私も人のために働く自衛官になりたいと思い、入隊しました。

これまでの部隊歴：第5航空隊、佐世保地方総監部。

現在の仕事：佐世保基地で行われる行事（観桜会、自衛隊記念日行事等）の全般の運用を行っています。

休日の過ごし方：友人とプチホームパーティをして、美味しいものを食べたり、また、マラソンに参加するためにランニングをしたり、同僚とフットサルをしたりと、充実した休日を過ごしています。

自衛官としてのやりがい：いろいろな仕事を通じ、国民の方から、「ありがとう」と感謝のお言葉や「頑張って」という激励のお言葉を頂いたときに、やりがいを感じます。

街の住み心地（所属基地別）：ハウステンボスや、パールシーリゾートといった観光名所があり、自然も豊かで素晴らしい街です。レモンステーキや、佐世保バーガーといった人気グルメもたくさんあり、県内外から多くの人が訪れる明るい街です。また、米海軍基地もあることから国際交流も豊かな温かい街です。近年では、海上自衛隊と商店街が共催して行っている佐世保在籍艦艇のカレーを1度に食べ比べできるGC1グランプリも人気を博しています。

岡《おか》部《べ》勝《まさる》

護衛艦「さわぎり」船務科 3等海曹

自衛官を志したきっかけ：父が自衛官で小さい時から自衛官にあこがれを持っていました。その父を超えたいと思い自衛隊に入隊することを決意しました。　**これまでの部隊歴：**護衛艦「はるゆき」、護衛艦「こんごう」。　**現在の仕事：**パソコンの構築やネットワーク関係、通信業務全般を担当。　**休日の過ごし方：**家族サービスや、釣りをして過ごしています。　**自衛官としてのやりがい：**国を守るという大きな仕事で任務を完遂したときの喜びや達成感はほかの仕事では味わえないし、自分自身の成長にもつながっていくと感じています。　**街の住み心地（所属基地別）：**大好きな釣りに恵まれた環境であり、とても住みやすいところです。

下《しも》荒《あら》磯《いそ》寛《ひろ》生《き》

護衛艦「じんつう」航海科 3等海曹

自衛官を志したきっかけ：9.11同時多発テロをきっかけに海上自衛隊がインド洋で活躍している姿をテレビで見て、自分も同じように世界で活躍したいと思い入隊。　**これまでの部隊歴：**護衛艦「こんごう」、護衛艦「いそゆき」、補給艦「おうみ」　**現在の仕事：**航海科員として、主に艦橋内で操艦する艦長や航海長の操艦の補佐をするほか、手旗信号や、発光信号の送受信をする信号員、また操艦者の指示に従って舵を操作する操舵員等の仕事を担当。　**休日の過ごし方：**ドライブ、映画鑑賞。　**自衛官としてのやりがい：**東日本大震災の際、補給艦で被災地への物資輸送に携わったときに、困っている国民のために働く自衛官になってよかったと感じました。　**街の住み心地（所属基地別）：**地方都市として発展しているうえ、長崎や福岡へのアクセスもよく住みやすい。

西《にし》田《だ》周《しゅう》一《いち》

護衛艦「じんつう」船務科 1等海曹

自衛官を志したきっかけ：自衛官の父を見て育ち、船も好きだったので選びました。　**これまでの部隊歴：**護衛艦「うみぎり」、第1術科学校、第1潜水隊群司令部、護衛艦「あさぎり」、護衛艦「うみぎり」　**現在の仕事：**通信員として艦の無線通信等の業務に携わっています。　**休日の過ごし方：**休日は家族サービスのほか、趣味の自転車ロードレースに参加。最近はトライアスロンの練習も始め、大会デビューを目指しています。　**自衛官としてのやりがい：**広報活動の時などに「自衛隊さん、ご苦労さま」「いつもありがとう」などと声をかけて頂いたときに、自衛官になってよかったと感じます。　**街の住み心地（所属基地別）：**異国情緒が漂う街で近隣には観光名所も多く、また自然も豊かですばらしい街です。

基地施設・周辺図

佐世保港の基地エリアは大半を米軍が占めており、海自施設はあちこちに離れているのが難点。ただし、その分米海軍の艦艇を見られるメリットもある。

西九州自動車道をはさんで左側が総監部など司令部機能、右側が基地業務隊、自衛隊佐世保病院などの業務支援・病院機能となっている。

米海軍佐世保基地のある立神地区に海自大型艦艇は係留。艦艇広報は右の倉島桟橋で行われている。

①西九州自動車道の高架下の歩道
②平瀬・立神地区赤レンガ倉庫群
③海上自衛隊佐世保資料館
④佐世保市民文化ホール

イベント

倉島岸壁で土曜・日曜・祝日の9:00 ～ 11:00、13:00 ～ 15:30の間、艦艇の一般公開を実施しており、当日の広報担当艦に乗艦できる（上甲板のみ）。詳細は佐世保地方総監部（TEL0956-23-7111）に問い合わせるか、HPで確認してほしい。

毎年夏には「させぼシーサイドフェスティバル」と同時に「佐世保地方隊 サマーフェスタ」を開催。艦艇の一般公開や特別機動船（ゴムボート）の体験搭乗、海軍カレー試食など多数のイベントを実施している。どちらも入場は無料。

また佐世保地区の護衛艦などの部隊が自慢のカレーを競う最強カレー決定戦、「GC1グランプリ」を過去3回開催（させぼ四ヶ町商店街協同組合と共催）し、多くの来場者を集めている。

2014年12月の「GC1グランプリ」で、見事第1位に輝いた護衛艦「こんごう」。

撮影ポイント

干尽《ひづくし》公園

艦艇の一般公開が行われる倉島岸壁の対岸。タイミングがよければ港を出入りする艦艇を間近で撮影できる。少し遠いが立神桟橋も見える。

住所　〒857-0852 長崎県佐世保市干尽町
アクセス　JR佐世保駅から徒歩約20分

西九州自動車道の高架下の歩道（地図1参照）

JR佐世保駅港口周辺。佐世保港が目の前なので護衛艦を間近で見られる。

交通アクセスもよく、行きやすい撮影スポットとしてファンに愛用されている場所だ。

ゆかりの施設

平瀬・立神地区赤レンガ倉庫群（地図2参照）

戦前に旧日本海軍によって建てられた赤レンガ倉庫群は、現存する数としては全国でも最大規模といわれる。今でもその多くが使用され、外装もほぼ建設当時のまま残っている。ただし、米海軍基地内にあるため、基地の外から見学することになる。

住所　長崎県佐世保市平瀬町、立神町地区
アクセス　JR佐世保駅からバスで約10分、光海中学校前バス停付近

海上自衛隊佐世保資料館（セイルタワー）（地図3参照）

海軍士官の集会所だった佐世保水交社の一部を修復して建設された旧日本海軍と海上自衛隊の史料館。見学は7階から順に歴史をたどるように降りてくる。グラフィックやジオラマ、映像を駆使した展示は非常にわかりやすい。

7階は映像ホール（2つのプログラムを1日5回上映）と展望ロビーになっており、佐世保市街地の風景や海上自衛隊や米海軍の艦船を見ることができる。入館は無料。

開館時間　午前9時30分から午後5時まで（入場は午後4時30分まで）
休館日　毎月第3木曜日、年末および年始（12月28日～1月4日）
住所　〒867-0058　長崎県佐世保市上町8-1　TEL:0956-22-3040
アクセス　JR佐世保駅からバスで約10分、元町バス停下車、徒歩約2分

佐世保市民文化ホール（地図4参照）（旧海軍佐世保鎮守府凱旋記念館）

九州・四国各県の寄付により、第1次世界大戦の鎮守府所属艦船の武勲をたたえる目的で建てられた。

建設当初は海軍関係の催しを行う施設として利用され、第2次世界大戦中は旧日本海軍合同葬の式場にもなっている。

終戦後は米海軍の管理となり、ショーボートの名でダンスホールや映画館として使われていたが、その後佐世保市に譲渡され、多目的文化施設「佐世保市民文化ホール」に生まれ変わった。

構造はレンガと鉄筋コンクリートによる2階建てで、左右対称の外観や、幾何学的な装飾、1・2階を通した柱が特徴。国の有形文化財であり、現在も海軍ゆかりの町のシンボルとなっている。。

※現在は耐震補強工事のため休館中

住所　〒857-0056　長崎県佐世保市平瀬町2　TEL:0956-25-8192
アクセス　JR佐世保駅からバスで約10分、元町バス停下車、徒歩約1分

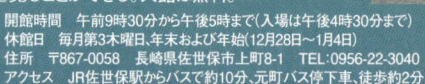

佐世保タウン情報

1889（明治22）年の開港以来、佐世保は西日本における貿易港として、また造船の街、海軍の街として発展を続けてきた。戦後、米海軍基地が設置されると、アメリカ人が集うハンバーガーショップやバーなどが作られ、今も街全体に異国情緒が漂っている。

佐世保開港ロールケーキ

地元の米粉を使ったライスプリンとキャラメルクリームをコーヒー風味のスポンジでロールしている。「海軍割烹術参考書」という旧日本海軍時代のレシピ本に掲載されているライスプリンや珈琲から着想を得て生まれたメニュー。

ほろ苦いコーヒーの味と、可愛らしいハートのプリンのさっぱりした味のバランスが絶妙

海軍さんのビーフシチュー

旧日本海軍佐世保鎮守府の第7代司令長官だった東郷平八郎が作らせたとされるビーフシチュー。市内各店がアレンジを加え、こだわりの味に仕上げている。

明治期の海軍レシピ本「海軍割烹術参考書」にある「シチュードビーフ」を参考に作っている

海軍さんの入港ぜんざい

旧日本海軍時代、母港に寄港する前夜に長い航海の慰労と無事に帰港できたお祝いの意味を込めて艦内で振舞われていたといわれる。市内各所で提供されている。

店によって味付けや具材も異なるので、いくつかの店舗で食べ比べをしてみては？

佐世保バーガー

佐世保にアメリカ食文化の象徴「ハンバーガー」がやってきたのは戦後すぐ。米海軍から直接レシピを聞いて作り始め、以来佐世保流にアレンジされ、佐世保の味として育ってきた。手作りにとことんこだわり、オーダーを受けてから調理。今や「佐世保伝統の味」である。

佐世保バーガーは「日本で最初に生まれたハンバーガー」と呼ばれ、人気を博している

海軍さんの港まちバスツアー

普段は入ることができない米海軍基地内や、佐世保地方総監部の見学ができる日帰りの限定ツアー。九十九島（くじゅうくしま）と佐世保市街地を一望する弓張岳展望台、米海軍基地内に残る海軍遺構を巡り、昼食は基地内レストランでアメリカンフードのブランチバイキング。その後は立神岸壁で海上自衛隊艦艇見学、佐世保地方総監部、海上自衛隊佐世保資料館を訪ねる充実の内容だ。事前申し込みが必要。

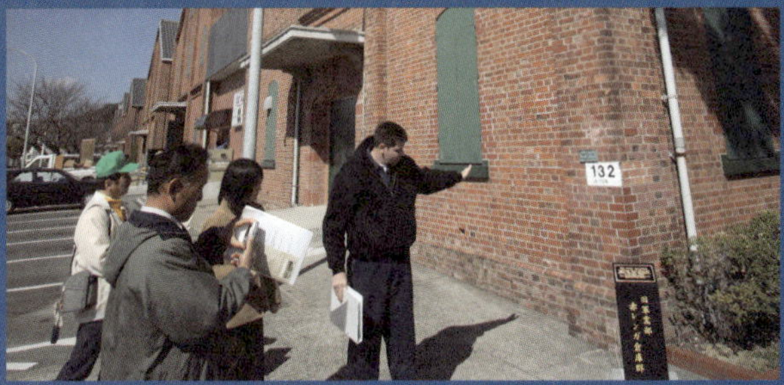

問い合わせ:時旅デスク（（公財）佐世保観光コンベンション協会内）
TEL:0956-23-7212（平日9:00〜18:00）
料金 大人（小学生以上）8,500円（ガイド、昼食、保険料を含む）

基地紹介》》》

舞鶴 JMSDF 基地

Maizuru NAVAL BASE

東アジアと対峙する日本海側の最前線基地

東郷平八郎が旧海軍の舞鶴鎮守府初代司令長官を務めたことで知られ、舞鶴鎮守府開庁以来、ゆうに100年を越す軍港ながら、現在も市内のいたる所に旧海軍の遺跡が残る。舞鶴基地のある東舞鶴は軍と共に発展。途中、舞鶴鎮守府が要港部に格下げされるなど戦略的に重視されない時期もあったが、近年は北朝鮮によるテポドン発射や能登半島沖不審船などが相次いだことから、日本海側の防衛拠点として、その重要度は増すばかりで、2001（平成13)年に海上自衛隊管轄の舞鶴航空基地も完成した。

正門

国道27号線に面しているが、高く奥まった位置にあるので外からは見えない

総監部

総監部庁舎は横須賀から移転し1930（昭和5）年に建てられた旧海軍機関学校庁舎

北吸桟橋

一直線に伸びた北吸桟橋は舞鶴基地ならではの特徴

Spec

敷地面積……… 約2.3km^2
在籍艦艇……… 12隻
総監部住所…… 〒625-0087
京都府舞鶴市字余部下1190
Webページ…… http://www.mod.go.jp/msdf/maizuru/

北吸桟橋に停泊する補給艦「ましゅう」と、「いずも」と入れ替わりで退役する護衛艦「しらね」。大型艦艇が一直線に並ぶ姿は壮観。

旧舞鶴鎮守府長官官舎

初代舞鶴鎮守府長官・東郷平八郎が居住した旧舞鶴鎮守府長官官舎

アクセスガイド

JR東舞鶴駅からバスで約10分
「造船前」停留所で下車
徒歩で約3分

近くの高台から望む護衛艦

舞鶴ではいたる所から艦艇を見ることができる

概要

日本海側における唯一の防衛拠点であり、警備区域は非常に広い。秋田県以南、島根県以東の日本海中部域（兵庫県は豊岡市と美方郡に限る）の沿岸海域を1基地でカバーしている。

舞鶴基地は舞鶴湾の東港に位置し、西港は商業港となっている。天然の良港として有名な舞鶴湾は日本海が湖のように深く入り込んで作られた湾で、水深が浅く湾口が狭いため、干満差が小さく、湾内は静穏な状態が保たれている。しかし冬場は風雪にさらされるうえ、積雪期以外でも、荒天時には外洋が激しいしけになる。

舞鶴基地の警備区域のほぼ中央に位置する新潟西港には舞鶴警備隊新潟基地分遣隊があり、艦船受け入れ施設の警備を行っている。また、新潟港の北西には舞鶴航空基地がある。

日本海側最大の港湾である新潟港は国際拠点港湾に指定されているが、立地的に後方拠点として優れていることから、海自艦艇だけでなく米海軍艦艇も数多く入港する。なお、新潟港は北吸桟橋が係留施設であり、約1kmにわたって艦艇が一直線に並んで接岸する構造になっている。

警備区域

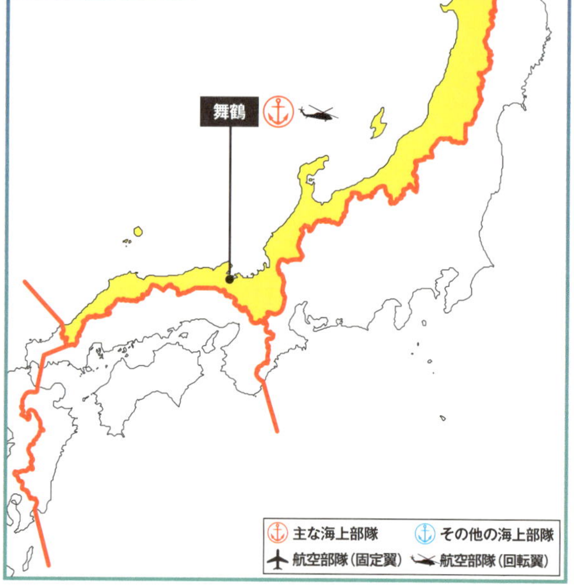

主な所在部隊

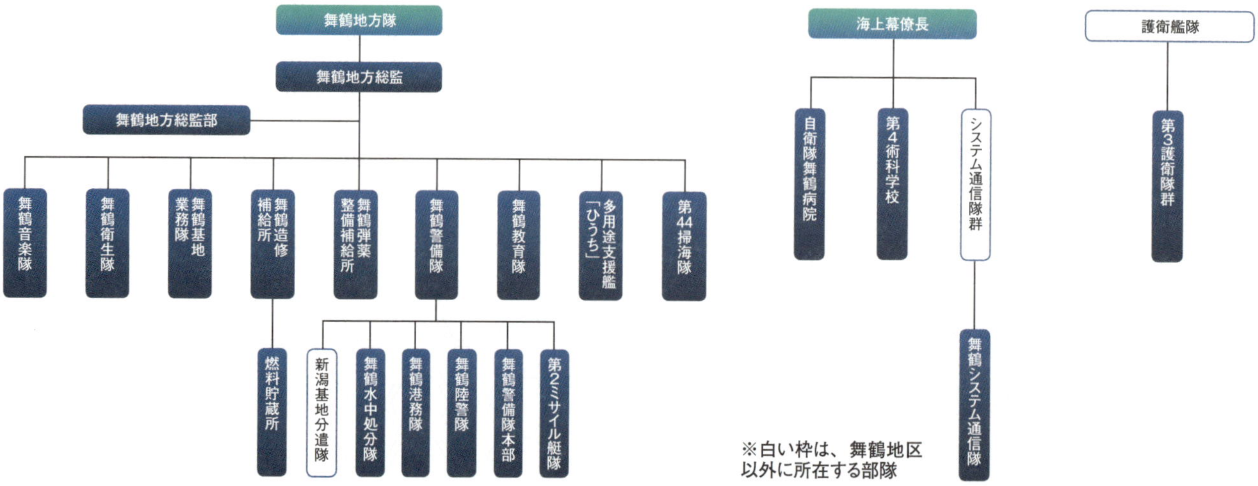

沿革

現在は日本海側唯一の軍事拠点として艦艇の配備も充実してきているものの、かつては日本海側の脅威が少なかったため、第1次世界大戦以降、長きにわたって舞鶴基地の戦略的重要度は低かった。

舞鶴基地の重要性が見直されたのは、北朝鮮が1998（平成10）年に行ったテポドン発射実験や、戦後初の海上警備行動が発令された翌年の能登半島沖不審船事案などの影響が大きい。

また、2001（平成13）年に舞鶴航空基地が作られ、2008（平成20）年には第23航空隊が新編された。それまで、第3護衛隊群所属のヘリコプター搭載護衛艦の搭載ヘリは千葉県の館山航空基地から遠路飛来していたが、その必要がなくなり、基地としての機能性が高まっている。

帝国海軍の舞鶴鎮守府が開庁したのは1901（明治34）年で、その後、ワシントン海軍軍縮条約を受けて1923（大正12）年に要港部に格下げ。その際、ほかの施設も縮小されたが、1936（昭和11）に再び鎮守府に昇格し、1954（昭和29）年7月1日に、防衛庁・自衛隊創設と共に舞鶴地方総監部が開設されている。

北吸桟橋の対岸は旧舞鶴海軍工廠で、現在はジャパンマリンユナイテッド

軍港引込線として設けられた北吸トンネル。現在は自転車・歩行者道路

旧海軍時代の名残を今に伝える赤れんがの倉庫群

Report

いつもと違う風景

雪の舞鶴基地

京都府の中でも日本海側に位置する舞鶴基地は、冬期には大雪になることも多い。本誌取材班が舞鶴基地を訪れた日もちょうど大雪の日だった。

これもまた舞鶴基地の一面なので、撮影した「雪の舞鶴基地」の写真をいくつか掲載した。

護衛艦の停泊位置である北吸桟橋はもちろん、護衛艦の上にも雪が積もっている

舞鶴地方隊の総監部。使ったばかりであろう、赤いスコップが見える

北吸桟橋の近くにある、舞鶴造修補給所

隊員インタビュー

長《なが》尾《お》静《しず》香《か》

舞鶴地方総監部　広報係

自衛官を志したきっかけ： 高校生のとき、地元の和歌山港で体験航海に参加。その際、乗員の働く姿を見て、私もこんな艦で働きたいと思ったことがきっかけです。

これまでの部隊歴:舞鶴警備隊、補給艦「ましゅう」、舞鶴基地業務隊、護衛艦「あさぎり」

現在の仕事:各種見学の受付や見学対応のほか、海軍記念館の保守・整備を行っております。

休日の過ごし方：地元の「よさこい」チームに所属し、帰省したときには練習に参加。あとは舞鶴でショッピングやダイビング、自宅でのんびり音楽鑑賞をして楽しんでいます。

自衛官としてのやりがい：見学の対応などをしたとき、笑顔で「ありがとう!!」と喜んでくださったり、災害等で自衛隊が派遣され、感謝の言葉をいただいたりすると、自衛官であることがとても誇らしく、やりがいを感じます。

街の住み心地（所属基地別）：山や海などの自然を身近に感じられ、おいしい京野菜や特産品などがたくさんあり、住み心地は最高です。ちなみに私のおススメ京野菜は、万願寺とうがらしです!

Interview

舞鶴地方総監
海将
堂下哲郎

舞鶴地方隊の任務

舞鶴地方隊は、1952（昭和27）年8月設立依頼、秋田県から島根県にいたる沿岸部を含む日本海側正面を警備区とし、海上防衛を担っています。

舞鶴地方隊は、警備区の防衛・警備に加え、配備されている最新鋭イージス艦をはじめとする多くの艦艇、航空機等に対する後方支援や人材育成の任務も有しています。

舞鶴という街について

歴史と伝統を感じます。そして地元舞鶴市と自衛隊が良好な関係を保っていると感じました。

舞鶴地方隊ならではの特徴

舞鶴地方隊は海上自衛隊の総監部と航空基地とが併設される日本海側唯一の基地です。指導方針は「精強・即応」、「健全」です。

部隊を率いるに当たり留意している点

我々は、海上自衛官である前に、一人の社会人、家庭人です。

健康で、偏りのない考え方をし、常識ある行動をとれる「健全さ」を持つことが必要だということであり、それこそが我々自衛隊に対する信頼を得る基盤となるものと考えています。

地域との関わりや交流

舞鶴地方隊は舞鶴鎮守府（初代司令長官東郷平八郎海軍中将（当時））の創設以来、百十余年の永きに亘り、地元舞鶴市をはじめとする警備区内各地の皆様のご理解とご支援を頂きながら、緊密な態勢を築いて参りました。

昨年は、「海フェスタ京都」、「赤れんがハーフ」がありましたが、今後も様々なイベントを通じ、地域に愛され、地域とともに発展する組織であり続けるよう努力して参ります。

舞鶴地方隊の PR

舞鶴は、旧海軍の街として発展した東地区と城下町として発展した西地区があり、深い歴史と豊かな自然によって培われた多くの文化財・史跡・景観・味覚と見どころがたくさんあります。

我々、舞鶴 地方隊の隊員は、このようなすばらしい街で、日々 任務に邁進しております。これからも、市と自衛隊が良好な関係を保てるよ う努力してまいります。

在籍艦艇

隻数は12隻と少規模だが、高性能な艦艇が多くそろうのが特徴。第1次世界大戦以降、舞鶴には戦艦が配備されず、海上自衛隊になった後も老齢艦が多く配備されていたが、1990年代に入って最新鋭の艦艇が配備されるようになった。

1996（平成8）年に当時最新のこんごう型イージス護衛艦の3番艦「みょうこう」が配備され、1999（平成11）年に能登半島沖不審船事案が発生すると、速力44ノット（時速約80キロ）を誇るミサイル艇「はやぶさ」と「うみたか」が配備。2004（平成16）年には海自最大の補給艦「ましゅう」、2007（平成19）年にはあたご型イージス護衛艦の1番艦「あたご」、2014（平成26）年には最新の汎用護衛艦、あきづき型の4番艦「ふゆづき」が就役。なお、「みょうこう」は弾道ミサイル防衛での運用のため、スタンダードミサイル3（SM-3）へ改修されている。また、第3護衛隊群所属のヘリコプター搭載護衛艦「しらね」は2014（平成26）年度末での除籍が決まっており、本誌にペーパークラフトを付けた、「いずも」がその後継艦として横須賀に配備されるため「ひゅうが」が配備される。

護衛艦（護衛隊群）

種別	艦番号	艦名	所属
護衛艦	DDG-143	しらね	第3護衛隊群第3護衛隊
護衛艦	DDG-177	あたご	第3護衛隊群第3護衛隊
護衛艦	DDG-175	みょうこう	第3護衛隊群第7護衛隊
護衛艦	DD-154	ふゆづき	第3護衛隊群第7護衛隊

護衛艦（地方配備）

種別	艦番号	艦名	所属
護衛艦	DD-130	まつゆき	護衛艦隊直轄第14護衛隊
護衛艦	DD-151	あさぎり	護衛艦隊直轄第14護衛隊

補給艦

種別	艦番号	艦名	所属
補給艦	AOE-425	ましゅう	護衛艦隊直轄第1海上補給隊

舞鶴地方隊（掃海艇）

種別	艦番号	艦名	所属
掃海艇	MSC-681	すがしま	舞鶴地方隊第44掃海隊
掃海艇	MSC-682	のとじま	舞鶴地方隊第44掃海隊

舞鶴地方隊（ミサイル艇）

種別	艦番号	艦名	所属
ミサイル艇	PG-824	はやぶさ	舞鶴警備隊第2ミサイル艇隊
ミサイル艇	PG-828	うみたか	舞鶴警備隊第2ミサイル艇隊

舞鶴地方隊（その他）

種別	艦番号	艦名	所属
多用途支援艦	AMS-4301	ひうち	舞鶴地方隊直轄
水中処分母船	YDT-01	水中処分母船1号	舞鶴警備隊舞鶴水中処分隊

※艦艇の所属は2015（平成27）年2月現在のものです。

基地施設・周辺図

JR東舞鶴駅の北側に商店街や市街地が広がり、そこから国道27号線を西に進むと赤れんが倉庫群、その先が北吸桟橋や総監部地域となる。

このエリアにも舞鶴航空基地、舞鶴海上訓練指導隊、舞鶴水中処分母船などが所在している。

総監部エリアには昭和初期に建てられ、当時の最新技術を取り入れ建築された庁舎群が並ぶ。

3
舞鶴造修補給所工作部
舞鶴市立赤れんが博物館
海軍ゆかりの港めぐり
遊覧船発着所
赤れんがパーク

海上自衛隊舞鶴航空基地
海上自衛隊第23航空隊
前島埠頭
自衛隊舞鶴病院
北吸桟橋
舞鶴教育隊
舞鶴造修補給所
舞鶴警備隊
(旧舞鶴鎮守府西門)
3
東舞鶴駅へ

イベント

毎週土曜日・日曜日と祝日は北吸桟橋が一般公開され、上甲板のみではあるが当日の広報担当艦に乗艦できる。見学時間は10:00～12:00、13:00～15:00までの2回で、広報担当艦がない場合は桟橋からの見学が行われる。土・日・祝日には舞鶴航空基地（第23航空隊）も見学できる。舞鶴航空基地の見学時間は14:00～15:00で、ヘリコプターおよび消防車の見学、活動写真展示や売店（土曜のみ）の案内を行っている。詳しくはHPか、電話で海上自衛隊舞鶴地方総監部 広報係（0773-62-2250）まで問い合わせてほしい。

夏には毎年、北吸桟橋と舞鶴航空基地の2カ所で基地の開放と展示を行う「舞鶴サマーフェスタ」を開催しており、2014（平成26）年には約5,000人が来場した。今後の開催情報は舞鶴地方隊のHP（http://mod.go.jp/msdf/maizuru/）で確認できる。

北吸桟橋では、大型ボートによる港内見学や音楽隊の演奏、舞鶴航空基地では、第23航空隊のSH-60Kヘリコプターの体験搭乗や管制塔の見学などができる。

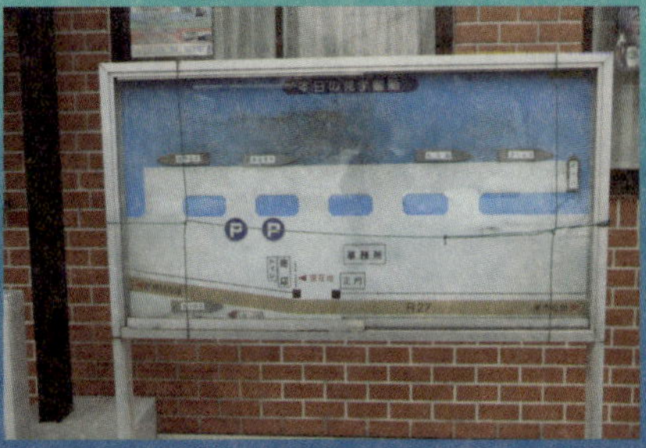

毎週行われる広報担当艦の掲示板。

撮影ポイント

前島埠頭（地図①参照）

新日本海フェリーの乗り場がある埠頭で、西側の岸壁からは北吸桟橋に接岸している艦艇やジャパン マリンユナイテッドの艤装岸壁にいる艦艇を撮影できる。現在は、東舞鶴地区からの歩道橋建設計画もあるそう。

住所　〒625-0036　京都府舞鶴市字浜
アクセス　JR東舞鶴駅からタクシーで約7分、徒歩で約20分

赤れんが博物館裏（地図②参照）

舞鶴市役所が近いこの場所からは、北吸桟橋に接岸した大型艦艇や舞鶴地方隊第44掃海隊所属の掃海艇を間近で撮影することができる。撮影の合間に赤れんが博物館自体の観光も楽しむのもいいだろう。

住所　〒625-0036　京都府舞鶴市字浜2011
アクセス　JR東舞鶴駅から徒歩約10分、JR東舞鶴駅からバスで約5分市役所前バス停下車すぐ

五老スカイタワー

「近畿百景」の第1位に選ばれた海抜325メートルの展望台で、ここから舞鶴基地を見下ろせる。ただし3キロ以上離れているので望遠レンズは必須。美しく広がるリアス式海岸の舞鶴湾と舞鶴市内が一望できる。

住所　〒624-0912 京都府舞鶴市上安木暮谷237
アクセス　JR西舞鶴駅からタクシーで約15分
※4～11月の土日祝日は舞鶴周遊観光ループバス運行、五老ヶ岳バス停下車すぐ

ゆかりの施設

海軍記念館（地図③参照）

総監部地区にある旧海軍機関学校大講堂の一部を利用して設置された資料館で、旧海軍関係の記念品、資料など200点あまりを展示。土・日・祝日の10:00～12:00、13:00～15:00に一般公開している。

住所　〒625-0087 京都府舞鶴市余部下1190
アクセス　JR東舞鶴駅下車、バスで約10分、ユニバーサル造船前バス停下車、徒歩約3分

舞鶴市立赤れんが博物館（地図④参照）

旧舞鶴海軍兵器廠魚形水雷庫として、1903（明治36）年に建設された博物館。現存する中で最古級の歴史を持つ本格的な鉄骨構造のれんが建築物である。館内はれんがとその歴史について展示。

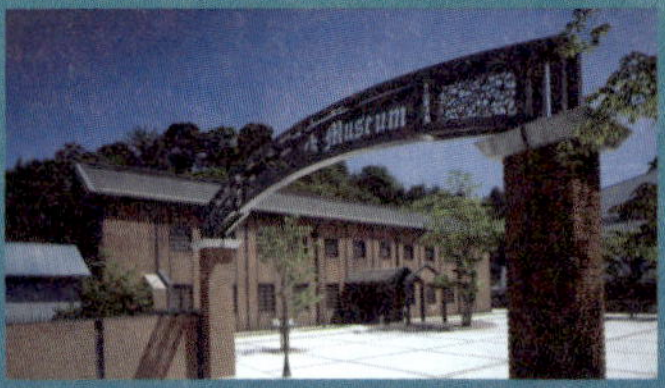

住所　〒625-0036　京都府舞鶴市字浜2011
アクセス　JR東舞鶴駅から徒歩約10分、JR東舞鶴駅からバスで約5分、市役所前バス停下車すぐ

舞鶴赤れんがパーク（地図⑤参照）

北吸地区にはれんが造りの倉庫群が12棟あるが、それらの総称が「舞鶴赤れんがパーク」。

旧海軍の倉庫として明治期と大正期に建設され、5棟が保存・活用されている。

住所　〒625-0080　京都府舞鶴市字北吸1039-2
アクセス　JR東舞鶴駅から徒歩約10分、JR東舞鶴駅からバスで約5分、市役所前バス停下車すぐ

舞鶴地方総監部会議所（東郷邸）（地図⑥参照）

舞鶴鎮守府初代司令長官、東郷平八郎海軍中将が常備艦隊司令長官になるまでの2年間を過ごした官邸で、以来、歴代長官の官邸として終戦時まで使用された。

建物は木造平家建で一部洋館の和洋折衷。

住所　〒625-0087　京都府舞鶴市字余部下1200
アクセス　JR東舞鶴駅下車、バスで約10分、ユニバーサル造船前バス停下車、徒歩約3分

舞鶴タウン情報

舞鶴地方総監部のある東地区の市街地は、1901（明治34）年の海軍鎮守府の開庁と同時に、京都市街地にならって碁盤の目状に整備。

その際、通り名称に戦艦、巡洋艦など艦種別、建造 年代順に軍艦の名が用いられ「戦艦通り」と呼ばれるようになった。

現在も「三笠通り」「初瀬通り」「朝日通り」「敷島通り」「八島通り」「富士通り」などの名前が残っている。

肉じゃが

東郷平八郎が英国に留学中に食べたビーフシチューの味が忘れられず、部下に命じて艦上食として作らせたのが始まりとされる肉じゃが。こうしたことから、1995（平成7）年に市民有志が「まいづる肉じゃがまつり実行委員会」を結成し、「肉じゃが発祥の地」を宣言。市内各所で食べられるほか、今は「肉じゃがコロッケ」「肉じゃがカレー」「肉じゃがパン」など関連商品も多数。なお発祥の地を巡る舞鶴と呉の「肉じゃが戦争」はいまだ決着がつかず、定期的にお互いの地元のイベントに参加しながら交流が続いている。

舞鶴の海上自衛隊第四術科学校の図書館には「海軍厨業管理教科書」が残っているが、書中には「甘煮」として肉じゃがが書かれている。この教科書は全国で舞鶴にしか残っておらず、「肉じゃがが舞鶴の海軍から始まった」証拠としている

まいづる海軍ロール

イチゴジャムとクリームをカステラ生地に包んだ、上品でハイカラなロールケーキ。海軍が舞鶴に残した「海軍割烹術参考書」のレシピを参考に現代風にアレンジしている。パッケージはれんが模様だ。

店舗名　御菓子司　東月堂
住所　〒625-0036 京都府舞鶴市大門六条東入ル
TEL:0773-62-1203

ホルモンうどん

海軍グルメではないが、舞鶴市民のソウルフードとして愛されている。国産の一級品の新鮮な小腸のみを使用し、秘伝の焼肉ダレをからめて、この店独自の焼肉鍋で焼く。ホルモンうどんは鍋に残ったエキスでうどんを煮込んで食べるシメの一品。航海を終えて上陸した隊員もこぞって押し寄せるらしい。

同店は1955（昭和30）年に創業した歴史のある店。創業以来、自衛隊員さん御用達となっている。

食べ方としては、焼肉やホルモンを焼いて食べた後、鍋に残るエキスを利用してシメでうどんを入れて食べるのが名物の「ホルモンうどん」のスタイルだ。

店舗名　舞鶴の味 焼肉・ホルモン 八島丹山
住所　〒625-0036　京都府舞鶴市字浜467-2
TEL:0773-62-2140

海軍ゆかりの港めぐり遊覧船

3月21日～11月30日までの土・日・祝日、ゴールデンウィーク、お盆（8月13日、14日、15日）に1日4便運行している約30分のクルーズ。1便と2便は舞鶴水交会会員（海上自衛隊OB）が乗船しガイドしてくれる。北吸桟橋やジャパン マリンユナイテッド、舞鶴航空基地など東舞鶴湾を周回し、艦艇の超至近距離まで近づくので迫力満点。艦艇をいろいろな角度から見られる。

自動車による来場も可能で、その場合は「赤れんがパーク」の駐車場を利用できる。大型バスも8台まで駐車可能だ。赤れんが博物館と併用の駐車場もあるが、詳しくは赤れんが博物館へ要確認。

問い合わせ
まいづる観光ステーション
〒624-0816 京都府舞鶴市伊佐津213-8
TEL:0773-75-8600
http://www.maizuru-kanko.net/recommend/cruise/

アクセス
北吸赤れんが桟橋（赤れんが博物館横）
JR東舞鶴駅から徒歩約10分、JR東舞鶴駅からバスで約5分市役所前バス停下車すぐ

出港時刻
11:00～14:00の毎正時

乗船料金
大人1,000円、小人500円
※バス1日乗り放題チケット（その他多数特典あり）「舞鶴かまぼこ手形の」提示で半額

基地紹介

呉 JMSDF 基地
Kure NAVAL BASE

バラエティ豊かな艦艇が在籍する、元「東洋一の軍港」

明治時代に旧日本海軍が呉鎮守府を開設以来その拠点として栄え、「東洋一の軍港」とも称された呉。その歴史は海上自衛隊呉総監部が引き継いでいる。
5大基地中最大の係留能力を持つことから在籍艦艇が最も多く、しかもバラエティ豊か。毎週日曜日には庁舎や艦艇の一般公開を行うなど広報活動にも積極的に取り組んでいる。周辺には関連施設やゆかりの資料館などが点在し、往時の雰囲気を今に伝えている。

正門

呉地方総監部の正門。まっすぐ奥に地方総監部庁舎が見える

総監部

総監部庁舎は旧佐世保鎮守府時代そのまま。れんが石造の建築で、歴史的な価値も高い

総監部　応接室

往時の雰囲気を今に伝える、格調高い造りの総監部庁舎の内部

Spec

隊員数………… 約9,500名
在籍艦艇……… 42隻（阪神基地隊、佐伯基地分遣隊の計3隻含む）
総監部住所…… 〒737-8554 広島県呉市幸町8-1
Webページ…… http://www.mod.go.jp/msdf/kure/

左下が国道487号線に面した総監部正門で、右の赤れんがの建物が呉地方総監部庁舎。背景には造船所が建ち並ぶ。

てつのくじら館

JR呉駅前にある呉史料館、通称“てつのくじら館”

アクセスガイド

JR呉駅からバスで約10分。
「総監部前」バス停で下車。
すると目の前が総監部

基地全景

呉の在籍艦艇は、護衛艦や潜水艦をはじめバラエティに富んでいる

概要

気候の温和な瀬戸内海の奥にあり、横須賀と同等の規模を誇る。弾薬や燃料の補給能力が優れていたことから、かつては最前線基地というよりも、訓練や後方支援を主とする戦略予備的な性格の強い基地だった。

しかし1994（平成6）年に練習艦隊司令部が横須賀から呉に移転し、翌年には第4護衛隊群司令部が旗艦「ひえい」から移転。これにより総合的な役割を果たす海上自衛隊の主要基地へと変化を遂げた。

警備区域は、和歌山県から宮崎県に至る区域の太平洋および瀬戸内海を含む沿岸海域で、四国沖約1,800kmにある東京都所属の「沖ノ鳥島」も含まれる。また警備区域内には、岩国や徳島、小松島などの航空部隊基地もある。

呉基地以外の隷下部隊には、掃海艇2隻を擁し、大阪湾、紀伊水道等海域の防衛と警備を担当する阪神基地隊や、大分県佐伯港の佐伯基地分遣隊などがある。

警備区域

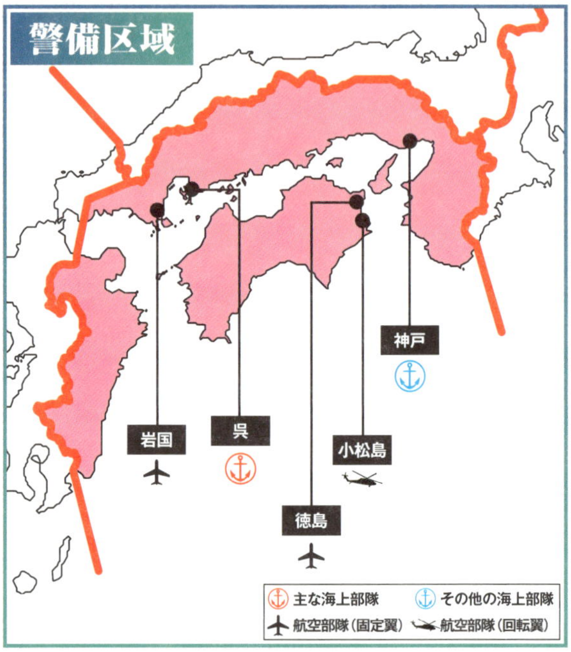

主な所在部隊

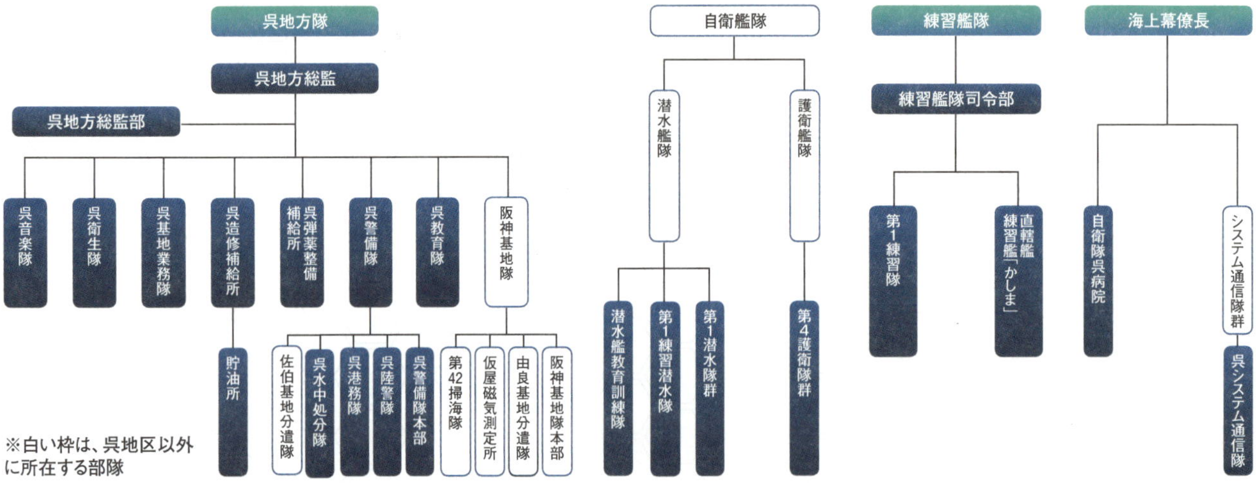

※白い枠は、呉地区以外に所在する部隊

沿革

戦前は海軍最大の基地であり、戦艦大和を建造した呉海軍工廠の造船技術の高さは特に有名。また呉港から近い山口県岩国市には連合艦隊の集結地だった柱島泊地もあり、帝国海軍の主要基地だった。

帝国海軍の呉鎮守府が開庁したのは1889（明治22）年で、開庁とともに呉海兵団や呉海軍病院が設置された。そして1903（明治36）年に、呉海軍造船廠と呉海軍造兵廠をもって呉海軍工廠が設立される。1945（昭和20）年に終戦を迎えると、海軍省廃止に伴って呉鎮守府は閉庁。

米軍は大戦末期に、多数の機雷を投下して重工業にダメージを与える「飢餓作戦」を展開していたが、それらの機雷を除去するために海軍の掃海技術が必要であったことから、呉は戦後の掃海における中枢基地となった。

1952（昭和27）年には海上自衛隊の前身となる海上警備隊が創設された。その後の保安庁設置、海上警備隊から警備隊への改称を経て、1954（昭和29）7月1日の防衛庁および海上自衛隊創設と同時に海上自衛隊呉地方隊が新編。呉鎮守府跡に、その司令部となる呉地方総監部が設置された。

「日本一の工廠」と呼ばれ、戦艦大和も建造した呉には、今でも多くの造船所などが建ち並ぶ

海自基地最大の係留能力を持つことから多くの艦艇が在籍

明治初期には小さな街だったが、呉鎮守府の開庁により海軍と共に発展

隊員インタビュー

道本和生《みちもとかずお》

呉音楽隊　2等海曹

自衛官を志したきっかけ：幼い頃より、地元岩国で毎年呉音楽隊の演奏に触れ、白い制服に憧れて入隊しました。
これまでの部隊歴：護衛艦「いそゆき」
現在の仕事：トロンボーン担当、コンサートプログラムによっては歌も担当します。
休日の過ごし方：自然が好きなので、海や山にあるカフェやレストランに出かけ、その後近くでトロンボーンの練習をしています。
自衛官としてのやりがい：日本のみならず世界中で、制服を着て演奏ができること。
街の住み心地（所属基地別）：緑が多く、そこから見える呉湾は瀬戸内の良さを凝縮した風景です。四季の移り変わりの変化も穏やかで、とても過ごしやすいところです。

西下仁《にししたひとし》

呉水中処分隊　水中処分員　1等海曹

自衛官を志したきっかけ：海が好きで、船に乗る仕事に興味がありました。
これまでの部隊歴：支援艦「あずま」、補給艦「とわだ」、護衛艦「いなずま」、掃海艇「あいしま」、第1術科学校掃海科教官
現在の仕事：爆発性危険物（不発弾）処理、部隊等潜水員の潜水指導、術科技能維持訓練等
休日の過ごし方：体力練成（ジョギング、自転車）、ドライブ
自衛官としてのやりがい：災害派遣やPKO活動等に従事し、民間や国際的にも信頼され、感謝の言葉がもらえたこと。
街の住み心地（所属基地別）：温暖な土地柄で人情味のあるところで快適に過ごしています。

Interview
呉地方総監
海将
伊藤俊幸

呉地方隊の任務

任務の第1は艦艇、航空機等の部隊に対する後方支援です。多くの艦艇が呉を定係港としており、燃料、真水、弾薬、食料等の補給や造修整備などの後方支援業務を実施しています。

第2は担当警備区域内の災害派遣です。大規模災害発生時には警備区域内に所在する艦艇や航空機を指揮し、人命救助を第一義とする応急対策活動（行方不明者捜索、人員・物資輸送等）を実施しています。また警備区域内では、戦時中の砲弾などが今だに発見されることがあり、爆発性危険物の除去も重要な任務のひとつです。

呉という街について

最初は30年以上前、江田島の幹部候補生学校時代に外出で訪れました。勤務としては25歳の時に、潜水艦乗りになるための教育を呉の「潜水艦教育訓練隊」で受けたのが最初です。

当時から、厳かで趣のある街並みに心惹かれていました。まだ若く、街の人との接点もあまりなかったのですが、帝国海軍以来の親近感もあってか、ほかの基地に比べると海上自衛官に対して好意的な感じがしました。

呉地方隊ならではの特徴

呉地方隊は、旧海軍以来、地元地域のあたたかい理解と支援のもとに共存共栄しており、隊員たちも歴史ある海軍の街である呉に馴染むとともに、歴史の継承者としての誇りと気概を持って勤務しています。

「呉」地方隊という名前から誤解されがちですが、実は広大な担当警備区を有し、四国と瀬戸内海を覆うかたちで、東は和歌山県から西は宮崎県までの広い区域となっています。

呉には、ほかの基地と比べ最も多種多数の艦艇が在籍しています。海自の輸送艦3隻すべてが在籍しており、飛渡瀬に海自唯一のエアクッション艇（LCAC）整備場も保有しています。またAIP潜水艦である「そうりゅう」型潜水艦用の海自唯一の燃料施設と魚雷整備能力を有しており、潜水艦戦力を発揮するうえで大きな役割を担っています。

吉浦にある呉造修補給所の貯油所は海自最大の燃料施設であり、海自基地全体の約半分の貯蔵能力を持っています。切串にある呉弾薬整備補給所の弾薬保管能力も海自最大で、海自の約4割の承認換爆量を有しています。

呉は、海軍の歴史を有することと、海自最大といえる重要な後方支援基地であることが最大の特徴です。

指導方針とその意味

指導方針は、「他者のために汗をかけ」です。先に述べたように、艦艇等の一線部隊に対する後方支援は、地方隊の最重要任務のひとつです。我々一人一人がしっかり汗をかくことが、全体としての使命の達成に直結していることを自覚して勤務してほしい。また、「他者」とは、「国民」がその中心にあると思っています。民主主義国家の軍事組織は、国民の理解と支援なくして成り立ちません。従って常に国民目線で、その期待に応えるという意識を持って勤務する必要があります。

指導方針とは別に、モットーとして、「明るく・元気に・さわやかに」を掲げています。後ろ向きの、暗く弱々しい姿勢では、日々の勤務はうまくいかないし、楽しくもないでしょう。常に前向きに勤務することが、成功と楽しさをもたらすという観点から、隊員に必要な「意気」であると思っています。

部隊を率いるに当たり留意している点

自衛隊の活動を正しく理解してもらうためには広報がますます重要となっていますので、積極的な情報発信に留意しています。また非常時に備え、警備区内の各地域との強いつながりの構築に尽力しています。

「整備する自衛隊」から「働く自衛隊」となって久しく、任務の多様化にも伴い、「PLAN-DO-CHECK-ACTION（計画、実行、評価、改善）」のサイクルの確実な実施が重要です。

組織は人で決まります。指揮官自らが部下一人一人としっかり向き合うことが大切だと指導しています。

地域との関わりや交流

地域の人との交流は極めて重要です。お誘いいただいた行事にはできるだけ参加するようにしていますし、基地の行事などにもできるだけ多くの人を招待するよう心掛けています。そうした場では、お酒の力も借りながら、常に胸襟を開いた意見交換に努めています。

呉地方隊のPR

呉地方隊は創設以来60年の歴史を歩んできました。目下、任免権下人員9,470名、在籍自衛艦42隻147,600トン、支援船43隻5,600トンの威容を誇るまでになっています。国民の負託に応え、真に働く呉地方隊として、今後も能力向上と任務の完遂に邁進していきますので、一層のご理解とご支援を賜りたいと思います。

在籍艦艇

以前は主に後方支援的な役割を担っており、護衛艦の多くは老齢艦だった。1990年代後半になると最新鋭護衛艦が配備されはじめる。

現在は潜水艦や輸送艦、音響測定艦、補給艦、敷設艦、掃海母艦、潜水艦救難艦、掃海艇などが配備されており、多種多様な在籍艦艇が呉の特徴のひとつといえる。特に潜水艦、掃海艇、練習艦の数が多い。在籍艦艇の総数は39隻で、横須賀以上の数である(阪神基地、佐伯基地分遣隊を除く)。

護衛艦(護衛隊群)

種別	艦番号	艦名	所属
護衛艦	DDH-182	いせ	第4護衛隊群第4護衛隊
護衛艦	DD-105	いなづま	第4護衛隊群第4護衛隊
護衛艦	DD-106	さみだれ	第4護衛隊群第4護衛隊
護衛艦	DD-113	さざなみ	第4護衛隊群第4護衛隊

護衛艦(地方配備)

種別	艦番号	艦名	所属
護衛艦	DD-158	うみぎり	護衛艦隊直轄第12護衛隊
護衛艦	DE-229	あぶくま	護衛艦隊直轄第12護衛隊
護衛艦	DE-232	せんだい	護衛艦隊直轄第12護衛隊
護衛艦	DE-234	とね	護衛艦隊直轄第12護衛隊

輸送艦

種別	艦番号	艦名	所属
輸送艦	LST-4001	おおすみ	護衛艦隊直轄第1輸送隊
輸送艦	LST-4002	しもきた	護衛艦隊直轄第1輸送隊
輸送艦	LST-4003	くにさき	護衛艦隊直轄第1輸送隊

掃海母艦・掃海艇・掃海管制艇

種別	艦番号	艦名	所属
掃海母艦	MST-464	ぶんご	掃海隊群直轄
掃海艇	MSC-687	いずしま	掃海隊群第1掃海隊
掃海艇	MSC-688	あいしま	掃海隊群第1掃海隊
掃海艇	MSC-690	みやじま	掃海隊群第1掃海隊
掃海管制艇	MCL-729	まえじま	掃海隊群第101掃海隊
掃海管制艇	MCL-730	くめじま	掃海隊群第101掃海隊

潜水艦救難艦・潜水艦・練習潜水艦

ちはや

そうりゅう

種別	艦番号	艦名	所属
潜水艦救難艦	ASR-403	ちはや	第1潜水隊群直轄
潜水艦	SS-591	みちしお	第1潜水隊群第1潜水隊
潜水艦	SS-593	まきしお	第1潜水隊群第1潜水隊
潜水艦	SS-594	いそしお	第1潜水隊群第1潜水隊
潜水艦	SS-504	けんりゅう	第1潜水隊群第3潜水隊
潜水艦	SS-596	くろしお	第1潜水隊群第3潜水隊
潜水艦	SS-600	もちしお	第1潜水隊群第3潜水隊
潜水艦	SS-501	そうりゅう	第1潜水隊群第5潜水隊
潜水艦	SS-502	うんりゅう	第1潜水隊群第5潜水隊
潜水艦	SS-503	はくりゅう	第1潜水隊群第5潜水隊
練習潜水艦	TSS-3601	あさしお	第1練習潜水隊
練習潜水艦	TSS-3607	ふゆしお	第1練習潜水隊

その他（補助艦艇など）

むろと

ひびき

種別	艦番号	艦名	所属
補給艦	AOE-422	とわだ	護衛艦隊直轄 第1海上補給隊
訓練支援艦	ATS-4203	てんりゅう	第1海上訓練支援隊
訓練支援艦	ATS-4202	くろべ	第1海上訓練支援隊
敷設艦	ARC-483	むろと	海洋業務群直轄
音響測定艦	AOS-5201	ひびき	海洋業務群直轄
音響測定艦	AOS-5202	はりま	海洋業務群直轄
練習艦	TV-3508	かしま	練習艦隊直轄
練習艦	TV-3513	しまゆき	練習艦隊第１練習隊
練習艦	TV-3517	しらゆき	練習艦隊第１練習隊
練習艦	TV-3518	せとゆき	練習艦隊第1練習隊

阪神基地隊

種別	艦番号	艦名	所属
掃海艇	MSC-683	つのしま	阪神基地隊第 42 掃海隊
掃海艇	MSC-684	なおしま	阪神基地隊第42掃海隊

※艦艇の所属は2015（平成27）年2月現在のものです。

佐伯基地分遣隊

種別	艦番号	艦名	所属
多用途支援艦	AMS-4304	げんかい	呉警備隊佐伯基地分遣隊

呉地方隊

種別	艦番号	艦名	所属
水中処分母船	YDT-04	水中処分母船４号	呉警備隊呉水中処分隊

基地施設・周辺図

市街地や商業施設はJR呉駅の北側で、南側に呉港、国道487号線沿いに海上自衛隊施設が連なっている。古くから残っている巨大な造船所群も見どころ。

「サブマリーナの故郷」といわれる潜水艦教育訓練隊。

手前がAバース、次が潜水艦桟橋、その奥にE・Fバースが見える。

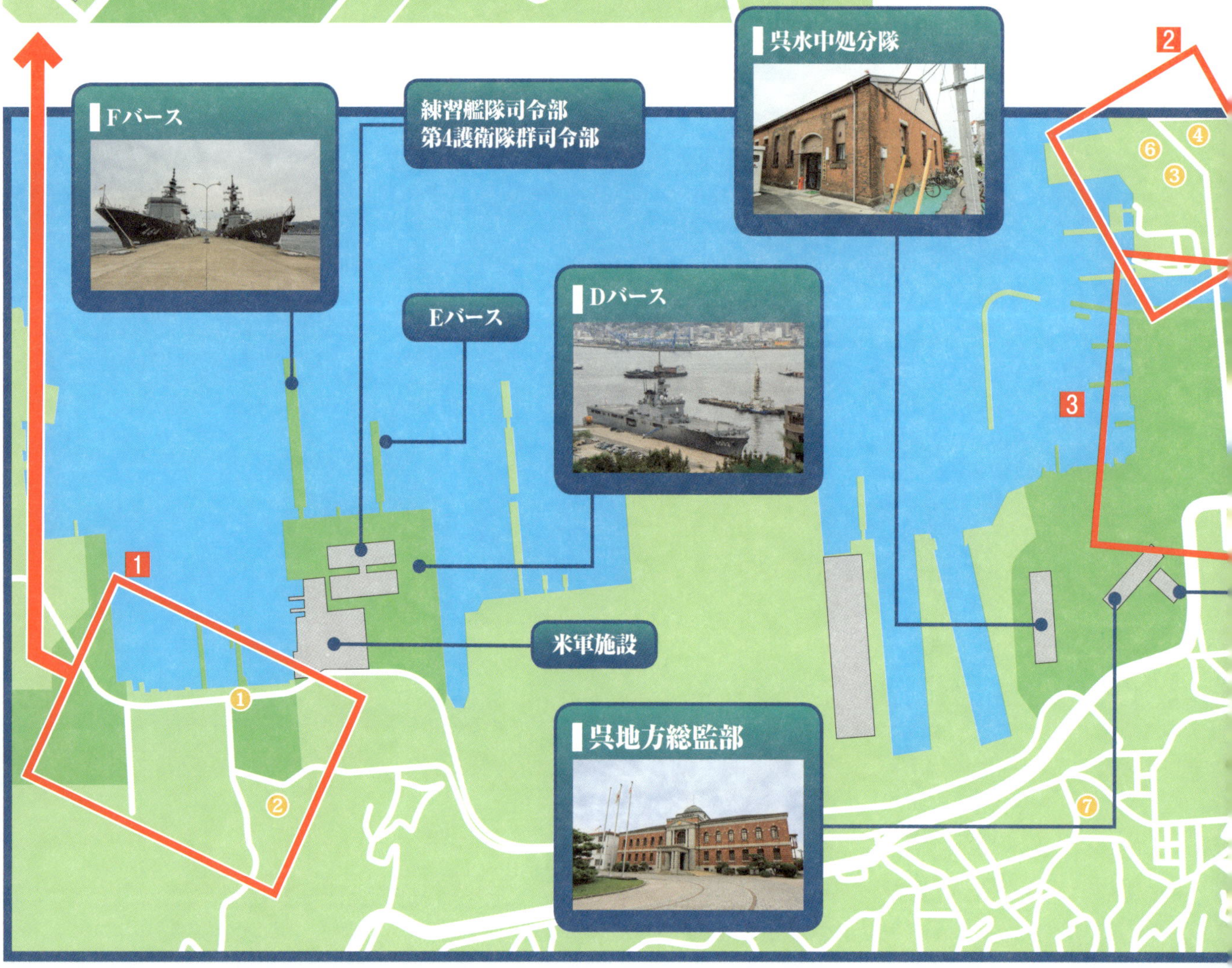

大和ミュージアムには10分の1の戦艦「大和」や、零戦62型などが展示。

1 アレイからすこじま
2 串山公園
3 大和ミュージアム・展望テラス
4 海上自衛隊呉資料館(てつのくじら館)
5 入船山記念館
6 呉市海事歴史科学館(大和ミュージアム)
7 歴史の見える丘

この地域には護衛艦はなく、業務支援の部隊が集中している。

呉港を周遊するクルーズ船の発着所。

「日本の道100選」にも選ばれた赤レンガ敷きの並木道、美術館通りに面した呉音楽隊。

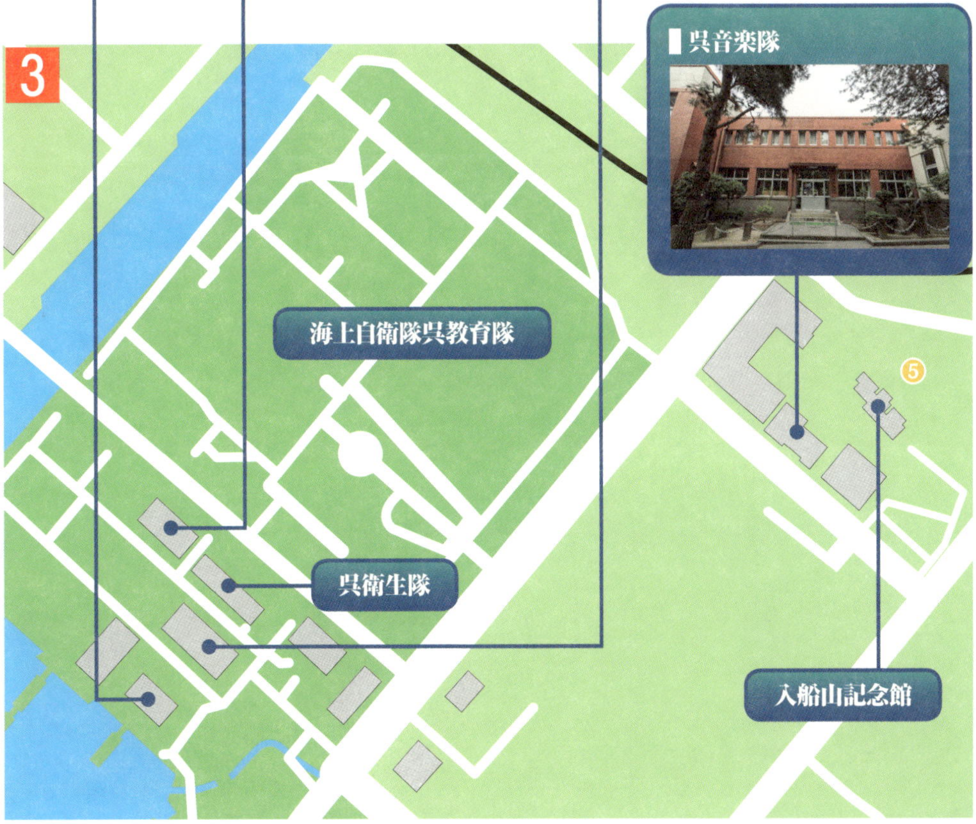

イベント

呉は広報に非常に積極的で、基本的に毎週日曜日に艦艇と呉地方総監部第1庁舎の一般公開を行っている。艦艇は10：00～11：00、13:00～14:00、15:00～16:00の3回、各1時間ずつ、呉地方総監部第1庁舎は10：30～11:30、13:00～14:00の2回、各1時間ずつ。

毎年夏には「サマーフェスタ」も開催され、高速艇や水中処分艇（ゴムボート）による体験航海、艦艇の一般公開、各種イベントを実施している。また護衛艦隊集合訓練が行われたときにも艦艇の一般公開や夜間の電飾などを実施。基地の外からでも20隻前後の艦艇を見ることができる。

子供たちをボートに乗せて港を巡るようなイベントも開催される

撮影ポイント

アレイからすこじま（地図①参照）

艦艇マニアなら知らぬ者はいない人気のスポット。国道478号沿いの公園で、潜水艦桟橋に停泊する潜水艦やからすこじま埠頭に接岸する音響測定艦を超至近距離で撮影できる。

近くにはかつて海軍工廠だったレンガ建造物が並び、レトロな雰囲気が往時を偲ばせる。設置されているクレーンは戦時中に魚雷などの揚げ下ろしに使われたもので、今はモニュメントとして設置している。

住所　〒737-0027　広島県呉市昭和町
アクセス　JR呉駅からバスで約10分、潜水隊前バス停下車すぐ

串山公園（地図②参照）

串山公園入口から展望台に向かう途中に木々の開けた場所があり、艦艇を斜め上から撮影できる。やや距離があるので望遠レンズが必須。航行する艦艇や、呉湾に面した工場群も一望できる。約830本の桜があるため、花見のシーズンには夜遅くまで混雑する。

住所　〒737-0015 広島県呉市船見町4
アクセス　JR呉駅からバスで約10分、串山バス停下車すぐ

休山

呉中心部を見下ろす標高497mの山。山頂に行く途中から呉市外や基地も見下ろせるが、距離が遠いので装備品というよりも呉港全体の雰囲気を撮影したい。夜景が美しいことでも有名。

所在地　呉市 宮原町・阿賀町

大和ミュージアム・展望テラス（地図③参照）

呉駅前に位置する「大和ミュージアム」の4階テラスから呉港を一望できる。「大和ミュージアム」は有料だが、テラスへの入場は無料。

ここからは港務隊の支援船などが撮影できる。ただし、護衛艦や潜水艦の停泊シーンは撮れない。

また、戦艦「大和」を生み出したドック跡や、港を行き交うさまざまな船なども眺められる。

住所　〒737-0029　広島県呉市宝町5-20
アクセス　JR呉駅から徒歩約5分

広島市の土砂災害で呉造修補給所の救助犬が活躍

「平成26年8月豪雨による広島市の土砂災害」では陸上自衛隊第13旅団を中心に人命救助（行方不明者捜索）などを行ったが、派遣部隊の中に陸自以外で唯一、「呉造修補給所」とあったのをご存じだろうか。

実は活動を行ったのは、貯油所にいる救助犬。出動したのは自衛隊の中で2頭しかいない国際救助犬「多聞丸号」と「妙見丸号」、そして訓練中の「那智号」の計3頭だ。活動期間は8月20日から26日の7日間で、総活動時間は約73時間にも及んだ。残念ながら行方不明者発見には至らなかったが、隊員と変わらぬ必死の活動ぶりだったという。

ちなみに呉造修補給所貯油所は、燃料などの保管・補給などを行っており、三幕協定により陸自・空自の燃料保管施設としても補給業務を実施している。

ゆかりの施設

海上自衛隊呉史料館(てつのくじら館)(地図4参照)

実物の潜水艦「あきしお」を陸揚げして、日本で初めて潜水艦と掃海を展示する史料館。「あきしお」には乗艦することもでき、艦内には艦長室や士官室などの艦内生活の一部を再現。実際に「見て」、「触って」、「体感する」貴重な体験ができる。

住所　〒737-0029
広島県呉市宝町5-32
アクセス　JR呉駅から徒歩約5分

入船山記念館(地図5参照)

旧呉鎮守府司令長官官舎(国重要文化財)を中心に、旧東郷家住宅離れ、旧呉海軍工廠塔、時計郷土館、歴史民俗資料館(近世文書館)などがあり、呉の歴史をたどることができる。

建物は木造平屋建で、東側の洋館部と西側の和館部からなる。

住所　〒737-0028
広島県呉市幸町4-6
アクセス　JR呉駅から徒歩約15分

長迫公園(旧海軍墓地)

かつての旧海軍墓地。1890(明治23)年に旧海軍によって作られて海軍軍人などが埋葬されたが、その後、国から市へ譲与されて現在の「長迫公園」になった。墓地には戦前の墓碑169基と、合祀碑80基が立っている。

住所　〒737-0031
広島県呉市上長迫町
アクセス　JR呉駅からバスで約15分、長迫町バス停下車、徒歩1分

呉市海事歴史科学館(大和ミュージアム)(地図6参照)

明治以降の日本の近代化を担った「呉の歴史」と、その近代化の礎となった造船、製鋼を始めとした各種の「科学技術」を紹介。館内には10分の1で精巧に作られた戦艦「大和」が展示されている。大型資料展示室の零式艦上戦闘機や人間魚雷「回天」、特殊潜航艇「海龍」などはすべて本物。屋外には、戦艦「陸奥」の主砲身などがある。

住所　〒737-0029
広島県呉市宝町5-20
アクセス　JR呉駅から徒歩約5分

歴史の見える丘(地図7参照)

明治以降の街の歴史を見渡せる場所として1982(昭和57)年に作られた。海上自衛隊呉地方総監部庁舎(旧呉鎮守府庁舎)や戦艦「大和」の建造ドックなど、かつての呉を象徴する風景を一望することができる。

住所　〒737-0024
広島県呉市宮原5
アクセス　JR呉駅からバスで約5分、子規句碑前バス停下車、徒歩1分

幹部候補生学校・第1術科学校(旧海軍兵学校)

海軍将校の養成を目的とする旧海軍兵学校はもともと東京・築地に開設され、1888(明治21)年にこの場所に移転した。

今は海上自衛隊の幹部候補生学校や第1術科学校などになっている。

住所　〒737-2195 広島県江田島市江田島町国有無番地
アクセス　呉中央桟橋から江田島・小用行きフェリー(所要時間20分)、または高速船(所要時間10分)で江田島・小用港下船、バスで約5分、術科学校前バス停下車、徒歩約3分

呉タウン情報

呉は古くからの海軍の街だったことから、それらを観光資源として活用したさまざまな取り組みが行われているが、なかでも海軍グルメが特に充実している。

海軍グルメ

海軍食は長期航海による病気を防ぐことと、艦内での数少ない楽しみである食事をより美味しく提供するために発展したとされる。呉では海軍が考案した料理を、料理教科書やレシピの記録を基に複刻し、「海軍グルメ」として提供。「健康」と「味」の両立したメニューは実に多彩で、市内各所で楽しむことができる。

肉じゃが(甘煮)

「ビーフシチュー」を作れという東郷平八郎元帥の命令に応えるために、部下の調理員がさまざまな努力を重ねて生み出した「甘煮」を肉じゃがのルーツとする説がある。

「甘煮」のレシピは当時の「海軍厨業管理教科書」に掲載され、呉の肉じゃがはこれに基づいて作られている。

戦艦大和のオムライス

グリーンピースは縁起を担いで割り切れない奇数、中のご飯は麦飯。

ソースはケチャップやケチャップソースの2種類、食後にはカップに並々と注いだ紅茶を出す。

給油艦隠戸のロールキャベツ

コロッケの材料をロールキャベツにしたもの。具には必ずジャガイモを加える。

呉湾おさんぽクルーズ

呉～江田島小用港間を定期運航する、カーフェリー「古鷹」。開放感のある船内から風景を楽しめる。

呉港を出発し、江田島・小用港を往復する約45分、ワンコインのミニクルーズ。海の上から呉の町並み、てつのくじら館や大和ミュージアム、造船所群や海上自衛隊の艦船を見ることができる。

※途中下船不可

運航会社　瀬戸内シーライン株式会社
住所　〒734-8515広島市南区宇品海岸1-12-23
TEL:082-254-1701
http://setonaikaikisen.co.jp/information/archives/114
アクセス(呉港中央桟橋)　JR呉駅から徒歩5分
出港時刻　8:35～18:10の間に9便
乗船料金　大人500円、小学生250円

呉艦船めぐり

海上自衛隊OBの案内で戦艦「大和」建造ドックや海上自衛隊基地周辺をクルーズする約30分の観光遊覧船。当日湾内に停泊している艦船などを巡り、潜水艦や護衛艦、呉でしか出会うことのできない珍しい艦艇などを至近距離で見ることができる。

運航会社　有限会社バンカー・サプライ
広島県広島市南区翠三丁目12-34
TEL:082-251-4354
http://kure-kansen.com/
アクセス(呉中央桟橋ターミナル1階フロア)
JR呉駅から徒歩5分
出港時刻　水・木・金:10:00、11:00の2便
土・日・祝日:10:00、11:00、12:00、13:00、14:00の5便
乗船料金　大人1300円、小学生600円

どんな艦船が停泊しているかは運次第。できるだけたくさんの艦船を見学したいものだ

基地紹介≫

大湊 JMSDF 基地
Ominato NAVAL BASE

本州最北端に位置する北の守りの拠点

大湊基地は本州JR線の北の終着駅、大湊駅からほど近いところにある。かつて大湊港は南部藩の所領で、藩の重要な湊「下北七湊」のひとつだったが、明治時代に帝国海軍の大湊要港部が設置され、以降軍港として栄えた。海上自衛隊はそれを引き継いだ形で、現在も地域との結びつきは強い。ヘリコプターを中心とした大湊航空基地もここにある。
ほかの基地と比べると在籍艦艇は少なく、規模は小さいが、北方の守りの基地=拠点という意味で、非常に重要な位置を占めている。

正門

大湊地方総監部の正門。後ろには艦艇が係留されている海が広がる

総監部

近代的な造りの総監部庁舎。北の守りを担う日本最北の総監部だ

突堤

今では少なくなった小型のDEクラスの護衛艦も見られる

Spec

総監部住所…… 〒035-0096
青森県むつ市大湊町4－1

Webページ…… http://www.mod.go.jp/msdf/oominato/

陸奥湾の最奥部に位置する穏やかな大湊湾に面した大湊基地。しかし冬期はしばしば猛烈な風雪にさらされる。
手前の艦番号112は護衛艦「まきなみ」で、奥のYO32は油船である。

大湊駅

大湊基地最寄りの大湊駅は、本州JR線の北の終着駅

アクセスガイド

JR大湊駅からバスで約20分。
「海上自衛隊前」バス停で下車。
バス停から徒歩2分

釜臥山

大湊のシンボル、釜伏山。頂上には空自レーダーサイトがある

概要

大湊は5大基地の中で唯一第二次大戦後に総監部が開設された。本州最北端に位置し、東西冷戦時代には対ソ連の防衛拠点として非常に重要な役割を担ってきた。警備区域には津軽海峡と宗谷海峡という2つの国際海峡（軍艦を含む各国の船舶が自由に航行できる公海）が含まれ、両海峡の監視活動は現在も行われており、冷戦後も大湊は重要拠点として機能し続けている。

大湊は、千葉県・館山基地に司令部を置く第21航空群隷下の第25航空隊と、救難・輸送を主任務とする第73航空隊大湊航空分遣隊が所在する大湊航空基地が隣接しており、この構造が特徴のひとつといえる。

隷下部隊には大湊基地以外に、津軽海峡を監視する松前警備所および竜飛警備所、掃海艇を擁する函館基地隊、ミサイル艇を擁する余市防備隊、宗谷海峡警備業務による寄港艦船の受け入れを行う、稚内基地分遣隊がある。

このほか、5大基地で最も過酷といわれる自然環境も大湊の特徴であり、激しい風雪に見舞われる冬期は、艦艇が結氷する。また、教育隊を持っていないという点も、他の基地と異なる。

警備区域

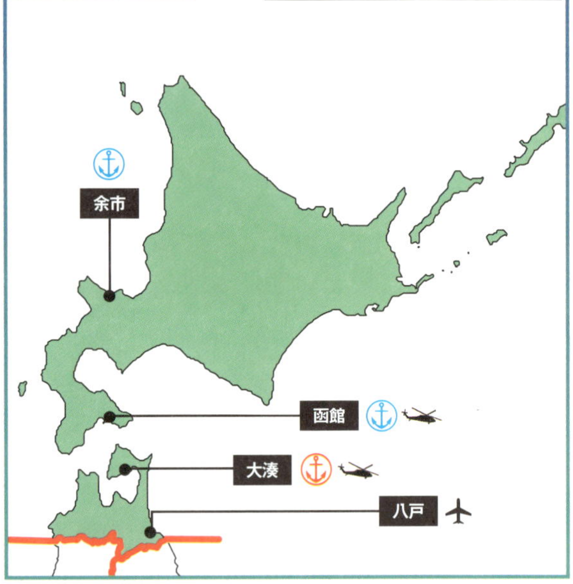

主な所在部隊

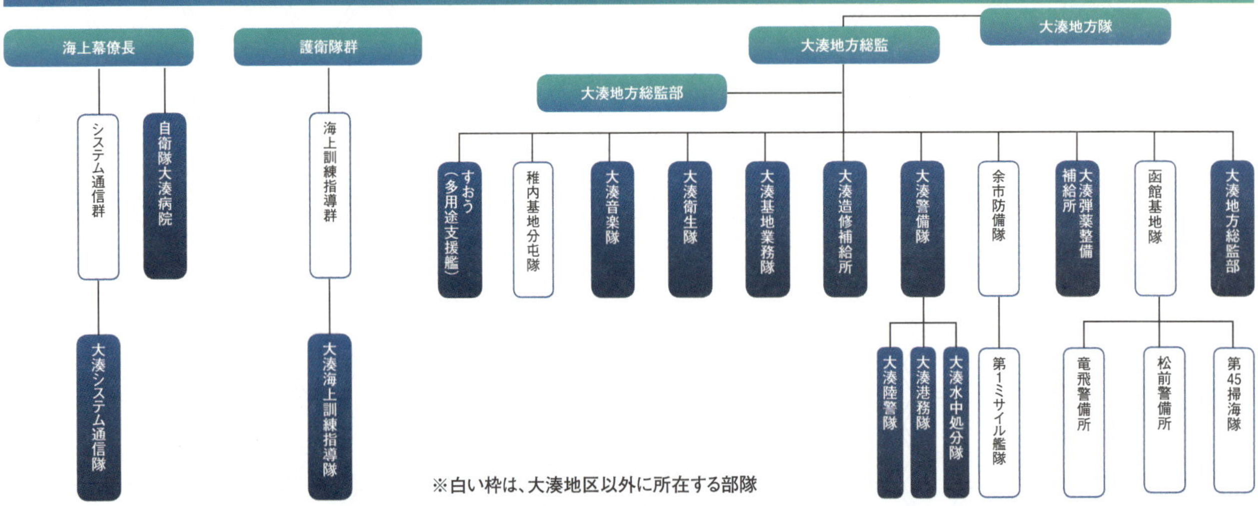

※白い枠は、大湊地区以外に所在する部隊

沿革

1886（明治19）年、帝国海軍は海軍条例において5つの海軍区を定めた。第五海軍区のエリアは「北海道陸奥ノ海岸海面及津軽海峡」とし、当初、第五海軍区を統括する鎮守府は室蘭に設置される予定だったが、太平洋に面していて防御に適さないという地形的な問題もあり、軍港予定地が室蘭から青森県大湊に変更された。

1902（明治35）年、大湊に「大湊水雷団」が創設され、日露戦争において津軽海峡の警備を担い、戦後は南樺太領有に伴って北方の警備を担当。1905(明治38)年には「大湊要港部」に昇格した。この大湊要港部が、大湊地方総監部の出発地点といえる。

太平洋戦争開戦前の1941（昭和16）年11月20日には機能強化のため警備府に改編され、主に千島方面の防衛や北方艦隊の第五艦隊などの後方支援や海上護衛を行った。しかし終戦間際の大湊空襲で大きな被害を受け、終戦の同年に廃止。

1953（昭和28）年9月、大湊地方隊は保安庁警備隊大湊地方隊として新編され、翌年7月の防衛庁および陸海空自衛隊の創設とともに海上自衛隊大湊地方隊となる。大湊は5大基地の中で唯一、旧海軍の鎮守府に由来していない。

大湊基地の周辺は釜伏山を中心に豊かな自然が広がっている

大湊地方隊開設当時、1954（昭和29）年の大湊地方総監部庁舎

大湊基地の前身となった帝国海軍「大湊水雷団」。

隊員インタビュー

松《まつ》本《もと》真《しん》弥《や》

大湊造修補給所　資材第5係長　3等海尉

自衛官を志したきっかけ:5歳の時、阪神・淡路大震災で被災し、陸自にお世話になったことが子供心に焼き付いていて、自衛官になるのだったら幹部として自衛隊に貢献したいと防大に進みました。
これまでの部隊歴:護衛艦「はるさめ」、佐世保造修補給所、第4術科学校
現在の仕事:資材第5係長として、艦船に搭載する燃料の管理などを実施。まだ修行中なので、補給分野の一流のプロと認められるようになりたいです。
休日の過ごし方:温泉めぐりとドライブ。お勧めは矢立温泉です。
自衛官としてのやりがい:専門(経理補給)の初歩を学ぶ学校を出たばかりなのでまだ分からないことだらけですが、そのなかで、ひとつひとつ知識を身につけていくこと。
街の住み心地(所属基地別):大湊は温泉があちこちありますし、自然豊でいいところです。

阿《あ》部《べ》伶《れ》美《み》

大湊造修補給所　磁気係長兼海洋観測係長　2等海尉

自衛官を志したきっかけ:大学や大学院で海洋観測を学び、それを役立てたかったので、就職先のひとつとして自衛隊を選びました。
これまでの部隊歴:護衛艦「あさぎり」、第2術科学校
現在の仕事:2術入校
現在の仕事:艦に搭載されている武器に不具合があったとき、乗員や業者と調整して復旧させています。
休日の過ごし方:各所のイベントやお祭りに参加。母校(東北大学)を中心としたリクルートのお手伝い。
自衛官としてのやりがい:修理に携わった掃海艇が不発弾処理で出動したのをテレビで見て、「ああ、こんなところで元気にやってるな」と。将来は開発の仕事にも携わりたいと思っています。
街の住み心地(所属基地別):カモシカの親子が基地内を歩いていた時はびっくりしました(笑)。

大湊地方隊が制作するラジオ番組
「海上自衛隊アワー」放送中!

「海上自衛隊アワー」とは、大湊地方隊が制作し、代々女性自衛官がパーソナリティーを務める地元FM 局のラジオ番組。毎週月曜日から金曜日まで、朝7時から30分間放送している(午後14:30 ～には再放送もしている)。

「自衛隊のことをわかりやすく伝え、さわやかに」をモットーに、大湊地方隊で働く隊員の素顔を紹介するトークコーナーや、全国各地の自衛隊の基地で行われた行事や話題を放送している。

また、イベントへの突撃インタビューや大湊音楽隊の特集、リクエスト曲なども受け付けている。

放送局: FM AZUR(アジュール)
放送周波数:76.2MHz
送日時:毎週月曜日～金曜日　7:00～7:30
再放送日時: 毎週月曜日～金曜日　14:30～15:00

2014(平成26)年12月に着任した、大湊地方総監・坂田総監のインタビュー風景。2015(平成27)年1月13日に放送された。

女性が歴代のパーソナリティを務めてきたが、現在のパーソナリティで何と12代目。宮古士長が担当している。

海上自衛隊アワーのイメージイラスト。ラジオ番組を通じて、海上自衛隊を身近に感じてほしいとのこと。

成人の日を迎えた自衛隊員向けのイベント「成人の主張」発表会にも取材を行った。

災害派遣に参加したメンバーにインタビュー。青森という土地柄、大雪による災害に対する備えも重要だ。

放送している周波数は、FMアジュール(76.2MHz)。詳しくは番組ホームページをチェック

http://www.fmazur.jp/

在籍艦艇

かつては海自初の対艦ミサイル、ガスタービン主機、無人砲、チャフ・ロケット発射機を搭載し、システム艦の先駆けとなった「いしかり」や、その発展型である「ゆうばり」「ゆうべつ」という北方での運用を重視した護衛艦が配備されていた。それらの護衛艦は2010（平成22）年度までにすべて退役し、一時は在籍艦艇が護衛艦5隻、補助艦艇1隻だけになったものの、2011（平成23）年に実施された編成替えによって、佐世保から「まきなみ」、舞鶴から「すずなみ」という比較的新しい汎用護衛艦2隻が転籍した。

このほか大湊は、現在では珍しくなった地方配備部隊主力の小型護衛艦（DE）2隻も擁している。また、函館基地隊に掃海艇2隻、余市防備隊にミサイル艇2隻が配備されている。

護衛艦（護衛隊群）

まきなみ

種別	艦番号	艦名	所属
護衛艦	DD-112	まきなみ	第3護衛隊群第3護衛隊
護衛艦	DD-114	すずなみ	第3護衛隊群第3護衛隊
護衛艦	DD-103	ゆうだち	第3護衛隊群第7護衛隊
護衛艦	DD-156	せとぎり	第3護衛隊群第7護衛隊

せとぎり

護衛艦（地方配備）

おおよど

種別	艦番号	艦名	所属
護衛艦	DD-155	はまぎり	護衛艦隊直轄第15護衛隊
護衛艦	DE-231	おおよど	護衛艦隊直轄第15護衛隊
護衛艦	DE-233	ちくま	護衛艦隊直轄第15護衛隊

ちくま

大湊地方隊

すおう

種別	艦番号	艦名	所属
多用途支援艦	AMS-4302	すおう	大湊地方隊直轄
水中処分母船	YDT-02	水中処分母船2号	大湊警備隊 大湊水中処分隊

水中処分母船2号

※艦艇の所属は2015（平成27）年2月現在のものです。

余市防備隊

わかたか

種別	艦番号	艦名	所属
ミサイル艇	PG-825	わかたか	余市防備隊第1ミサイル艇隊
ミサイル艇	PG-827	くまたか	余市防備隊第1ミサイル艇隊

くまたか

函館基地隊

ゆげしま

種別	艦番号	艦名	所属
掃海艇	MSC-679	ゆげしま	函館基地隊第45掃海隊
掃海艇	MSC-680	ながしま	函館基地隊第45掃海隊

ながしま

1万トンドック

海上自衛隊が自主的に管理・運営する唯一のドライドックで、通称「大湊ドック」。旧海軍によって1940（昭和15）年に竣工し、終戦前年の1944（昭和19）年に完成した。

終戦後は函館ドック（株）大湊造船所が使用していたが、1950（昭和25）年に閉鎖。その後は荒廃するに任せていたが、長年にわたりドックの保有を念願していた海上自衛隊が自力で復旧し、1964（昭和39）年に所管替えとなった。

運用再開は1971（昭和46）年。以降、護衛艦などの年次検査や特別定期検査等を実施し、2013（平成25）年には護衛艦「はまぎり」の入渠で、入渠600隻を達成している。

基地見学では最大の見どころとなっている旧海軍の遺産にして現役の施設である。

基地施設・周辺図

大湊基地はJR大湊駅から4キロ弱、陸奥湾最北部の芦崎湾を取り囲むように位置している。背後には恐山山地の最高峰、879メートルの釜伏山がそびえる。

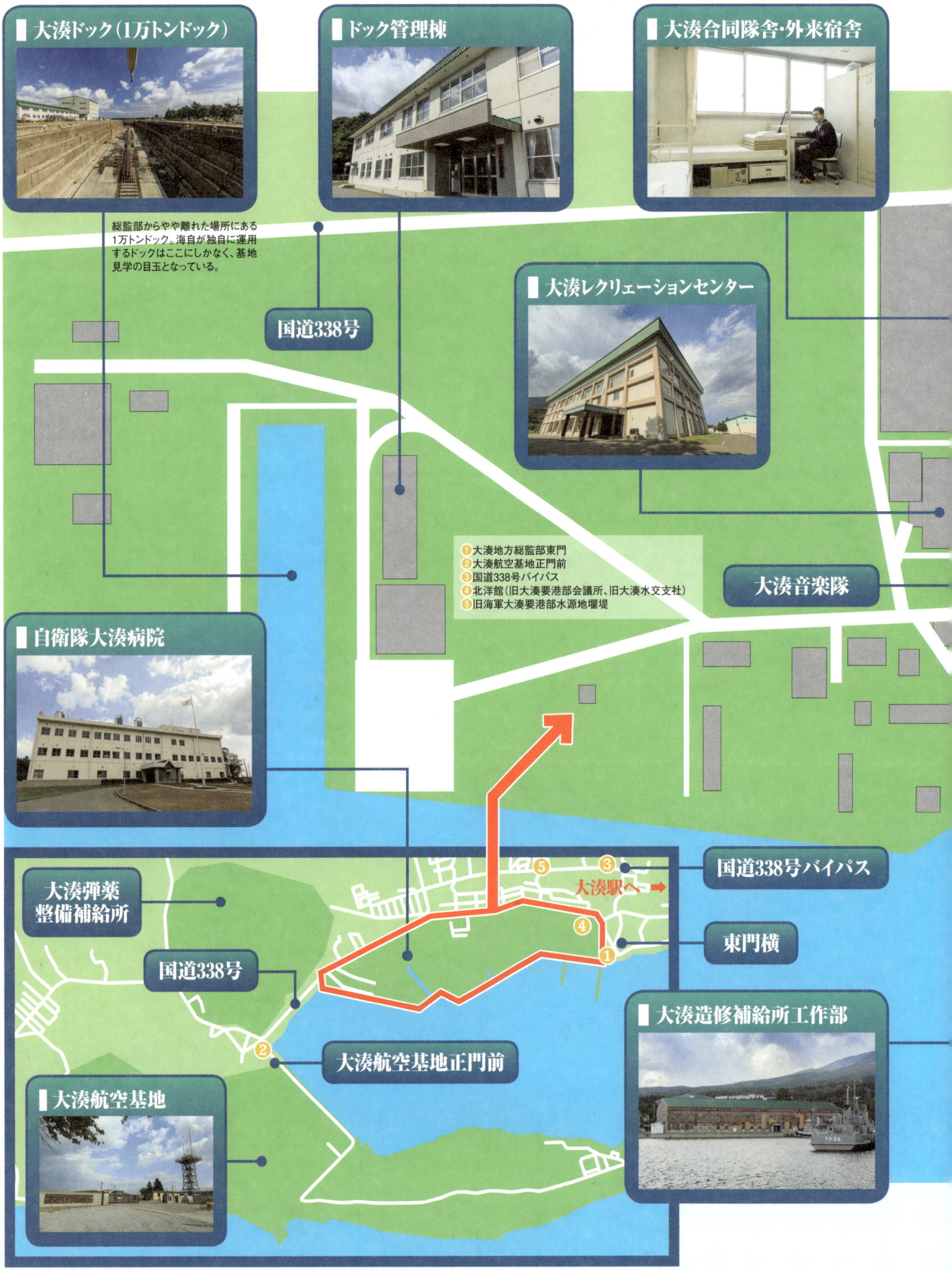

総監部からやや離れた場所にある1万トンドック。海自が独自に運用するドックはここにしかなく、基地見学の目玉となっている。

大湊基地は規模が小さいこともあるが、司令部機能・業務支援機能など各種機能が分散せず、総監部を中心にコンパクトにまとまっているのが他基地とは違った大きな特徴だ。

イベント

毎年5月末～6月初め頃の土日2日間、「マリンフェスタin大湊」を開催。護衛艦の一般公開やヘリコプターの展示飛行を行っている。また、水源池公園では「大湊海軍まつり」を同時開催。海上自衛隊大湊音楽隊演奏、よさこいソーラン、海軍カレーや海軍コロッケなどを販売している。

艦艇見学は積雪期の12月から3月までを除く土日、祝祭日に実施。団体のみ事前受付が必要（申込みは2週間前までに）。見学の際は事前に大湊地方総監部総務課広報係に確認とのこと。見学時にはバスなどの手配をお忘れなく。土日や祝祭日、長期休暇（正月やGW、お盆など）および冬季期間中の見学はできないので注意。

大湊地方隊の史料展示室「北洋館」は年末年始や訓練等での休館日を除き、午前9時～午後4時まで自由に見学できる。もちろん入館は無料。

隣接する大湊航空基地では9月頃に「ヘリコプター・フェスティバルinおおみなと」を開催。

SH-60J哨戒ヘリ、UH-60J救難ヘリの展示飛行や地上展示をはじめ、救難消防車の体験走行、陸海空自衛隊と海上保安庁のヘリコプター展示、除雪車の展示を行っている。

艦艇見学の模様。普段、乗り込むことができない護衛艦を無料で見学できる

撮影ポイント

大湊地方総監部東門（地図①参照）

ここからは第1突堤に停泊している艦艇が目の前。さえぎるものもないので至近距離で撮影できる。また、第1突堤越しに、さらにその奥の突堤に停泊している艦艇も撮影可能だ。

大湊航空基地正門前（地図②参照）

大湊航空基地正門前から左手を見ると、各突堤に停泊している艦艇を真横から望める。ただし約2キロ離れているので望遠やズームレンズがないと厳しい。なお、手前に広がる干潟はハクチョウやコクガンなど冬鳥の生息地として知られる。

国道338号バイパス（地図③参照）

国道338号のバイパスは大湊基地より高い場所に位置しており、「むつ市釜臥山スキー場」への入り口あたりの歩道から艦艇を見下ろせる。手前の木々とともに艦艇の姿を撮影できる。

ゆかりの施設

北洋館（旧大湊要港部会議所、旧大湊水交支社）（地図④参照）

大湊地方隊の史料展示室。海軍・自衛隊室、歴史室に区分され、1902（明治35）年の、帝国海軍大湊水雷団開庁から現在までの、「北方の海上防衛」をテーマに、貴重な史料約1,000点を展示している。

建物は、1916（大正5）年に海軍大湊要港部の水交支社（海軍士官の社交場）として建てられたもの。外装は釜臥山から採石された安山岩を用いた、当時としては珍しい洋風の建物である。

この建物は、1979（昭和54）年に、日本建築学会から大正・昭和期の名建築のひとつとして選ばれている。入場は無料。

住所　〒035-0096　青森県むつ市大湊町4-1
アクセス　JR大湊駅からバスで20分、海上自衛隊前下車、徒歩すぐ
公開時間　9:00～16:00
休館日　年末年始（その他、訓練等で休館の場合あり）

大湊タウン情報

大湊は明治以降、帝国海軍の軍港となったことで、第2次世界大戦末期には「町」としては異例の10万人近くの人口があったが、現在はむつ市全体で約61,000人程度。市街地は下北駅周辺に広がっている。

むつ市で最も知られているのは日本三大霊場のひとつ、恐山。また周辺には多数の温泉が点在していて市民に親しまれている。

ちなみに「むつ市」は日本初の平仮名の市である。

大湊海軍コロッケ

旧海軍の大湊警備府の糧食として採用され、「海軍割烹術参考書」や「海軍四等主計兵厨業教科書」などに掲載されたコロッケがルーツといわれる。

むつ市で「大湊海軍コロッケ」が復活したきっかけは、2003（平成15）年に行われた海上自衛隊大湊地方隊創設50周年記念行事。旧海軍レシピをもとに再現して振る舞われたコロッケが評判となり、以来、むつ商工会議所とむつ観光振興協会で地域起こしのグルメ料理として展開中だ。

大湊海軍コロッケの認定は揚げ油にヘット（牛脂）を使い（他の油との混合可、使用割合は自由）、「地産地消」として地元食材を取り入れていることなどが条件。今では旧海軍のコロッケを再現したものからモダンにアレンジしたものまで様々なコロッケが販売されている。

この周辺の店の中でも、審査を受けた事業者のコロッケだけが「大湊海軍コロッケ」を名乗れる

旧海軍大湊要港部水源地堰堤（地図⑤参照）

海軍関係施設、士官官舎、艦船への給水などの軍用水道として1910（明治43）年、旧海軍大湊要港部水道部により竣工した日本初の西洋アーチ式ダム。堰堤は釜臥山、七面山より南へ伸びる2つの丘陵の間を流れる宇田川をせき止める形で建設された。

1946（昭和21）年、海軍の解体とともに大湊町（現・むつ市）に引き継がれ、1976（昭和51）年までは上水道事業における水源地として活用されていたが、現在はその役目を終え、水源地公園のなかにひっそりとたたずんでいる。2009（平成21）年には「旧大湊水源地水道施設」として、国の重要文化財に認定された。

周辺には数千株の桜が植えられて市民の憩いの場となっているが、これも帝国海軍の手による植樹と伝えられている。

住所　〒035-0092 青森県むつ市宇田町368（むつ市水源池公園内）
アクセス　JR大湊駅からバスで10分、海上自衛隊前下車、徒歩約10分

釜臥山展望台

下北半島の最高峰、標高879mの頂上近くにある展望台。近くには恐山の宇曽利山湖、南に陸奥湾をはさんで八甲田の山々、尻屋崎灯台、晴れた日には遙か先の北海道が望める360度の大パノラマが広がる。夜景はさらに美しく、むつ市街の灯りはその姿から「夜のアゲハチョウ」と呼ばれ、「日本夜景遺産」「夜景100選」にも選定されている。展望台からは大湊基地は見えないが、遊歩道を歩いて山頂まで行けば、大湊基地を眼下に見下ろすことができる。

ではなぜ、この展望台がゆかりの施設かというと、海自ではないが、山頂に航空自衛隊第42警戒群大湊分屯基地のレーダーサイトが設置されているのだ。大湊のレーダーは航空機や巡航ミサイルのみならず、弾道ミサイルの探知・追跡も可能な固定式警戒管制レーダー装置、J/FPS-5を設置している。

これは全国28カ所のレーダーサイトのうち4箇所しか配備されていない最新型で、その見た目から「ガメラレーダー」と呼ばれている。

開館時間　8:30～21:30
遊歩道利用時間　8:30～17:00
開館日　5月中旬～11月3日
入館料　無料
アクセス　JR大湊駅より車で約40分

「夜のアゲハチョウ」という別名を持つ、むつ市の夜景。真冬は16時半頃、真夏は19時半頃から15分間がもっとも見頃

防空用の固定式警戒管制レーダー装置（通称：ガメラレーダー）。名前の由来は、六角柱の建物の3つの側壁にそれぞれ巨大なレーダー面があり、その円形の覆いの模様が亀の甲羅のようだから

海を守る要たち

海上自衛隊の装備は、48隻の護衛艦と16隻の潜水艦、約160機の哨戒機が主力。これら戦闘部隊を補給・輸送・掃海といった部隊がサポートしている。その活動エリアは空の上から外洋を含む洋上・深海まで非常に広範囲に及んでいるのが陸自や空自にはない特徴だ。

護衛艦

艦隊防衛から弾道ミサイル迎撃にまで役割が拡大したイージス
ミサイル護衛艦
DDG:Guided missile Destroyer

DDG「あたご」型
■基準排水量:7,750t　■主要寸法:長さ165m×幅21.0m×深さ12.0m×喫水6.2m　■主機械:ガスタービン4基2軸　■馬力:100,000PS　■速力:30kt　■乗員:約300名　■主要兵装:イージス装置一式、VLS装置一式、高性能20mm機関砲×2基、SSM装置一式、62口径5インチ砲×1基、3連装短装魚雷発射管×2基

対空および僚艦（艦隊）防衛を担い、イージス護衛艦の「こんごう」型と「あたご」型が主力。イージス・システムとは米海軍によって開発された情報処理・武器システムで、数百キロ圏内を高性能レーダーがカバーし、10以上の目標に同時に対処可能な能力を持つとされる。

「こんごう」型は1993（平成5）年に就役。対潜水艦戦闘に特化していた海自にとっては初の本格的な艦隊防空能力を有する艦として、4個護衛隊群に1隻ずつ配備。次級の「あたご」型はステルス性能を高めて大型化され、イージス・システムもより防空能力を高めたバージョンに進化している。

現在は弾道ミサイル防衛という新たな役割が付与され、艦対空ミサイルを艦隊防空用のSM-2から弾道ミサイル迎撃用のSM-3に順次改修している。

洋上基地としての役割も持つ護衛隊群のフラッグシップ
ヘリコプター搭載護衛艦
DDH:Helicopter Destroyer

ヘリコプター搭載護衛艦は、護衛隊群の旗艦および航空運用中枢艦として1973（昭和48）年に就役。水上戦闘艦としては、複数の哨戒ヘリコプターを搭載して洋上航空運用能力を高め、領海侵犯をする艦船や隠密行動をとる潜水艦に対処する駆逐艦級の役割を担う。

初代の「はるな」型、発展拡大した次級「しらね」型は哨戒ヘリを3機搭載し、当時から世界でも有力な航空運用能力を持つとされてきた。

2009（平成21）年に就役した「ひゅうが」型はこれまでの役割に加え、対水上監視用ヘリを対潜戦用ヘリとは別に搭載し、対潜・対水上戦能力を向上すること、さらに国際活動、災害派遣などにおいて洋上拠点とすることを目的に開発。そのため、基準排水量は「しらね」型の3倍近い13,950トン、海自初の艦首から艦尾まで通じた全通甲板が採用され、搭載されるヘリは最大11機まで運用可能となった。また個艦防衛として対潜・対空ミサイルを発射できる垂直発射システム（VLS）も備え、護衛艦としての機能も重視されている。

この「ひゅうが」型をさらに大型化したのが2013（平成25）年8月に進水した「いずも」型だ。全長は248m、基準排水量19,500tと海自最大を誇り、ヘリの運用能力も同時発着艦可能数が5機、艦載数が14機と大幅に向上している。ただし「ひゅうが」型とは異なり、護衛艦を伴った艦隊として運用することを前提としているため、兵装は最低限の自衛火器しか搭載されていない。

DDHは4個護衛隊群に各1隻配備されるので保有数は4隻。

バランスの取れた戦力で艦隊の中核を担うワークホース
汎用護衛艦
DD:Destroyer

汎用護衛艦は対空・対潜・対艦・哨戒ヘリコプター搭載というひと通りの能力を持ち、艦隊の中核を担う基準構成艦（ワークホース）。1982（昭和57）年に就役した「はつゆき」型から、「あさぎり」型、「むらさめ」型、「たかなみ」型、そして最新の「あきづき」型まで着々とその能力を向上させてきた。

初代の「はつゆき」型はコンピュータによる探知目標の統合処理、主機をガスタービンに統一するなど、海自護衛艦に新時代をもたらす。大型化した「あさぎり」型を経て、現在の主力である「むらさめ」型では対潜戦闘偏重の運用思想を改め、対空・対水上艦戦闘能力も向上。海自DD初のミサイル垂直発射機（VLS）も導入している。次級の「たかなみ」型は兵装を一新し、長距離対水上打撃力を獲得。またDDとしては初めて2機のヘリを運用することが可能となった。

2012（平成24)年に就役した最新鋭の「あきづき」型は、計画段階から個艦防空能力だけでなく、ある程度の艦隊防空能力を備えた対空・対水上・対潜護衛能力が求められた。これはイージス艦が弾道ミサイル防衛に専念する際に生じる防空の隙を補完するのが目的。そのため、FCS-3A（高性能レーダー・高性能射撃指揮システムの総称）とESSM（発展型個艦防空ミサイル)の組み合わせにより、従来に比べ高い対空戦闘能力が与えられている。船体は塔型の新型マストと平面固定型の対空レーダーを採用し、上部構造物を舷側まで拡大するなどステルス性能も向上。弾道ミサイル防衛を含む防空重視のミサイル護衛艦を中心とするグループ（4個)に1隻ずつ計4隻配備される。

DD「あきづき」型
■基準排水量:5,050t　■主要寸法:長さ151m×幅18.3m×深さ10.9m×喫水5.4m　■主機械:ガスタービン4基2軸　■馬力:64,000PS　■速力:30kt　■乗員:約200名　■主要兵装:高性能20mm機関砲×2基、VLS装置一式、魚雷発射管×2基、哨戒ヘリコプター

DDH「ひゅうが」型
■基準排水量:13,950t　■主要寸法:長さ197m×幅33.0m×深さ22.0m　■主機械:ガスタービン4基2軸　■馬力:100,000PS　■速力:30kt　■乗員:約340名　■主要兵装:高性能20mm機関砲×2基、VLS装置一式、魚雷発射管×2基、哨戒ヘリコプター

対水上戦闘兵装

西側艦船に多数搭載されるベストセラー
艦対艦誘導弾ハープーン

ターボジェットエンジンを動力とするSSM（Surface to Surface Missile:対艦攻撃用ミサイル）。敵艦の大まかな位置などの情報を入力し、発射後は慣性誘導で飛翔、目標に接近する終端誘導はミサイル本体が目標にレーダー波を照射して誘導するアクティブ・レーダー・ホーミングに切り替わり目標艦船へ突入する。射程は100km以上。

飛行経路は高空を巡航する方法と低空を巡航する方法（シースキミング）が選択可能。

初の国産艦対艦誘導弾
90式艦対艦誘導弾SSM-1B

ハープーンと同等の性能を持つ初の国産艦対艦誘導弾。ランチャーもハープーン同様のキャスター形式で共用が可能。発射後はブースターで加速し、それを切り離してシースキミング式で巡航する。中間誘導は慣性航法装置を用い、終端誘導はアクティブ・レーダー・ホーミング。射程は約150～200km。「むらさめ」型、「あたご」型、「あきづき」型、「はやぶさ」型ミサイル艇に搭載。

全自動かつ素早い動きで対処
54口径127ミリ単装速射砲

イタリアのOTOメララ社が開発した艦載砲システム。砲塔内は完全に無人化され、砲塔の直下には3つのマガジンドラムがあり、3種の砲弾を装填する事も可能。対空・対水上戦闘、対地攻撃支援など多目的に使われる。「こんごう」型、「たかなみ」型に搭載。

世界標準の艦載速射砲
62口径76ミリ単装速射砲

イタリアのOTOメララ社が開発した軽量自動砲。発射速度は毎分10～80発（可変）、全自動電気油圧式・自動給弾。対艦・対空両用で、素早い動きで低空を飛来する対艦ミサイルを迎撃する能力があるとされる。小型軽量なため小型の艦艇にも搭載可能で、護衛艦などのほか、ミサイル艇「はやぶさ」型などにも搭載。

最新型護衛艦の主砲
62口径5インチ砲

アメリカ海軍の最新型艦載砲で、シールドは傾斜のついたステルス形状になっている。操縦も給弾も完全自動化され、毎分約20発の速さで撃つことが可能。射程は約24kmで、敵艦や沿岸への艦砲射撃、対空戦闘などに使われる。「あたご」型、「あきづき」型といった最新艦に搭載。

対潜水艦戦闘兵装

対潜水艦兵器の主力
対潜ロケット・アスロック

アスロック(ASROC)とは、Anti Submarine Rocketの略で、ロケットとホーミング魚雷をセットにした対潜水艦用兵器。発射されると空中を飛翔して目標海面上空でパラシュートを開いて着水し、水中では目標のスクリュー音を追尾して命中する。全長約4.5m、最大射程約22km、空中速力マッハ1。海自では古くから8連装ランチャーを採用していたが、「こんごう」型以降は垂直発射式アスロック、VLA（Vertical Launch ASROC)を運用している。

すべての護衛艦に標準装備
水上短魚雷発射管

50年以上にわたって各国海軍で使用されている標準的な対潜兵装。3本が俵積み型にまとめられた3連装発射管として両舷に配置されている。空気圧によって魚雷を射出し、電池で水中を航走して目標のスクリュー音を探知、追尾、命中する。より遠くの目標に、早く到達するアスロック対潜ミサイルが搭載されている現在でも、調達コストが安く信頼性も高いことから、海自の全護衛艦に装備されている(ただし「いずも」型には搭載されない)。

対空戦闘兵装

艦艇防空システムの最終兵器
高性能20ミリ機関砲(CIWS)

20ミリバルカン砲を装備した近距離防空システム（CIWS＝Close-in Weapon System)。通称「シウス」。レーダーで目標を探知して射程内に入ると射撃を開始し、目標が破壊されると次の目標を探し出し攻撃する。防空網をすり抜けて飛来した対艦ミサイルや航空機を撃墜する最終手段だ。すべての護衛艦と輸送艦に搭載。

個艦防衛用の艦対空ミサイル
ESSM(発展型シースパロー)

ESSM（Evolved Sea Sparrow Missile)は、個艦防衛用の艦対空ミサイル、シースパローの発展型。エリアディフェンス(艦隊防空)を突破した対艦ミサイルや航空機を迎撃する。最大50Gでの旋回が可能で、射程も約50kmまで延長され、最大3目標に同時対処可能となった。「ひゅうが」型、「あきづき」型では当初より装備され、「むらさめ」型、「たかなみ」型ではシースパローからの換装が順次行われている。

イージス艦に搭載の艦隊防空兵器
スタンダード・ミサイル(SM-2)

「こんごう」型、「あたご」型のイージス艦に装備されている、射程30kmを超える距離を狙える艦対空誘導弾。空からの攻撃から護衛艦隊を守るミサイルシステムだ。

垂直発射装置(VLS)から垂直に発射され、始めは慣性誘導で、さらにセミ・アクティブ・ホーミングで目標を捕捉し命中する。目標の数は最大で10数目標程度の同時攻撃が可能とされる。

ミサイルを成層圏で撃破
スタンダード・ミサイル3(SM-3)

SM-1、SM-2と進化した艦対空誘導弾はSM-3となって弾道ミサイル防衛（BMD）の中核を担う。迎撃命令が下されると固体燃料ロケットに点火され垂直発射装置から発射。目標を探索しながら目標の最も脆弱な箇所を探知し、弾頭に取り付けられた複数の噴射口からガスを噴射して目標に誘導される。現在「こんごう」型4艦がSM-3への換装を終え、「あたご」型も順次換装する予定。

掃海艇

世界に誇る海自の掃海任務を担う

掃海艇／掃海艦／掃海管制艇

MSC:Mine Sweeper Coastal／ MSO=Minesweeper Ocean／ MCL:Minesweeping Control Ship

掃海艇、掃海艦、掃海管制艇の違いは、簡単にいうと海の深さによる違いで、メインが掃海艇、深深度が掃海艦、浅海面が掃海管制艇の役割。

国産の掃海艇は1956（昭和31）年就役の「あただ」型から数えて艦種としては9種類、約50隻建造されてきた。船体は感応機雷の触雷を防ぐために木造（非磁気化）で、当初の機雷処分は水中処分員に依存していたが、やがて遠隔操縦による機雷処分具の導入など進化を続けてきた。

2012（平成24）年に就役した最新の「えのしま」型では海自初のFRP製船体を採用。目標を追尾するホーミング機雷に対抗するため、新型の水中航走式機雷掃討具S-10を中心とした対機雷戦システムを搭載している。

MSC「えのしま」型
■基準排水量:570t ■主要寸法:長さ60m×幅10.1m×深さ4.5m×喫水2.4m ■主機械:ディーゼル2基2軸 ■馬力:2,200PS ■速力:14kt ■乗員:約45名 ■主要兵装:20mm機関砲×1基、掃海装置一式

機雷の掃海と敷設と充実した母艦機能

掃海母艦

Mine Sweeper Tender

掃海母艦「うらが」型は、掃海母艦と機雷敷設艦、両方の機能を備えた艦として建造。補給・指揮設備といった母艦機能の大幅な強化とともに、後部には航空掃海ヘリコプターが離発着できるヘリ甲板が設けられている。また潜水病治療用の減圧室など高度な医療施設も備える。物資搭載力を生かして災害派遣でも活躍している。

MST「うらが」型
■基準排水量:5,650t ■主要寸法:長さ141m×幅22.0m×深さ14.0m×喫水5.4m ■主機械:ディーゼル2基2軸 ■馬力:19,500PS ■速力:22kt ■乗員:約160名 ■主要兵装:機雷敷設装置一式

潜水艦

人工衛星でも探知できない「海の忍者」

潜水艦

SS:Submarine

潜水艦は初代の「くろしお」型から数えて11の艦種があるが、現在就役しているのは「おやしお」型と「そうりゅう」型の2種類。動力は、いずれもディーゼルエンジンで発電機を回して蓄電池に充電し、電動機を駆動する「ディーゼル・エレクトリック方式」である。

「おやしお」は、船体は部分単殻式の葉巻型で、船体側面に平面・アレイ・ソナーを装備し、船体に無反響タイルを取り付けるなど、当時の新技術が多く採り入れられた。

最新型の「そうりゅう」型は、非大気依存（AIP）の「スターリング機関」を初めて搭載し、潜行時間が向上。艦尾舵は従来の十字型からX型に変更して運動性能を高めている。

SS「そうりゅう」型
■基準排水量:2,950t ■主要寸法:長さ84m×幅9.1m×深さ10.3m×喫水8.5m ■主機械:ディーゼル2基、スターリング機関4基、推進電動機1基 ■馬力:8,000PS ■速力: 20kt ■乗員:約65名 ■主要兵装:水中発射管一式、シュノーケル装置

遭難潜水艦から乗員を救出

潜水艦救難艦／潜水艦救難母艦

ASR:Submarine Rescue Vessel／ AS=Submarine Rescue Tender

潜水艦救難艦は「ちはや」、潜水艦救難母艦は「ちよだ」の各1隻。

「ちよだ」は、深海救難艇（DSRV）を搭載し、潜水艦に接舷して閉じ込められた乗組員を中から救出。また洋上における潜水艦救難母艦機能も充実しており、補給のほか、潜水艦1隻分の乗員（80名）に対する宿泊支援も可能だ。

「ちはや」は「ちよだ」の拡大改良型で、排水量を増大しつつ母艦機能を排除し、医療設備の強化と、潜航深度の増大に対応した装備が備えられている。潜水艦の救難には深海救難艇（DSRV）を、捜索用には無人潜水装置（ROV）を運用する。

ASR「ちはや」
■基準排水量:5,450t ■主要寸法: 長さ128m×幅20m×深さ9m×喫水3m ■主機械:ディーゼル2基2軸 ■馬力:19,500PS ■速力:21kt ■乗員:約125名 ■特殊装置:深海救難装置一式

輸送艦

国際活動や災害派遣などでマルチに活躍

輸送艦
LST=Tank Landing Ship

輸送艦「おおすみ」型は、海上基地としての役割を想定して車輌などの積載がしやすい全通甲板を採用。搭載物の積み降ろしは艦尾からエアクッション型揚陸艇によって行われる。左舷の大型のサイドランプからは陸自の90式戦車が出入りでき、船体の半分以上の広さを占める甲板上には大型輸送ヘリの離発着が可能だ。艦内は災害時などの被災者に対する医療設備なども設置され、海外での活躍も多い。

LST「おおすみ」型
■基準排水量:8,900t ■主要寸法:長さ178m×幅25.8m×深さ17.0m×喫水6.0m ■主機械:ディーゼル2基2軸 ■馬力:26,000PS ■速力:22kt ■乗員:約138名 ■主要兵装:高性能20mm機関砲×2基

砂浜にビーチングできる揚陸艇

エアクッション艇
LCAC:Landing Craft Air Cushion

「おおすみ」型輸送艦に2艇ずつ搭載されるホバークラフト構造の揚陸艇。英文の頭文字「LCAC」をとって「エルキャック」と呼ばれる。

輸送艦内では縦列に2艇内包され、物資積載場所は艇体中央。全通構造の利点をいかし、車輌などは自走でLCACに乗り込む。積載能力は約50t、最大50ktの速力を誇る。

LCAC
■排水量:85t ■主要寸法:全長約24m×幅約13m ■主機械:ガスタービン4基2軸
■馬力:15,500PS ■速力:約40kt ■乗員:約5名

補給艦

外洋での補給能力を高めるため大型化

補給艦
AOE:Fast Combat Support Ship

護衛艦に対する洋上補給を迅速に行える能力を持つ。「とわだ」型は給油ステーションは両舷に各2カ所設けられ、片舷で1分間に約11kℓの燃料を補給することが可能。また、その補給状況を判読できる装置を装備するなど自動化も図られた。

「ましゅう」型は「とわだ」型の拡大改良型。護衛艦の長期行動化や大型化などによる燃料および搭載ヘリ用の航空燃料、弾薬、糧食などの増大に対応するため、全長で54m、基準排水量で約5,400tも拡大された。後部に設けられた飛行甲板ではMH-53Eクラスの大型ヘリなどの離発着が可能だ。また手術室やICUなど自衛艦の中でも最も高度な医療能力を備えている。各護衛隊群に1隻ずつ割り当てられている。

AOE「ましゅう」型
■基準排水量:13,500t ■主要寸法:長さ221m×幅27.0m×深さ18.0m×喫水8.0m ■主機械:ガスタービン2基2軸■馬力:40,000PS ■速力:24kt ■乗員:約145名 ■特殊装置:洋上補給装置一式、補給品艦内移送装置一式

その他

ゲリラ船対策で生まれた高速艇

ミサイル艇
PG:Guided Missile Patrol Boat

ミサイル艇は、以前は全没型水中翼艇だったが、荒波での航行が難しい、着岸するには陸上支援部隊が随伴する必要があるなど運用面での課題が多く、3隻で建造は打ち切り。変わって2002（平成15）年に「はやぶさ」型が就役した。3基のウォータージェット推進により最大44ktの速力を持ち、不審船対処能力として強力な76㎜砲やステルス・シールドを装備。排水量は耐航性向上のため200t、対水上レーダー、航海用レーダーも各1基が搭載されている。CIC（戦闘指揮所）を備え、高度なデータリンクと情報処理能力を有している。

PG「はやぶさ」型
■基準排水量:200t　■主要寸法:長さ50m×幅8.4m×深さ4.2m×喫水1.7m　■主機械:ガスタービン3基3軸、ウォータージェット推進装置　■馬力:16,200PS　■速力:44kt　■乗員:約21名　■主要兵装: 62口径76ミリ速射砲×1基、艦対艦ミサイルシステム一式

南極観測を支援

砕氷艦「しらせ」
AGB=Icebreaker

海自は1965（昭和40）年から南極観測支援を行っており、主な任務は日本と「昭和基地」への物資や人員の輸送と観測支援など。任務には砕氷艦「ふじ」、初代「しらせ」、現在の「しらせ」と3代受け継がれている。氷を割るため艦首角は水面と19度と鋭角で、1.5 m厚の氷を連続砕氷しながら33ktで進む性能を持ち、氷の上の雪を溶かして冠雪抵抗の軽減する融雪用散水装置も装備。厚さ約1.5m以上の氷は艦底が氷に乗り上げ押し分けるように砕氷する。クレーンやコンテナを積載する装備を持ち、後部には大型ヘリコプター2機を搭載できる装置一式を完備している。

AGB「しらせ」
■基準排水量:12,650t　■主要寸法:長さ138m×幅28m×深さ15.9m×喫水9.2m　■主機械:ディーゼル・電動機4基2軸　■馬力:30,000PS　■速力:19kt　■乗員:約175名、観測隊員等:約80名　■搭載航空機:輸送用大型ヘリコプター（CH-101）2機搭載

海自のさまざまな行動をサポート

補助艦艇
Auxiliary Vessel

補助艦艇とは護衛艦、潜水艦などの戦闘艦艇に対し、武器を装備しない非戦闘用の艦艇のこと。補助艦艇には各種訓練を行う「練習艦」、戦闘訓練を評価・支援する「訓練支援艦」、新しい兵器やシステムの試験や評価を行う「試験艦」、さまざまな海洋データを収集・分析する「海洋観測艦」「音響観測艦」など13の艦種がある（潜水艦救難艦、潜水艦救難母艦、補給艦、砕氷艦も補助艦艇の一種）。潜水艦救難艦、潜水艦救難母艦、補給艦、砕氷艦も補助艦艇の一種。（写真右上から練習艦「かしま」、訓練支援艦「てんりゅう」、試験艦「あすか」、左上から海洋観測艦「しょうなん」、音響観測艦「ひびき」）

航空機

急辺海域を警戒監視

固定翼哨戒機
Fixed wing patrol plane

領海防空の要である固定翼哨戒機は主力の「P-3C」と新型の「P-1」の2機種。

「P-3C」は大型コンピュータや最新の対潜水対水上艦艇探知装置を備え、護衛艦とのデータリンクにより戦闘を支援。自らも短魚雷や対艦ミサイルが発射可能だ。

「P-1」はP-3Cの後継機として、機体およびミッションシステムを国産により開発。エンジンはジェットエンジンとなり、巡航速度・実用高度・航続距離ともに改善。

P-1
■機体:幅35.4 m×長さ:38.0 m×高さ12.1m ■離陸重量:80,000kg ■発動機: F7-IHI-10、5,400kg×4基■速力: (最大)450kt ■乗員:11名

護衛艦と一体となり領海を守る

回転翼哨戒機
Roter patrol plane

「SH-60J」は主に護衛艦に搭載される対潜・対水上艦艇用哨戒ヘリコプターで、米軍採用のヘリをベースに海自独自の戦闘システムを搭載。主な任務は対潜水艦戦と水平線外索敵で、護衛艦の目となり耳となる。最新の国産レーダー、ソナーを備え、データリンクシステムは護衛艦と情報を共有できる。

「SH-60K」は、Jの後継機として日本独自に開発。機体が大型化している。

SH-60K
■機体:幅:16.4 m×長さ×19.8 m×高さ5.4m ■全備重量:10,872kg ■発動機:T700-IHI-401C、1,800馬力×2基
■速力: (最大)139kt ■乗員:4名

機雷除去のほか輸送も担う

回転翼掃海・輸送機
Roter drag the sea & transport plane

「MH-53E」は1989(平成元)年より導入。複合掃海具(係維・音響・磁気)を曳航し、港湾や水路などに敷設された機雷を除去する。

老朽化した「MH-53E」の後継として導入されているのが「MCH-101」。掃海用、輸送用、砕氷艦搭載用と3種類の電子装備が必要に応じて搭載される。緊急着水時用のフロートも装備し、海上での運用も考慮されている。

MCH-101
■機体:幅:18.6m×長さ×22.8m×高さ:6.6m ■全備重量:約14,600kg ■発動機: ロールスロイスRTM322、2,150馬力×3基 ■速力:(最大)150kt ■乗員:4名

洋上での発着が可能な水陸両用機

救難機
Search and rescue aircraft

「US-1A」は、低速飛行能力、短距離離着陸(離着水)能力を持ち、波高3m・風速25mの荒れた洋上にも着水可能な救難飛行艇。捜索レーダー、赤外線暗視装置、衛星通信装置などで遭難者探し、救助用ボートや医療機材なども装備。洋上救難のほか、滑走路のない離島の救急患者搬送などで活躍している。

「US-2」は「US-1A」の後継機として高出力エンジンを採用している。

US-2
■機体:幅33.2 m×長さ33.3 m×高さ9.8m ■全備重量:約47,700kg
■発動機: AE2100J、4,591馬力×4基
■速力:(最大)315kt ■乗員:11名

急きょ導入された中型輸送機

固定翼輸送機
Fixed wing cargo aircraft

YS-11M/M-A輸送機の後継機として、基地間の人員や物資の輸送、大規模災害発生時の救援物資などの輸送に対応する中型輸送機。YS-11が東日本大震災における飛行時間の急激な増加により、運用停止時期が前倒しとなったため、2011(平成23)年度の補正予算に計上し、有償海外軍事援助(FMS)で購入した。

機体は米海軍が保管していた中古のKC-130R空中給油・輸送機を、米国内において可動状態に再生し、空中給油機能を取り外したもの。基本設計は航空自衛隊が運用している戦術輸送機の世界的ベストセラー、C-130H (ハーキュリーズ)と同一。YS-11と比べて搭載量や巡航速度が向上しているので、結果として輸送能力の強化となった。厚木基地に計6機配備。

C-130R
■機体:幅40.4 m×長さ×29.8 m×高さ:11.7m ■離陸重量:(最大)70,300kg ■速力:(最大)318kt ■乗員:6名

海上自衛隊の戦い

普段目にする機会の少ない海上自衛隊の活動。その内容は、24時間態勢で行われている警戒監視、いざというときに国を守るための各種戦闘訓練、国際的な安全保障環境を改善するための国際平和協力活動、地域社会や国民生活と直接関わる災害派遣や民生支援などに多岐にわたっている。

対水上戦

現代の対水上戦は、誘導兵器の発達により、艦艇同士の砲撃戦から対艦ミサイル（ハープーンなど）による100km以上の遠距離の打撃戦が主流。そのため、目標の捜索・発見・攻撃には艦載の哨戒ヘリや僚艦とのデータリンクが必須。さらに敵艦船からの防衛も重要な作戦の1つ。

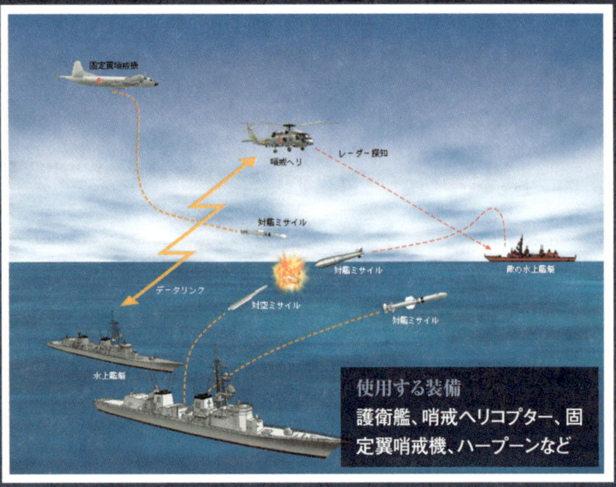

使用する装備
護衛艦、哨戒ヘリコプター、固定翼哨戒機、ハープーンなど

対潜水艦戦

隠密行動をとる潜水艦は洋上作戦における最大の脅威なため、各国海軍が最も重視している作戦の1つ。おおまかな流れはソナーやソノブイによる捜索・発見、敵味方の識別、位置の特定と追尾、魚雷などで撃破となる。作戦には潜水艦、護衛艦、哨戒機や哨戒ヘリを効果的に組み合わせる。

使用する装備
潜水艦、護衛艦、固定翼哨戒機、哨戒ヘリコプター、アスロック、魚雷（航空機搭載も含む）など

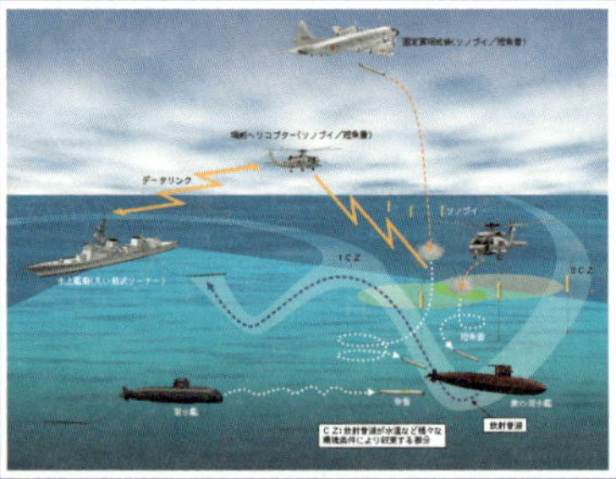

対空戦

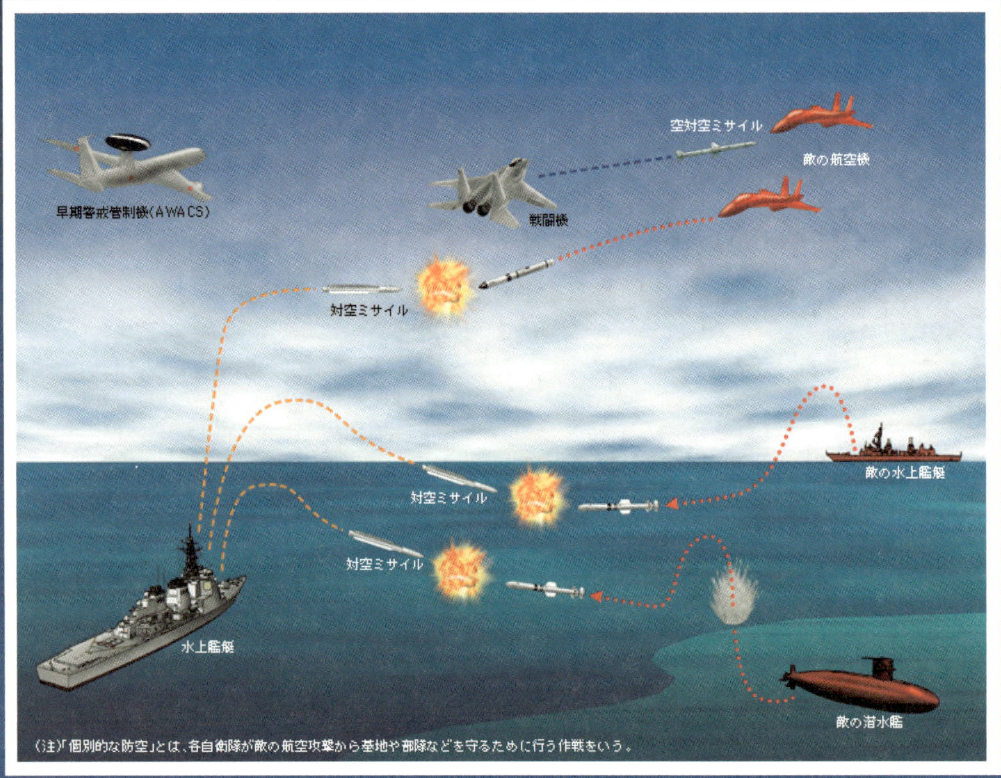

P64の図は「平成17年度版　防衛白書」より

航空機の攻撃力向上や対艦ミサイルにより、洋上防空は複雑な対処能力が求められる。現代の対空戦では機銃による迎撃ではなく、対空レーダーなどにより目標を捜索し、その情報に基づいて艦載ミサイルによる迎撃、という流れが一般的。

具体的にはECM（電波妨害）、チャフ、フレアなどによる電波の欺瞞などソフトキルで攻撃を回避し、平行して艦隊防空を担う長距離対空ミサイル（エリアディフェンス）、個艦防衛を担う中距離対空ミサイル（ポイントディフェンス）、個艦に搭載された艦載砲で迎撃。最終局面では近接防空システムCIWSによる弾幕の構成などで対処する。空自の戦闘機の支援を受ける場合もある。

使用する装備
護衛艦搭載の対空ミサイル、対艦ミサイル、艦載砲CIWSなど

弾道ミサイル防衛(BMD)

弾道ミサイル防衛は陸海空自衛隊が一体となった統合作戦。米軍も在日米軍基地を守るために参加している。

弾道ミサイルは、①ブースト段階(発射後ロケットが加速)②ミッドコース段階(慣性運動で大気圏外を飛行)③ターミナル段階(大気圏に再突入して着弾するまで)の3段階あるが、海自は②の段階でスタンダードミサイル3により撃破するのが役割。撃ち漏らした場合は、③の段階で空自のPAC-3が対処する。

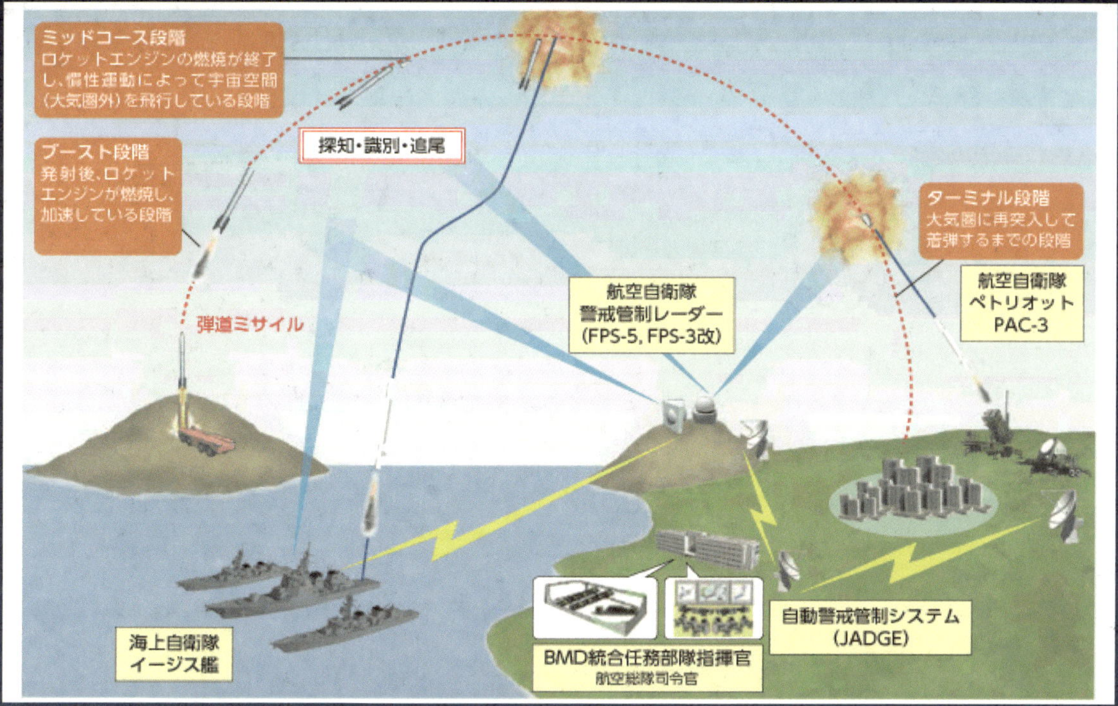

図は「平成26年度版 防衛白書」より

使用する装備
「こんごう」型イージス護衛艦、スタンダードミサイル3など

機雷戦

機雷とは、水中に設置されて艦船が接近・接触したとき、自動または遠隔操作により爆発する水中兵器。機雷敷設戦と対機雷戦の2つからなる。触発機雷と感応機雷があり、特に感応機雷は磁気・音響・水圧に感応するものや、これらを組み合わせた複合機雷があり、敷設状態も浮遊・係維・沈底のほか、目標を追尾するホーミング機雷、目標深度まで上昇する上昇機雷など様々。従って、機雷掃討では探知、発見、識別、処分という地道な作業が繰り返される。

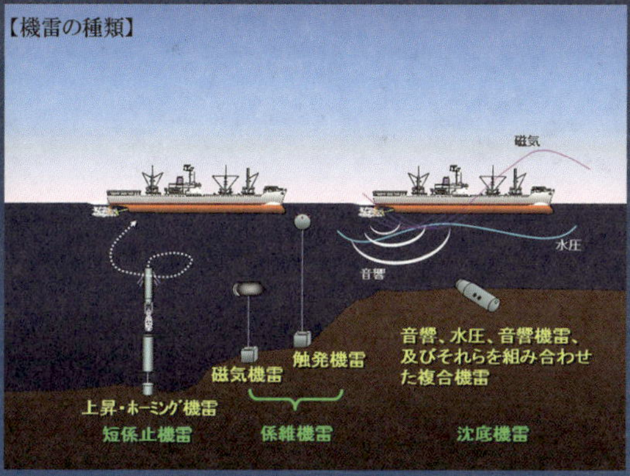

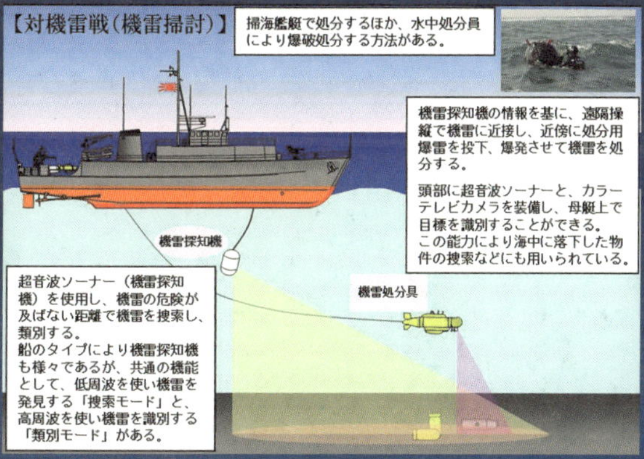

使用する装備
掃海艇、掃海艦、掃海管制艇、掃海母艦、掃海ヘリコプターなど

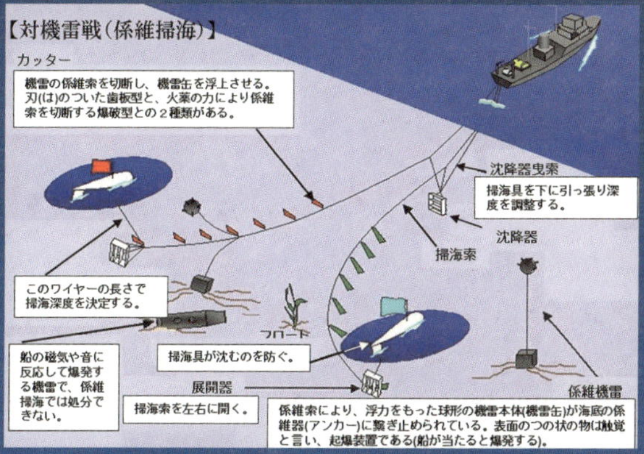

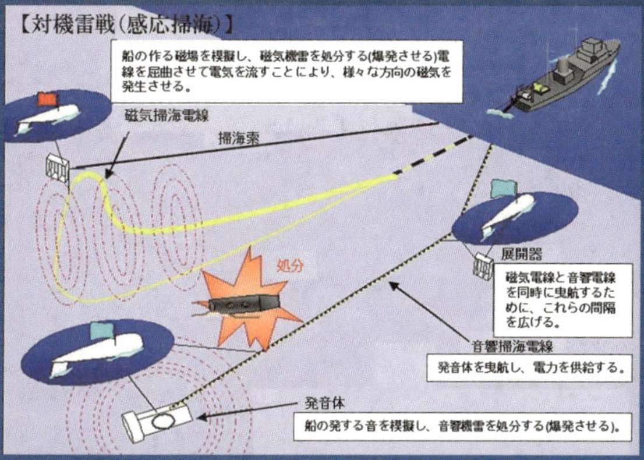

図は「海上自衛隊ホームページ」より

災害派遣

震災などの大規模災では、まず偵察（情報収集）と人命救助、医療支援、続いて物資や人員の輸送を行う。先の東日本大震災では、海自は即応できる艦艇約60隻を派遣。護衛艦は物資の大漁輸送やその中継地点としてや、被災者の生活支援（給食・医療・入浴支援など）でも活躍した。

自衛隊の災害派遣では、基本的に防衛を目的に整備した装備品や器材、およびその運用のために日常行われている訓練（防災訓練等を含む）を応用するため、陸海空自衛隊ではそれぞれ独自の役割を担う場合がある。海上自衛隊が保有する装備品は各種艦艇と航空機が主力のため、艦艇は洋上を経由した物資の大量輸送、前述の給食・医療・入浴支援や洋上拠点としての機能を担い、航空機は偵察や情報収集、人命救助、輸送業務にあたることが多い。中でも北海道南西沖地震や東日本大震災における津波による行方不明者の海上および水中捜索や、えひめ丸事故における遺体捜索作業などは、海自独自の活動と言っていいだろう。

なお災害派遣で最も多いのが急患輸送で、派遣要請の約7割を占めている。海自は特に小笠原諸島など島嶼部からの要請に、救難飛行艇や救難ヘリなどで対処している。

東日本大震災で海自艦艇は、輸送業務以外にも被災者の受け入れをはじめとする洋上拠点としても活躍した。

伊豆大島土砂災害では東部方面総監を指揮官とした「伊豆大島災統合任務部隊」を組織。海上自衛隊はLCACを使って自衛隊の部隊を上陸させた。

災害派遣においては、航空機による物資や人員の迅速な輸送と共に、艦艇による大量輸送も重要な役割となる。

国際緊急援助隊

海外で発生した自然災害に対し、国際緊急援助隊法に基づき派遣。自衛隊では即応できる待機態勢をとっている。海自は近年では2014（平成26）年のマレーシア航空機の捜索（P-3C）、2013（平成25）年のフィリピンにおける台風30号の被害に対する救助と救援物資などの輸送（護衛艦、輸送艦、補給艦各1隻）、2010（平成22）年のパキスタン洪水支援（輸送艦による輸送）などを実施。2004（平成16）年のスマトラ島沖大規模地震では、テロ対策特措法に基づくインド洋での活動を終え帰国途上だった護衛艦2隻と補給艦1隻を急遽反転させ、タイ王国へ派遣。艦艇3隻と搭載ヘリが被災者の捜索・救助活動などを行った。

大型の台風第30号により壊滅的な被害を受けたフィリピンにビーチングしたLCAC。国際緊急援助隊は防疫活動、物資の空輸、被災民の空輸などを実施。

海賊対処行動

近年海賊による被害が拡大しているソマリア沖・アデン湾において、海賊対処法に基づき民間船舶を護衛。2隻の護衛艦が護衛対象の船舶を前と後ろからガードし、900kmほどの航路を1日半ほどかけて航行し、P-3Cがアデン湾上空をパトロールし、不審な船舶を発見した場合などに随時情報提供を行っている。2011（平成23）年6月からは、派遣海賊対処行動航空隊を効率的かつ効果的に運用するため、ジブチ国際空港北西地区に自衛隊初の海外の活動拠点を整備し、運用している。また2013（平成25）年7月からは従来の護衛任務に加え、多国籍部隊「第151連合任務部隊」（CTF151）に参加し、司令官と同司令部要員も派遣している。

護衛艦とP-3C哨戒機により、アデン湾を航行する民間船舶を護衛。写真は、第10次派遣海賊対処行動水上部隊で派遣された護衛艦の「たかなみ」。

国際テロ対応のための活動

9.11テロ後、テロ対策に取り組む諸外国の艦船に対し、旧テロ対策特措法と補給支援特措法に基づき、補給艦・護衛艦(艦載ヘリ含む)各1隻をローテーションで派遣し洋上における補給活動を実施。人員のべ約1万3,300名により、艦船用燃料、艦艇搭載ヘリコプター用燃料、水などの補給を行った。この補給活動は、旧テロ対策特措法の失効による一時中断を挟みながらも約8年にわたり行われた。

テロ対策に取り組む諸外国の艦船に対し洋上補給活動を行う補給艦「とわだ」。補給中は防御機能が脆弱なため、護衛艦と哨戒ヘリが監視を実施している。

ペルシャ湾派遣

1991(平成3)年の湾岸戦争後、イラク軍によって遺棄された機雷を除去するため、当時の自衛隊法99条(機雷の除去)を根拠に掃海母艦、掃海艇4隻、補給艦の計6隻により掃海派遣部隊を編成。約3カ月の活動で計34個の機雷を無事故で処分し、その高い掃海技術は各国からも称賛された。なお、これは自衛隊創設以来、初の海外実任務という画期的な出来事でもあった。

戦後初の海外実任務となった掃海部隊のペルシャ湾派遣。自衛隊のその後の海外派遣に向けての大きな転機ともなった。

警戒監視

P-3C哨戒機により、北海道の周辺海域や日本海、東シナ海を航行する船舶などの状況を24時間監視。また、ミサイル発射に対する監視では護衛艦・航空機を運用して警戒監視活動を行い、周辺事態に即応する態勢を維持している。

海自哨戒機による警戒監視は日常的に実施されている。

島嶼防衛

数多い島嶼部に対する侵略を未然に防ぐため、平素から行っている警戒監視や情報収集などにより、兆候を早期に察知。海自は統合運用による部隊の機動的な輸送・展開などにより、敵の部隊などを阻止・撃破する役割を担う。

島嶼防衛の一翼を担う海自装備のミサイル艇。

南極観測支援

1957(昭和37)年から始まった南極観測支援は当初海上保安庁行っていたが、1965(昭和40)年から海自が担当。毎年11月に砕氷艦「しらせ」が物資を積んで出港し、1月に南極に到着。艦上では各種観測の支援、現地では観測隊の人員や機材などの空輸、昭和基地における建設作業等の支援などを行い、3月に南極を出港。4月に帰国行事が行われている。1回の航行距離は約20,000マイル(約32,000km)。

砕氷艦「しらせ」による物資や人員の輸送のほか、観測支援も行う。

民生支援

自衛隊は、地方公共団体や関係機関などからの依頼に基づき民生支援を実施。海自では第二次世界大戦で敷設された機雷や爆発性危険物の除去や処理、P-3Cによるオホーツク海の流氷観測などを継続的に行っている。

オホーツク海の流氷観測や、機雷や爆発性危険物の除去や処理を実施。

護衛艦ができるまで

護衛艦を作るには、事業計画から始まり予算要求、設計、ブロック建造、総合組立、進水、艤装、海上公試、引き渡しなど多くのプロセスを要し、その期間は事業計画決定から数えて約５年に及ぶ。ここでは2015（平成27）年就役予定の「いずも」のタイムスケジュールを例に、その過程をトレースする。

~2009

事業計画

護衛艦は、同型艦の老朽化などにより計画。「中期防衛力整備計画」に盛り込まれ、その後運用上の要求性能などをまとめる。

「いずも」は2014（平成26）年度に除籍が見込まれているヘリコプター搭載護衛艦「しらね」の代替艦として計画。事業名は「護衛艦（19,500トン型DDH）」で、調達開始年度の2010（平成22）年度から「22（ふたふた）DDH」と呼ばれた。事業計画には数年を要する。

1980（昭和55）年に就役した「しらね」。現在は第3護衛隊群第3護衛隊所属（定係港は舞鶴）。2015年（平成27）3月の「いずも」就役をもって除籍予定。

2009

予算要求

任務・運用構想・期待すべき性能といった要求事項に基づき海幕や防衛省技術研究本部などで検討作業を実施。海幕はそれを元に予算要求のための見積もりを行って、財務省に対して予算要求をする。

22DDHは2010（平成22）年度予算で建造費1,139億円（初度費込みは1,208億円）が計上された。所要経費（総額）は就役年度まで分割して単年度予算に組み込まれる。

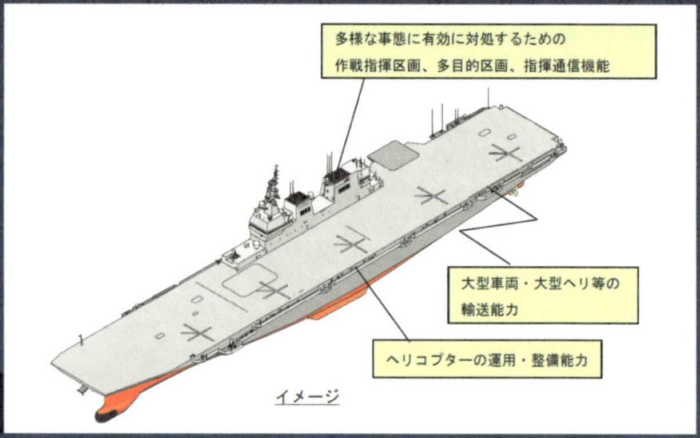

2010（平成22）年度に計上された「19,500トン型DDH」の概要とイメージ図。（防衛省「わが国の防衛と予算　平成22年度予算の概要」より）

2010

計画・設計

予算成立後、要求性能を実現するための諸元などをまとめた「基本計画」を作成する。

基本計画が決定されると、「基本設計作業」を実施。この際、設計図面は膨大な数にのぼることから複数の護衛艦建造造船所と協同で実施する。

「基本設計図書」が作成されると、承認を経て建造のための仕様書を作成すると建造契約となる。

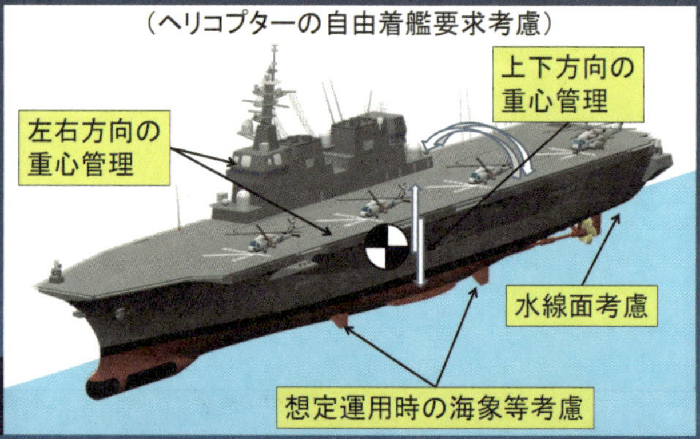

設計段階では、運用上の様々な要求項目を満たすための検討が行われる。イラストは「ひゅうが」設計における資料。（防衛省技術研究本部「進化を遂げたDDH ひゅうが」より）

2011

建造開始

造船所や機関部・搭載武器等のメーカー（米軍含む）と建造契約を締結。「いずも」は（株）アイ・エイチ・アイ　マリンユナイテッドに発注された。

船体は一括して建造せず、前もって船体を適当な大きさに区分したブロックを工場で組み立て、それを船台まで運んで組み立てる「ブロック工法」により建造。この工法は現代の造船の主力工法で、「いずも」のような大型艦でも短期間で効率よく建造できる。

あらかじめ船体をいくつにも分割したブロックを組み立てていくので、建造当初は護衛艦の形からはほど遠い。

2012

起工式・ブロック組み立て

ブロックの組み立て準備が整うと、自衛隊など関係者が出席して「起工式」が開催される。起工式は船の組み立てが無事に完了することを祈って行われる、造船では重要な式典のひとつ。これ以降、本格的な組み立て、配管、機器の搭載などを実施。組み立て期間は約1年。

22DDHの起工式は2012(平成24)年1月27日に(株)アイ・エイチ・アイ　マリンユナイテッド横浜事業所磯子工場で開催された。

起工式を経て、本格的な建造が開始。ブロックの組み立てが進んでいくと、徐々に護衛艦のスタイルが現れてくる。

2013

命名・進水式

船体の組み立てが終わると塗装などを施し自衛隊など関係者が出席して「進水式」(式典)を開催。このときに艦の命名が行われる。

起工から進水までは、艦によって異なるが1年前後。この段階では兵装などはなし。

「いずも」の命名・進水式は2013(平成25)年8月6日にジャパン マリンユナイテッド(株)横浜事業所磯子工場で開催。このとき艦名の「いずも」が正式に発表された。

進水式では、まず命名式が行われた後、支綱切断の儀式を行う。切断と連動して繋がれていたシャンパンなどが船体に叩きつけられると船名を覆っていた幕が外れ、紙テープなどが舞う中、進水台を滑り進水となる。

2014

艤装

艤装とは、船としての機能するために必要な装置や設備を取り付ける作業で、護衛艦の場合は、内装などのほか、兵装や各種レーダー、搭載機器などが設置される。

進水式後に艤装岸壁に接岸され、海上自衛官の艤装員長以下、艤装員が着任し、兵装の調査・研究・習熟などを行う。艤装員長は就役後そのまま艦長、艤装員は乗員となる。

艤装の期間は約1年。艤装が終わると「竣工」となる。

艤装岸壁に接岸され、艤装工事中の護衛艦。一番艦(ネームシップ)には、特に優秀な隊員が配置されるといわれている。

2014

海上公試

艤装工事が完了すると、要求性能が満たされているか各種試験により確認する「海上公試」を開始。いわば最終テストである。

テスト項目は旋回、速力、燃費、急停止など動力性能のほか、艦艇では各種搭載武器の試験も含まれる。期間は数カ月にわたる。

海上公試が終わると再び入渠して、最終点検が行なわれたのち就役となる。

海上公試は、就役前のいわば最終テスト。旋回、速力、燃費、急停止など動力性能のほか、艦艇では各種搭載武器の試験も行われる。

2015

引渡式・自衛艦旗授与式・就役

「海上公試」による試験の成績書に基づく主要性能を審議するため「就役条件審議委員会」を組織。

その後、引渡式に続き自衛艦旗授与式が行われ、ここで護衛艦「○○○」として海上自衛隊の護衛艦に編入されて就役。

1番艦の場合は、引き続き在籍地方総監で能力試験を実施。これは運用上の不具合の改善、他の護衛艦を建造する際の計画資料とすることなどが目的。

引渡式では造船会社より引渡書、防衛省より受領書が渡され、正式に防衛省所有となる。艦旗授与式では艦長に自衛艦旗が授与され、艦尾に国歌とともに自衛艦旗を掲揚。これをもって、艦艇は国際法上の軍艦となる。

護衛艦の内部に迫る

護衛艦は、高速での航行やステルス性などから、商船などと比べて非常に細長い形状なのが外観の大きな特徴。左右の揺動はビルジキールやフィンスタビライザーなどで抑えている。また新型の護衛艦では、斜め後ろに傾斜した塔型の新型マストや平面固定型の対空レーダーを採用し、上部構造物を舷側まで拡大するなど、ステルス性の向上が図られている。艦内の構造は、最上部から下に向かって01甲板、02甲板、03甲板、04甲板=上甲板=第1甲板、第2甲板、第3甲板、第4甲板（艦底）と7層構造。01甲板には艦橋やウイング、02甲板には気象室やレーダー室、03甲板には士官居住区、04甲板=上甲板=第1甲板には士官室、第2甲板にはCIC、主機操縦室兼応急指揮所、科員居住区、科員食堂、先任海曹室、第3甲板には艦長室や司令室、第4甲板には主機や燃料タンクなどが配置されている。

ヘリ格納庫

SH-60ヘリを、2機格納することが可能。

飛行甲板

RAST（着艦拘束装置）を装備して、荒天時の着艦を支援するほか、甲板から格納庫の移送を行う。

SSM-1B 発射筒

90式艦対艦ミサイル。2～4本束ねた発射器。

搭乗員待機室

ヘリ搭乗員はここで作戦前のブリーフィングを受ける。

LSO（発着艦指揮所）

着艦誘導灯や着艦拘束装置の位置を調節し、着艦するヘリの支援を行う。

士官室

幹部の打ち合わせや食事に使われる。応急時には医務室としても使われ、手術用の無影灯も備わる。

医務室

中央に手術台兼処置台を備える。通常医官は乗艦しない。

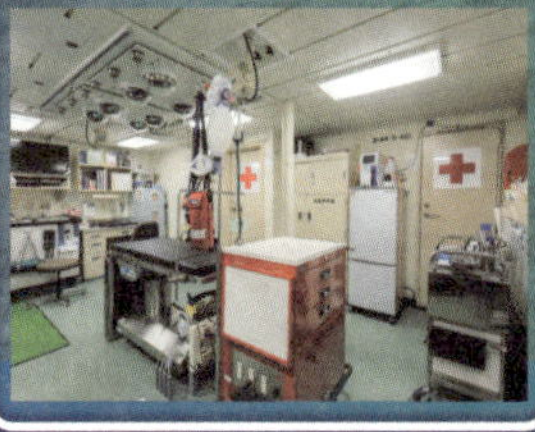

科員居住区

乗員唯一のプライベートスペース。ただし私物の持ち込みには制限がある。基本は3段ベッドで2段ベッドもある。

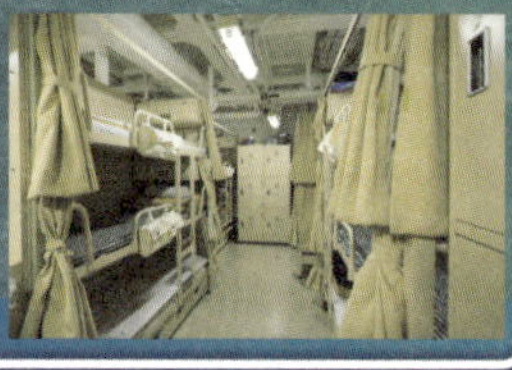

自走式デコイ（右舷シールド内）

近距離に迫った魚雷に対し、音響を発生させながら魚雷を欺瞞・誘導して、自艦から引き離して誘爆させる。

FCS-3A 多機能型フェイズドアレイ・レーダー

捜索用、射撃管制用アンテナを各4面装備。

投射型静止式ジャマー

砲塔型のランチャーから発射される対魚雷用の音響欺瞞装置。

科員食堂

曹士が食事をし、休憩室としても使用される。使用しない椅子はテーブルの下に引っかけて固定する。

CIC(戦闘指揮所)

Combat Information Centerの頭文字で、日本語では戦闘指揮所。戦闘指揮に関わる情報が集中する場所で、指揮・発令もここで行うため、乗員の立ち入りも厳しく制限されている。

操縦室兼応急指揮所(機関制御室)

艦のさまざまな状態がモニターでき、いざというときのダメージコントロールを指揮する。

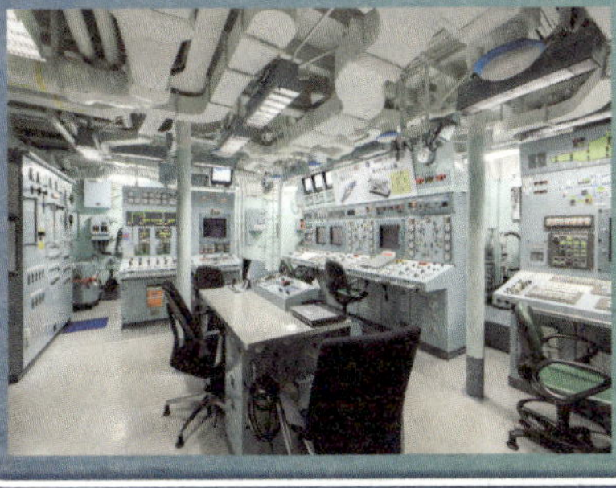

ラッタル

艦の階段のこと。狭い艦内を有効活用するために 幅は人一人がやっと通れる程度、踏み台の幅も狭く急勾配なのが特徴。

高性能20mm機関砲CIWS

対艦ミサイルからの防護のために、捜索・追跡レーダーと火器管制システムを一体化した完全自動の艦艇用近接防御火器システム。ヘリ格納庫上にも装備。

Mk 41 垂直発射装置

スタンダードミサイル、アスロック、シースパローを発射する垂直発射装置。

艦橋

艦の操縦をする航海艦橋。右舷に艦長席、左舷に司令席がある。

艦載砲

対空戦闘、軍艦や沿岸への艦砲射撃に用いる主砲。写真はMk45 5インチ単装砲。

ビルジキール

船体の動揺を少なくする減揺装置。

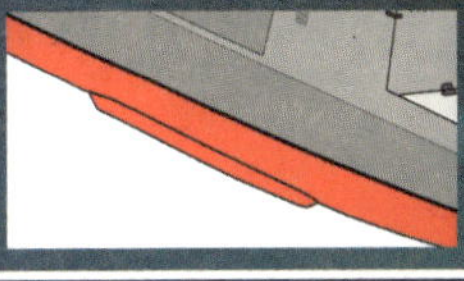

3連装短魚雷発射管(両舷シールド内)

3連装の水上艦用短魚雷。

ウイング

艦橋の両舷にある見張り台。双眼鏡や探照灯が装備されている。

ソナー

水中を伝播する音波で、水上船舶や潜水艦、水中や海底の物体を捜索、探知、測距する。

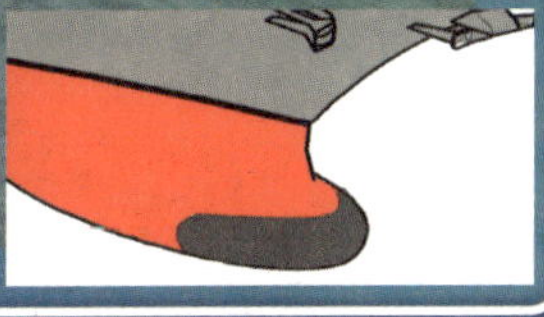

自衛艦の艦内編制

自衛艦は、洋上に展開するひとつの「部隊」といえる。そしてその中には、艦独自の任務を遂行するための「科」と、狭い艦内で生活を共にする乗員たちを管理する「分隊」の２つの組織が存在する。それが自衛艦の艦内編制である。

艦艇の任務を専門別に分けた「科」

科の数は全部で16科。各科は艦艇の業務を遂行するための組織なので、艦の種別によって編制が異なっている。例えば戦闘艦である護衛艦には兵器を扱う「砲雷科」があるが輸送艦などにはなく、潜水艦には当然ながら飛行科がない、といった具合だ。反対に、どの艦艇にもあるのは「船務科」と「機関科」のみだ(「航海科」を置かない自衛艦は「船務科」が兼ねる)。

代表的な艦種であるヘリコプター搭載護衛艦を例に取ると、艦長・副長以下、「船務科」「航海科」「砲雷科」「機関科」「補給科」「衛生科」「飛行科」の7科からなっている。それぞれの所掌業務は次の通り。

科の名称

船務科、航海科、観測科、測定科、砲雷科、水雷科、運用科、掃海科、敷設科、潜水科、エアクッション艇運用整備科、飛行科、航空標的科、機関科、補給科、衛生科

※同じ科の名称でも艦種によって所掌業務が異なる場合がある。

船務科

情報・電測・通信・暗号・航空管制・船体消磁とこれにかかわる器材の整備が基本的な業務内容。船務長はCIC（戦闘指揮所）に集約した情報を評価し、戦闘指揮官である艦長の作戦実行を補佐する。船務長の下には船務士・通信士・航空管制士・電整士の士官(幹部)が配置されている。船務士は情報・電測・船体消磁、通信士は通信・暗号のほか、航海中は艦橋で航海長の補佐、航空管制士は航空管制、電整士は艦内の電子機器の整備を担当。科員の職種は電測員、航海管制員、通信員、電子整備員など。

船務科は艦の頭脳。CIC(戦闘指揮所)の運用は船務科の重要な役割だ。

航海科

手旗・信号旗による通信、艦橋での操舵、見張り、気象観測など航海全般の業務を担当している。航海士・気象士の士官が配置されている。航海ではレーダーやGPSの情報を駆使するほか、レーダーに映りにくい小型の漁船やプレジャーボートを確認するために、肉眼での監視（ワッチ)も欠かせない。また航路を海図に書き込み、ポイントでの通過時間なども記入するのも航海科の仕事。各種航海機器や計器類の保守整備にも当たっている。科員の職種は航海員、信号員、気象員など。

艦を安全に動かすだけでなく、作戦行動では高度な操艦技術が求められる。

砲雷科

艦の各種武器を所掌し、砲熕やミサイルなどの運用を行う。アスロック対潜ミサイル、短魚雷による対潜戦を行う水雷と、砲、対空・対艦ミサイルにより対水上戦・対空戦を行う砲術に大別される。砲雷長の下に砲術長、水雷長、砲術士、水雷士の士官が配置されている。さらに出入港や洋上補給などの甲板作業、船体、内火艇、錨、索具の保守整備も砲雷科の担当。従って仕事場は主に甲板である。科員の職種は運用員、射撃員、射撃管制員、VLS員、SPY員、水測員、魚雷員など。

対水上戦・対空戦のほか、出入港や洋上補給など任務は幅広い。

機関科

艦の動力源となる主機関(エンジン)、補機、電機、潜水作業などの運用管理のほか、艦全般の安全管理、被害・災害発生時の応急処置や復旧作業(ダメージコントロール)を行う。また艦のインフラに相当する電力、電気、空調、蒸気、真水などの運用管理も統括している。仕事場である補機室などは高温のため、ダイエットに最適とか。機関長の下に応急長、機関士、応急士の士官が配置されている。科員の職種は蒸気員(ボイラー員)、ディーゼル員、ガスタービン員、機械員、補機員、電機員、応急工作員、艦上救難員など。

機関操縦室で24時間、艦の状況を監視。ダメージコントロールも担う。

補給科

俸給などの経費・補給・給食・福利厚生・文書など艦内の庶務全般を扱う。旧海軍では主計科と呼ばれていた部署。大型艦では補給長の下に補給士と呼ばれる士官が配置されている。食事の提供、健康管理、事務全般などサービス業的な役割のため、艦内生活を快適に送るための非常に重要なポジションを担っている。中でも食事は航海生活の大きな楽しみのひとつなので、給養員の調理の腕は乗員の士気にもかかわってくるとか。科員の職種は補給員、経理員、給養員など。

食事をはじめ、艦内の快適な生活は補給科のサービスにかかっている。

衛生科

乗員の健康管理や診療、衛生管理、衛生器材の取り扱いを担当。本来は衛生長と呼ばれる士官が配置されるが、ほとんどの艦で欠員のため通常は補給長が兼務している。そのため、航海中に患者が発生した場合は常駐している衛生員が簡単な応急処置を施し（医師免許を持たないため医療行為はできない）、すみやかに飛行艇や護衛艦搭載のヘリコプターなどの航空機を使って患者を輸送する。医療処置にあたる医官（医師・歯科医師）は長期の航海や災害派遣など、任務での必要に応じて派遣される。

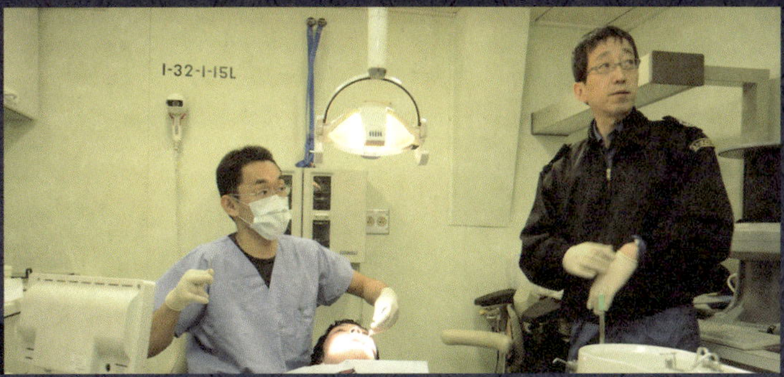

狭いながらも一通りの設備が整う医務室。簡単な手術まで可能だ。

飛行科

搭載ヘリコプターの運用・整備などを担当。ヘリコプターは別部隊の所属だが、搭載から搭載解除までの間は護衛艦の指揮下に入る。飛行長の下に整備長、飛行士、整備士の士官が配置されており、飛行長と飛行士はヘリコプターパイロットが就く。整備員はヘリコプターとともに陸上基地に派遣されたり、反対に陸上基地から整備員の支援を受けることもある。科員は航空機体整備員、航空発動機整備員、航空電機計器整備員、航空電子整備員、航空武器整備員、航空救命整備員、発着艦員などが配置されている。

護衛艦と一体となって行動する搭載ヘリコプターの運用が飛行科の仕事。

乗員の生活を管理する「分隊」

任務上の組織である「科」に対し、「分隊」は乗員の身上把握や教育訓練・服務指導、快適な艦内生活環境の整備などを目的とした、生活上の組織といえる。分隊の数も艦種によって異なり、飛行科のある護衛艦は5分隊に分かれている。

分隊長には各科長があてられ、科長が副長兼務の場合などは次席の幹部が任命される。分隊長と分隊士（ともに士官）の役割は、乗員の人事、服務、厚生、健康・精神面の管理や上陸から休暇の管理まで生活全般。これをサポートをするのが乗員とより近い立場の分隊先任海曹で、各分隊に1人配置される。各分隊はさらに班に分けられ、上級海曹の班長が班員の服務指導などにあたる。

分隊	所属科	分隊長・分隊士
第1分隊	砲雷科	砲雷長・砲術士
第2分隊	船務科・航海科	船務長・ 船務士（通信士）
第3分隊	機関科	機関長・機関士
第4分隊	補給科・衛生科	補給長・補給士
第5分隊	飛行科	飛行長・整備士

各種任務を遂行するための配置が「部署」

艦艇にはもうひとつ、各種任務を遂行するために乗員の配置を定めた「部署」というものが存在する。これは固定されたものではないので、組織というより「態勢」といったほうが正しいだろう。例えば、砲雷科に所属していても作業部署に配置されているときは兵器を扱うことはなく、出入港などの作業にあたるわけだ。

大別すると、戦闘部署（戦闘の準備及び戦闘力を発揮、維持するための態勢）、緊急部署（緊急状態にある自艦の保安維持等を図るための態勢。防火部署、防水部署、海難対処部署など）、作業部署（戦闘、緊急の両部署に関連する作業その他の作業を実施するための態勢。出入港部署など）の3つがある。

下士官のまとめ役「CPO」

CPOとはChief Petty Officerの略。海自では海曹長や分隊先任など下士官の上位がこれにあたる。専用のCPO室もあり、海曹の先任者、各分隊先任、甲板海曹など十数名で構成。役割は各分隊間の問題処理、艦内の規律維持、レクレ－ションや艦内競技、諸行事の実施を通じての艦の融和団結、士気の高揚を図っている。艦のことは知り尽くしているので、若い乗員からは親のように慕われ（恐れられ?）、若手士官からは一目置かれる存在である。

海曹士のお目付役「先任伍長」

先任伍長（海曹長）は下士官のトップ。「海曹士に共通した規律、風紀の維持に係る体制の強化、部隊等の団結の強化、上級海曹の活動を推進、並びに、精強な部隊等の育成」を目的にした制度だ。いわば海曹士のお目付役だが、部隊の融和団結のために指揮官へ意見具申することもある。各部隊と艦艇に各1名、合計約340名で海自全体をネットワーク的に網羅している。

左胸の防衛記念章の下についている艦艇の先任伍長識別章。

海上自衛官の1日

航海中は交代制、もしくは交代なしの総員配置による哨戒配備を行い、停泊中は昼間の８時間勤務が標準となる。夏期（４月１日から９月30日まで）の平日は6:00に起床し、午前中に３時間45分、午後に３時間30分の課業を行う。課業後は16:45から夕食をとり、19:30に巡検。巡検を終えると自由時間に入り、22:00に消灯。自衛艦旗は、停泊中は日没時に下ろされるが、航行中は常に掲揚する。

時刻	内容
06：00	総員起こし 1
朝	洗面等 艦内食堂で朝食
08：00	国旗、自衛艦旗掲揚
午前	訓練 朝礼 2
11：45	午前の課業終了
昼	艦内食堂で昼食
13：00	午後の課業開始
午後	訓練、艦上体育等 3 4
16：30	午後の課業終了
16：45	艦内食堂で夕食
日没	国旗、自衛艦旗降下
19：30	巡検開始 5
夜	自由時間 6
22：00	消灯

1
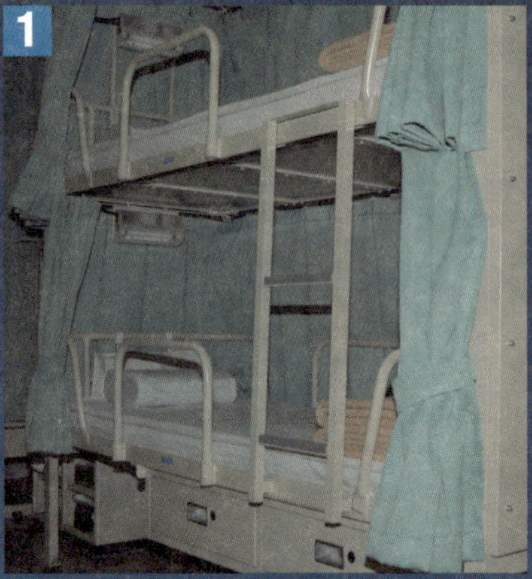
5:55に「総員起こし5分前」の放送が入り、6:00ちょうどに起床ラッパがなると全員起床。

2

護衛艦では飛行甲板に整列し、自衛艦旗掲揚後、課業につく。もちろん5分前には整列完了である。

3

機関銃による射撃訓練の様子。艦上での実戦的訓練は貴重な機会になる。

4

艦上体育とは、訓練や業務に支障のない時に行うランニングやウォーキングのこと。貨物スペースにトレーニング機を備えた艦もある。

5

1日の終わりに当直士官が掃除状況や艦内の状況を点検してまわる巡検。同時に隊員の状態も確認する。

6

巡検が終わると、就寝時間まではひとときの自由時間。各自思い思いに過ごしたり、誕生会が開かれることも。

出港中の訓練

出港中も艦内では訓練が行われている。最も頻度が多いのが消火訓練で、消火器を使った基本的な消火訓練はもちろんのこと、さまざまな消火装置を用いる護衛艦独自の訓練や、排煙通路および応急電路の設定、隣接区画の冷却（放水）などの訓練を行う。

射撃やミサイル発射の訓練もシミュレーターを用いて行われるが、頻度は少なく、年に数回程度となっている。

このほか、僚艦、ヘリコプター、航空機との共同訓練や、潜水艦の対潜訓練、洋上補給訓練など、より実戦的な訓練も実施される。

なお、年間の出港日数は120日ほどで、出港中はレーダーやソナーなどを駆使して24時間体制で潜水艦や国籍不明艦船を監視し、不測の事態に備えている。

航行しながら物資の移送を行うハイライン。お互い接触する危険があるため、日頃の訓練で操艦技術を維持しなければならない。

戦闘訓練では哨戒レベルが上がり、艦内でもカポック（救命胴衣）とヘルメットを着用。

入港中の生活

入港中の主な任務は整備・補給・広報の3つ。上陸した乗員は、災害派遣などによる緊急出航の際に警急呼集を受けてから2時間以内に帰艦せねばならず、観光など、2時間で戻れない場所に出かける場合は事前に休暇申請を行う必要がある。

また、入港中の艦内には出港に備えた当直員が常に配置されている。

入港中の艦艇は広報活動の一環として、一般公開されることも多い。写真は海外における一般公開。

その他の生活

食事

1日3回。有名なのは毎週金曜日昼食のカレー。これは乗員の曜日感覚を維持するのが目的で、休みの前日を知らせるという意味もある。調理の熱源は蒸気か電気。娯楽の少ない洋上生活では食事も大きな楽しみのひとつなので、各艦とも給養員が腕を振るい士気を鼓舞している。ちなみに艦内は基本的に禁酒で、罰則規定もある。

各艦艇で味を競っているカレー。

ゴミ・汚水

海洋汚水防止法の適用を受けるため、ゴミは基本的に寄港地で処理。生ゴミは、航海中はディスポーサーにかけ、停泊中はゴミに出す。汚水は法に基づいて処理して放流する。

真水管制

近年は造水能力が向上したが、今でも真水は貴重品とする精神は不変。風呂の浴槽は海水を使用し、シャワーのみ真水の湯なのが一般的。トイレの水も海水を使用する。最近は温水便座の設置も多くなり、当然清掃も行き届いているので快適に使える。

娯楽

艦内の居住区や食堂にテレビが設置されているが、岸から離れるとテレビの地上波は届かない。乗員は読書や自主学習、DVD鑑賞などで自由時間を過ごしている。

通信

カード式公衆電話が設置されているが、衛星電話のため料金は非常に高い。携帯電話やパソコンなど私物の通信・記録媒体は秘密保全のため持ち込みが制限されている。艦で共有のパソコンからは、許可が下りれば親族とメールのやりとりができる。

医療

医務室には手術台や医療機器が備え付けられており、医官がいれば簡単な手術が可能。有事の際には食堂と士官室が臨時医務室として使用される。

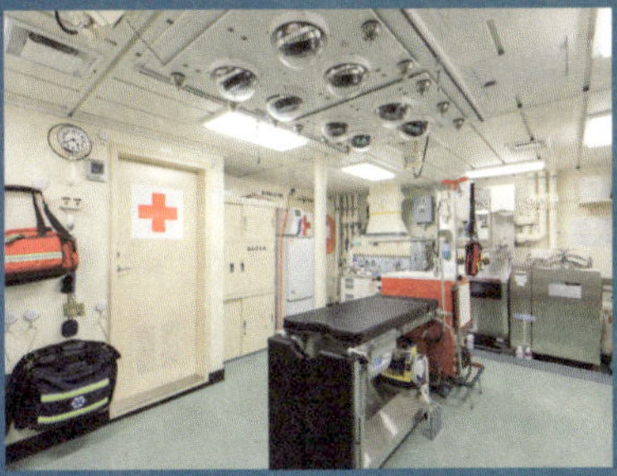

護衛艦に装備された医療設備。

当直

通常航海時は4直（4人で交代）、訓練などが始まると3直→2直→1直と状況に応じて変わる。停泊時は課業終了後も上陸せずに勤務。停泊中の当直には、当直士官、副直士官、当直警衛海曹、舷門（一般受付窓口兼警衛場所の総称）当直海曹、舷門当番など、職種に応じて数種ある。海士は3日に1回、3等海曹は4日に1回、2等海曹は5日に1回、1等海曹は6日に1回の割合で当直勤務につく。

当直士官

当直士官は艦長の指揮を代行する役割で、通常航海時は砲雷長、船務長、航海長の3名が務める。停泊時はこれに機関長と補給長が加わる。針路や速力を当直士官の独断で変更することはできない。

右が当直士官の腕章を巻いた隊員。

上陸と休日

停泊時、平日の上陸（外出）は、海上部隊の標準は17：00から翌日の課業開始時刻の15分前まで。

休日は基本的に土日祝日。休暇で旅行する場合、規定の旅行区域外や片道4時間以上を要する場所などに行く場合は所属長に目的地・連絡先などを届け出なければならない。

海上自衛隊トリビア

知っていると人に話したくなる、海上自衛隊にまつわるトリビア的なミニ知識をピックアップして紹介する。

陸・空とは違う？ 海上自衛官の敬礼

自衛官の基本中の基本である敬礼。最もよく目にするのは挙手の敬礼だが、陸・空自衛隊と、海上自衛隊では異なるのをご存じだろうか。陸・空の場合は右ひじを真横に張るのに対し、海の場合は右ひじを真横ではなく、45度にたたんでひじを張らない敬礼をする。これは狭い艦内で行うという前提があるからだ。

また自衛官は、上級者への敬礼、相互の敬礼、上級者は答礼が義務付けられているが、艦内では課業時間内の敬礼を省略することができる。艦艇の狭い空間では同じ人間と何度も顔を合わせるため、いちいち敬礼していては業務に支障がでる、というのがその理由だ。

海上自衛官は敬礼もスマート。

艦艇勤務の自衛官の住所は……

自衛官は幹部自衛官、既婚の自衛官を除き、基本的に「営舎内居住」が義務づけられており(「親族の扶養」や「30歳以上の2曹」などの例外あり)、そのため、陸海空自衛隊の駐屯地・基地内には隊舎が用意されている。

では艦艇勤務の自衛官はというと、所属する艦艇そのものが住居となる。従って横須賀基地所属の艦艇なら、住民票の住所は「世帯主　神奈川県横須賀市西逸見町1丁目無番地　海上自衛隊○○○○（艦艇の名前）」となる。免許証も同様だ。つまり、居住区の狭いベッドが自身の「世帯」というわけだ。もちろん「家賃」や「食費」は無料である。

ただ、いくら何でもこれでは窮屈な生活を強いられるので、ほとんどの隊員が許可を得た上で基地の外に部屋を借りており（共同の場合も多い）、上陸時はそこで寝泊まりしている。

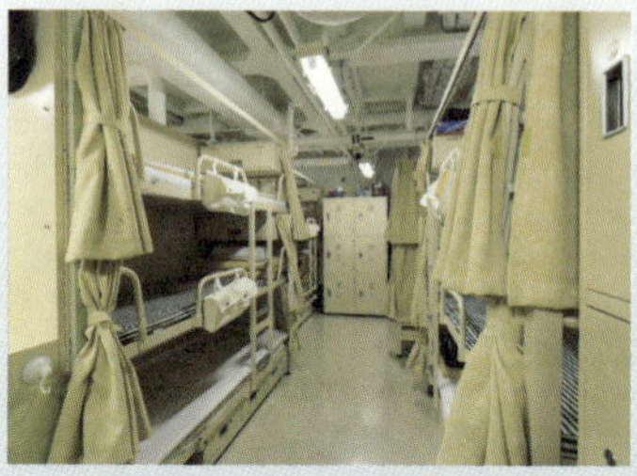

ここが艦艇勤務の自衛官の「世帯」。

海上自衛隊のいろいろな「秘密」

自衛隊に関する情報は可能な範囲で公開されているが、それでもいろいろな「秘密」が存在しており、海上自衛隊も例外ではない。

艦艇の場合、特に厳しいのが作戦の頭脳といえるCIC（戦闘指揮所）で、乗員でも立ち入りできる人は限られている。当然、民間人の立ち入りはまず許可されない。海図も作戦行動がわかるので、取材時でも写真撮影は禁止。また、イージスシステムの対処能力などもまったくの非公開だ。

中でも極めつきは潜水艦だろう。潜水艦は存在そのものがトップシークレットなので、航続距離・潜航時間・潜航深度といった性能はもちろん非公開、艦内の公開もまったくといっていいほど行われない。さらに乗員は、出港日や帰港日、行動エリアなどを家族にでさえ教えることはできない、という徹底ぶりである。

出港直後の潜水艦「そうりゅう」。どこに行って、いつ帰ってくるかは秘密。

自衛艦の名前はどうやって決まる？

自衛艦には個別の名前がつけられているが、これは「海上自衛隊の使用する船舶の区分等及び名称等を付与する標準を定める訓令」に定められている。

それによると、護衛艦は天象・気象、山岳、河川、地方の名、潜水艦は海象、水中動物の名、ずい祥動物の名、掃海艦艇は島の名、海峡（水道・瀬戸を含む）、ミサイル艇は鳥、木、草の名、輸送艦艇は半島（岬を含む）、補助艦艇は名所旧跡の名となっている。その中で、旧日本海軍以来認められていないのが「人名」である。

旧海軍では戦艦に旧国名（大和、武蔵、陸奥、長門など）を付けていたが、海上自衛隊ではしばらく使用することはなく、地方名が復活したのは「ひゅうが」から。これはおそらく、旧海軍で「日向」「伊勢」を航空戦艦と呼んでいたため。その意味では「ひゅうが」型の2番艦が「いせ」と命名されたのは当然の流れかもしれない。

そのほかでは、巡洋艦の「金剛」「霧島」「愛宕」「足柄」などはイージス艦へ、駆逐艦の「五月雨」「村雨」「初雪」「朝霧」「冬月」などは汎用護衛艦に引き継がれている。

艦尾に書かれた艦名。旧海軍とは異なり平仮名表記である。

海上自衛官の制服の人気は3自衛隊No.1？

海上自衛官の制服は、海を活動の場としている特性から、世界各国の海軍と共通する部分がかなり多い。

普段目にする常装でいえば、冬服は海曹以上が黒色のダブル6つボタンの背広型。階級章は、海曹は両肩、幹部は両袖に着く。海士の冬服はセーラー型。夏は海曹以上が第3種夏服と呼ばれる開襟ワイシャツの白色の上下、海士は半袖のポロシャツ型。靴は幹部は白、海曹士は黒。下着は、上は開襟部分から見えてはならないので大きくえぐれたUネックを着用し、ズボンは下着が透けるのでステテコなどをはいている。このほか、白の長袖ワイシャツに黒ズボン、黒ネクタイの第2種夏服というのもある。これは上下色違い、すべての階級で形状が同じというのが特徴。冬服と夏服の間服として短期間しか着用されないので、目にすれば結構レアである。

制服着用時の帽子は、陸自はベレー帽、空自はギャリソン帽の略帽をかぶることも多いが、海自はほとんどが正帽。理由は、略帽（戦闘帽型）はあまり格好がよろしくないからとか。なお、制服は支給品以外に自前であつらえることもあり、その際は創業1889（明治22）年、江田島に本店がある宮地洋服店が人気らしい。

作業服は、幹部は濃紺、それ以外は青と、色で簡単に見分けが付く。近年は陸上戦闘服として、迷彩服1型と戦闘服2型（青を基調としたデジタル迷彩）も採用している。

艦艇の「ガソリンスタンド」はどこに？

近年の護衛艦の機関は、航空機と同様のガスタービンエンジンが採用されていて、燃料は軽油が使われている。ではどうやって給油するのかといえば、これもまた船からである。海上自衛隊では「油船」と呼ばれる給油船を保有し、それを艦艇に横付けして燃料の補給を行っている。

油船は基地港務隊に所属し、艦種記号はYO（Yはyard、Oはoil）。油の搭載量は約550キロリットルで、これはタンクローリー25台分くらいに相当する。

軽油の種類は米軍や西側諸国と共通で、海自では「軽油2号（艦船用）」と呼ばれている。

これが艦艇の「ガソリンスタンド」である油船。

「自衛艦旗」決定までのいきさつ

自衛艦旗は日の丸から16条の旭光が出ている旭日旗そのまま引き継いでいるが、その決定までには紆余曲折があった。

1954（昭和29）年7月の防衛庁・自衛隊の設置を前に、旗章についても全面的に見直作業が行われ、部内外から広く意見や図案を募集。その結果、多くは旧軍艦旗を希望していることがわかった。しかし当時の情勢はこれを許す状況にはないとの議論もあり、その後も図案の研究は続けられ、画家の米内穂豊賀画伯に図案の作成を依頼することになる。

そして、画伯が書き上げてきたのは軍艦旗そのままだった。理由は、「軍艦旗は黄金分割による形状、日章の大きさ、位置光線の配合など実にすばらしいもので、これ以上の図案は考えようがない。それで、軍艦旗そのままの寸法で1枚書き上げた。お気に召さなければご辞退します。画家としての良心が許しませんので」。画伯の“作品”は「創設する海自への影響」「国民感情」などを焦点に庁議にかけられたが、保安庁長官はこれを裁可した、というのがことのいきさつである。

通常自衛艦旗は艦尾に掲揚され、艦首には国旗が掲揚されている。ただし武力行使や戦闘訓練を行う場合は、合戦準備の下命があった時からメインマストに掲揚する。自衛艦旗は艦の命に相当するのである。

メインマストに掲げられた自衛艦旗

「海上自衛隊体操」は超ハードな運動の連続

海上自衛隊には「海上自衛隊体操」なる運動が存在する。これは狭い艦内での乗員の健康と戦闘能力向上を目的としたもので、第1体操（ラジオ体操のようなもの）、第2体操（柔軟性の向上）、第3体操（筋持久力、呼吸循環機能の向上）、第4体操（筋力向上）、第5体操（俊敏性向上）からなり、全部まともにやると2時間はかかるといわれる。

その特徴は非常にハードなこと、そして動きが複雑なことである。従って体操号令は難解そのもの。種類は第1体操だけでも18もあり、特に15番目は「誘導振前回振後回振蹲踞体前倒体前屈伸（ゆうどうしんぜんかいしんこうかいしんそんきょたいぜんとうたいぜんくっしん）」と常人には理解しがたいため、後に「まとめた運動」という至極あっさりした号令に改称された。これが転じて、同じような仕事や作業を一緒に行うことも「まとめた運動」と呼ばれる。ちなみに第5までいくとさらにわけのわからない運動があるとのことだが、ほとんどの隊員は第1しか知らないらしい。

部隊・学校…いたるところで行われている「海上自衛隊体操」。

退役艦艇のその後は……

華々しく就役する最新鋭の艦艇があれば、一方で役目を終えてひっそりと退役する艦艇もある。では退役した艦艇は、その後どうなるのだろうか。

その運命は3通りあり、1つ目は解体である。大半の艦はこれで、解体された後に発生した膨大な金属類は再利用される。2つ目は砕氷艦「ふじ」（名古屋港ガーデン埠頭）、潜水艦「あきしお」（てつのくじら館）のような保存・展示だ。しかし駐屯地や基地に展示できる戦車や戦闘機ならともかく、艦艇は巨大なので、これはごくごく稀といえるだろう。ちなみに護衛艦を保存・展示する動きは一部にあるようだが、まだ実際の例はない。そして3つ目がミサイルなどの標的となることだ。これは兵装などを外した上、艦体に着弾測定線や標的が書き込まれ、外洋で射撃の的となり実験データを提供するというもの。最後は射撃でボロボロにされて海の藻屑と消え、海底深くで魚の住みかとなる。

兵装を外し、艦番号も消された（元）護衛艦。その後はスクラップか標的艦か……。

即応を意味する「出船の精神」

艦艇を港に停泊する際、舳先（へさき）を港口に向けている状態を「出船（でふね）」といい、反対に艫（とも）を港口に向けている状態を「入船（いりふね）」という。入港してきた艦はタグボートの支援を受けて岸壁に接岸するが、入船の状態だと方向転換する必要はない。なぜ、あえて向きを180度変えるのかといえば、緊急時にも直ちに出港できるからだ。これを海上自衛隊では「出船の精神」という。つまり即応を意味する。ただし、昨今は機関の騒音問題などもあり、必ずしも出船というわけではない。また岸壁に艦艇が多いときは、横に重ねて停泊することもあり、これは「目刺し」と言う。もちろん、上から見るとつないだもやいが目刺しのようだからだ。

写真は「出船」で、右側の3隻と2隻は「目刺し」。

今や国民食のカレーライスは大日本帝国海軍が発祥

カレーライスの発祥は明治時代、大日本帝国海軍にさかのぼる。

当時、長期の航海に出る海軍の悩みは脚気だった。脚気はビタミンB1不足が原因だが、その頃はまだビタミンについて解明されておらず、脚気は原因不明の命に関わる重病だったのである。そこで同盟関係にあった大英帝国海軍を参考に、栄養の改善を試みた。参考にしたのがカレー味ビーフシチューである。これに小麦粉でとろみを付けたものをご飯にかけて誕生したのが「海軍カレー」というわけである。

カレーライスは調理が簡単で肉と野菜のバランスがよい、とろみ付けによって船が揺れてもこぼれにくい、もちろんおいしいなどいいことづくめのため、「海軍割烹術参考書」にも掲載され、のちに全国に広まっていった。

現在の「海上自衛隊カレー」は各艦艇や部署ごとに独自の秘伝レシピが存在し、その数は200以上といわれる。そのレシピは海上自衛隊公式ホームページでも公開されている。なお、カレーだけではまだ栄養が不足するので、牛乳、サラダ、ゆで卵、果物などを付けることを忘れずに。

さて、海上自衛隊では、もうひとつ「カレーライス」と呼ばれているものがある。それは2佐以上の制帽のつばに入っている金モールの模様だ。これは、2佐の英語呼称「Commander」が艦長を意味することから、ほかの幹部との区別を容易にするため。ちなみに陸と空は3佐以上でこの模様が入る。

これを知っていれば通ぶれる?

海上自衛隊用語

おびただしい数があるといわれる海上自衛隊版「業界用語」からピックアップ。一般社会ではまず通じず、陸空自衛官にもわからない場合が多い。由来も旧海軍から伝承するもの、海自になってからのもの様々である。

あ行

赤鬼、青鬼【あかおに、あおおに】
幹部候補生学校の学生の生活・規律・服務などを直接指導する学生隊幹事付の自衛官の通称。通常2名で階級は2尉。赤鬼が1課程（防衛大学校卒）、青鬼は2課程（一般大学卒）があてられる。普段、赤鬼は「幹事付A（アルファ）」、青鬼は「幹事付B（ブラボー）」と呼ばれ、その厳しさから学生から非常に恐れられている。ただしそれは役割で、素顔は成績優秀、性格も穏やかな好青年ばかりである。

赤レンガ【あかれんが】
広島県江田島市にある幹部候補生学校の通称。「海自士官の心の故郷」と呼ばれる。その厳しい教育から「曲がった松もまっすぐ伸びる」と言われ、実際に校庭の松はほとんどがまっすぐ。

WAVE【ウェーブ】
「Wome's Accepted for Volunteer Emergency service」の頭文字で、女性海上自衛官のこと。陸はWAC（Women's Army Corps＝ワック）、空はWAF（Women's in Air Force＝ワッフ）。

えと袋【えとぶくろ】
いわゆる「エチケット袋」のこと。まだ艦の揺れになれていない新人および体験航海では必須アイテムである。

F作業
Fは「フィッシング」、つまり釣り。航海中は娯楽が少ないため、艦長からまれに許可される。艦艇は「F作業許可」の号令とともに釣り舟状態。ただし「作業」海域は、訓練のために漁業権を買い上げたときか、領海外のみ。

大引き【おおびき】
金曜日の夜から月曜日の朝の出勤まで外出すること。

オスタップ【おすたっぷ】
甲板掃除の際に水を入れる桶。Washtubが訛ったか略されたかしたらしい。

か行

ガブる【がぶる】
航海中、荒天のため艦艇が大揺れすること。ちなみに船酔いは長く乗っているとなれるとのこと。

甲板【かんぱん】
船のデッキのこと。「こうはん」と読む場合もあるが、海自ではこう読む。海自ではすべて艦艇に見立てているため、掃除も「甲板清掃」と呼ぶ。

寄港地講話【きこうちこうわ】
普段入港しない港への入港前に、当地の出身者などが総員に対して行う観光や名産品の案内。繁華街は行かないほうがよいと指示された場所に素敵なところが多いとされる。

基準排水量【きじゅんはいすいりょう】
艦艇の公式諸元として公表している重さの目安。海自の場合、兵装、弾薬、乗員、消耗品などすべての搭載物を満載し（満載重量）、そこから燃料と真水を抜き取った状態。

後発航期【こうはつこうき】
遅刻して出港に間に合わなかったこと。絶対にやってはならないことなので、重い処分や長期の上陸止めが待っている。

五省【ごせい】
海軍兵学校長の松下元少将が創始したもの。

一　至誠にもとるなかりしか（真心に反することはなかったか）
二　言行に恥づるなかりしか（言葉と行いに恥ずかしいところはなかったか）
三　気力に欠くるなかりしか（気力が欠けてはいなかったか）
四　努力にうらみなかりしか（努力不足ではなかったか）
五　不精にわたるなかりしか（不精になってはいなかったか）

の5か条から成る。海自の教育機関では今も良き伝統として継承しており、誰でも暗記している（はずである）。

五分前の精神【ごふんまえのせいしん】
旧海軍で「定刻を守るため五分前には準備を整え、作業に掛かれるようにせよ」という精神。行動の前には必ず「○○、5分前」の号令がかかる。

さ行

サイドパイプ
艦内放送時のさまざまな合図に使う海軍独特の笛。正式名は号笛「甲」。舷門当直海曹、舷門当番（海士）が吹く。きちんとした音を出すのはなかなか難しく、新人の最初の関門。

時刻整合【じこくせいごう】
一日の仕事前に、艦内の時計を合わせる作業。「時刻整合ヲ行ウ。整合時間まるななごご0755、整合5分前」。 続いて「時刻整合10秒前…サン、ニ、イチ・ジカーン! 0755、時刻整合終ワリ」。「ジカーン」の部分は、陸は「いま」、空は「ナウ」。

使個責規団【しこせきだん】
自衛官の心がまえ、「使命の自覚・個人の充実・責任の遂行・規律の厳守・団結の強化」を覚えるために考案された言葉。艦艇に張っていることもある。

SHIBATA君【しばた・くん】
接岸時に使う防舷物（ゴム製のクッション）のこと。メーカーの「シバタ工業」のロゴ「SHIBATA」が入っていることから、親しみを込めてこう呼ぶらしい。転じて、太っている者のこと。

シャリ番【しゃりばん】
食卓番の通称。科員食堂の準備・片付け、食器洗いの当番。若手の海士が任され、期間は2か月。自衛官は食べるのが早いので洗い場には食器が次々に重なり、ほとんど戦場と化す。

ジュージャン【じゅーじゃん】
「ジュースジャンケン」の略。昼休みや課業終了後に乗員が楽しむゲーム。
「ジュージャンしようぜ!」と誰かが言い出だして参加者を募り、ジャンケンして負けた人が全員分おごる。当然、参加者が多いほど熱戦となる。

巡検【じゅんけん】
当直士官が隊内をまわり、隊員の状態や清掃の状況を点検すること。海自だけで行われている、1日を締めくくる重要な日課。

常用略語【じょうようりゃくご】
「海上自衛隊の部内の通信において使用する常用略語について（通達）」で定められている。例えば、艦長＝カ、副長＝フ、波高＝ハコ、燃料在庫量＝ネザ、貯糧品在庫量＝チョリザ等々、昨今の短縮語の比ではないくらい数多い。

上陸【じょうりく】
許可を得て艦艇から外出すること。一方、時刻遅延など問題を起こした隊員が一時的に上陸を差し止められる軽処分が「上陸止め」。正式な罰則ではないが、精神的な懲罰効果は絶大。

数字の読み方
旧海軍に準じて聞き間違いの少ない読み方をしている。次の通り。
0:マル、1:ヒト、2:フタ、3:サン、4:ヨン、5:ゴ、6:ロク、7:ナナ、8:ハチ、9:キュウ
ただし、8をヤ、20はフタジュウと呼ぶ場合もあ

る。陸自では2をニ、空自では0をゼロと呼ぶ場合もある。

スマートで 目先が利いて 几帳面 負けじ魂 これぞ艦乗り【すまーとで・めさきがきいて・きちょうめん・まけじだましい・これぞふなのり】
旧海軍からの伝統精神を表現する標語のひとつ。「シーマンシップの心得」とも言う。

洗身室【せんしんしつ】
風呂場のこと。扉はなく、カーテンで仕切られている。

総員離艦安全守則【そういんりかんあんぜんしゅそく】
総員離艦とは艦が沈没する際などの緊急時に、総員に出される最悪にして最後の命令。艦艇には助かるための7か条が刻まれたプレートが必ず貼られている。

1　あわてるな。
2　衣服を着用せよ。
3　救命胴衣を装着せよ。
4　早く艦から遠ざかれ。
5　集団を作れ。
6　無理な泳ぎはするな。
7　水中爆発及びサメに注意せよ。

真面目な乗員は課業終了後、4番目を遵守し、そそくさと帰宅するらしい。

そうふ
長い柄の先に束ねたヒモがほうきのように束ねられた掃除道具。教育で取り扱いを徹底的に仕込まれ、これを使いこなせれば海上自衛官として一人前。

た行

台風【たいふう】
教育期間中、清掃や整理整頓が行き届いていないと判断されたときに教官が戒めに行う儀式。布団などは室外に放り出され、ロッカーは倒れ、物は散乱し……と、台風通過後のように荒れ果てた状態となることから。

台風避泊【たいふうひはく】
台風が接近し、係留したままだと艦に影響があると認められる場合、緊急出港して安全なところまで避難すること。独身者はデートの予定が流れ、既婚者は災害時に一家の主がいないという状況になる。

立付【たてつけ】
一般で言う予行演習。儀式等に備えてさまざまな調整を実施する。

中掃除【ちゅうそうじ】
一般的には年に一度の大掃除に対して半年、もしくは季節ごとの掃除などを指すが、海自では艦艇の一般公開前などに行う。

てーっ!
本来は「撃てーっ!」だが、「う」がどこかへいってしまっている。「魚雷発射用一意!てーっ!」など。ほかにも「げーっ!」(揚げ)、「たーぃ!」(分隊整列)、「ぎょーっ!」(課業整列)などもある。

ディーゼルスメル
潜水艦特有の臭いのこと。ディーゼルエンジンの燃料やオイルに艦内の生活臭が混ざったもので、体に染みついてなかなか落ちないらしい。

伝統墨守 唯我独尊【でんとうぼくしゅ・ゆいがどくそん】
海上自衛隊の気質を表す言葉。かつて米海軍も好敵手として一目置いていた、旧海軍の良き伝統を受け継ぐ組織としての自負を表したものとか。ちなみに陸自は「用意周到 動脈硬化(頑迷固陋)」、空自は「勇猛果敢 支離滅裂」。

な行

ねんじけんさ【ねんじけんさ】
年に1回行う艦艇の車検のようなもの。ドック入り前には錆打ち、錆止め、色止め、再塗装など仕事は多いが、その後は休暇が待っている。

は行

ハンモックナンバー
幹部候補生学校の卒業成績(先任順位)。かつて兵員が使用するハンモックに書かれた番号に由来。遠洋練習航海で実習員(初任幹部)の認識番号として使われる。海自の場合はその後の昇任を左右する重要な番号だとされる。

艦【ふね】
海自では「艦」と書いて「フネ」と読む。

浮遊物【ふゆうぶつ】
艦艇で出される味噌汁の具。出港直後は生鮮品が浮かぶが、長期航海で生鮮品が減ってくるとタマネギやジャガイモなどになり、最終的に減ってくる。

ベタ金【べたきん】
将官(将補、将)のこと。階級章が縞ではない金色の帯であることからこう呼ばれる。曹士にとっては雲の上の存在。

防衛大学校 第1学年護衛艦訓練見学【ぼうえいだいがっこう・だいいちがくねんごえいかんくんれんけんがく】
まだ陸海空の要員分けが行われていない防大1年生に対して行う丸1日の体験航海。この体験が進路選択の判断のひとつとなるので、海自側は海のロマンをアピールし、金曜日でなくてもカレーを用意してリクルート活動に全力をあげる。ただし荒天でガブった年次は船酔いによって海上要員を志望する学生が激減するらしい。

帽振れ【ぼうふれ】
卒業式や退艦・退職行事の際に互いに帽子を振って行う別れのあいさつ。右手で反時計回りに回す。「もう帰ってくるな」「二度と来るか」というときは気合いを入れて回すらしい。

保健行軍【ほけんこうぐん】
心身を鍛えるために山に登ったり、長い距離を歩いたりする訓練。一般的には「遠足」とも言う。

ホームスピード
航海が終わって帰路を急ぐこと。いかに早く帰港して乗員を上陸させるかが士気に影響する。

ま行

マーク
隊員一人一人が持つ特技(特定技能)のこと。一般的には「手に職」のようなもの。大きく分けて「攻撃要員」「船務要員」「機関要員」「補給要員」「衛生要員」「航空要員」があり、細かくは約50種類ある。教育は術科学校で行われる。

満艦飾【まんかんしょく】
観艦式、自衛隊記念日、広報、国際親善などの際に実施する旗の掲揚。護衛艦では艦首からメインマスト、その他のマスト、艦尾を結ぶ線と、船体、艦橋、煙突及びマストを浮き出す線に信号旗を連揚する。なお夜間には電灯艦飾も行われ、この際は1m間隔で白色電球が点灯される。どちらも一見の価値あり。

や行

行き脚【ゆきあし】
海航行中の艦が出している速度。または、物事に積極的に取り組もうとする姿勢。

用具収め【ようぐおさめ】
訓練や作業などが終了したことを意味する号令。転じて撤収するときの言葉。「酒がなくなったから、宴会、用具収め」。陸自では「状況終わり」。

宜候【ようそろ】
航海用語で船を直進させること。旧海軍および海自では「了解」という意味で復唱される。発声は「よーそろー」で、「よろしくそうろう」が変化したもの。ただしCIC(戦闘指揮所)では英語で「Roger」となる。

ら行

ラッタル
狭い艦内を極限まで有効活用するために設計された階段。角度が非常に急でほぼ梯子である。降りる際は、右手が逆手で上、左手は順手で下の手すりを持つのが正しい。

両舷灯【りょうげんとう】
航行中の船舶の進行方向を他船に知らせるための色灯。右舷が緑灯で左舷が赤灯。転じて、勤続表彰で授与される防衛記念章(10年は赤、25年は緑)から、艦艇では勤続25年以上のベテラン隊員を指す。ちなみに自衛隊全体では10年は「赤いきつね」、25年は「緑のたぬき」と呼ばれる。

レッコ
もともとは舫を放ったり、錨を入れるときの号令「Let's go!」が由来だが、物を放つことから、それが転じて「捨てる」という意味になった。古くなったものなどを捨てるとき「レッコしよう」などと使う。

海自最大のヘリコプター搭載護衛艦

いずも

DDH-183

配備完了

DDH-183「いずも」
■基準排水量:約19,500t ■主要寸法:全長248m×幅38m×深さ23.5m ■主機関:COGAG形式ガスタービン4基2軸 ■出力:112,000馬力 ■速力:30kt ■乗員数:約470名（便乗者含めると約970名）■主要装備: 対空（三次元）レーダー、水上レーダー、航海レーダー×各1基、ソーナー装置、電子戦装置、情報処理装置×各1式、高性能20mm機関砲（CIWS）×2基、対艦ミサイル防御装置（Sea RAM）×2基、魚雷防御装置×1式、哨戒ヘリコプター×7機、輸送・救難ヘリコプター×2機、貨油×3,300kl、3.5tトラック×約50両

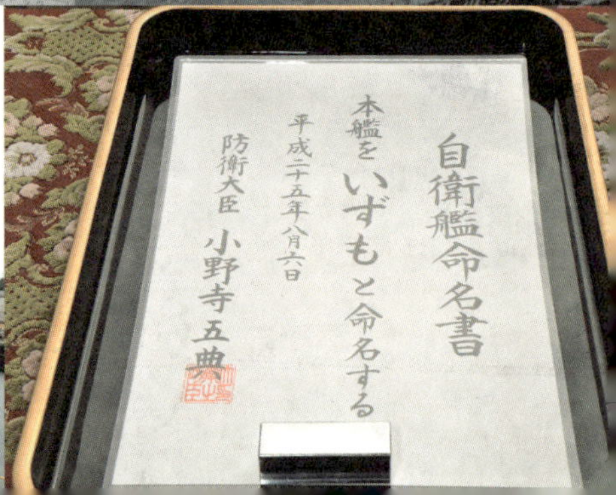

ヘリコプター搭載護衛艦「しらね」の代替艦として計画された、いずも型護衛艦のネームシップ（一番艦）。2010（平成22）年度予算に基づいて建造されたことから、2013（平成25）年8月6日の命名・進水式で「いずも」と命名されるまでは「22《ふたふた》DDH」と呼ばれた。所要経費（予算額）は約1,139億円。2015（平成27）年3月25日に、横須賀地方隊へ配備された。

船体は、先行して配備されたひゅうが型の発展型として大型化を図り、全長は248メートル、基準排水量は19,500トンと海自最大規模。航空機は哨戒ヘリコプター7機、輸送・救難ヘリコプター2機が運用でき、サイドエレベーターやサイドランプ（扉）を装備しているため、陸自の3.5トントラック約50両を輸送することが可能だ。貨油も3,300キロリットル（護衛艦約3隻分）搭載できるので補給艦としての機能も持ち、艦内には手術室や医療用ベッドなども備えている。さらに多目的区画には、オペレーションの司令部機能として電子会議装置も整備されている。

もうひとつ、この艦を特徴づけているのは兵装だ。「いずも」では、必要最小限の個艦防衛を目的とした近接防空火器システムの高性能20mm機関砲（CIWS）を2基と、近接防空ミサイルのSea RAMを2基装備するのみ。護衛艦では標準装備といえる対潜用の短魚雷発射管すら装備されていない。他方、敵魚雷の音響センサーをFAJジャマーで妨害し、目標を見失った魚雷をMODデコイへ誘導して誤爆させる魚雷防御装置や、広範囲の敵・味方機の位置を把握して味方パイロットの戦闘を支援するESMおよび電波妨害装置ECMなどの電子戦装置を搭載し、ソフトキルの能力を高めている。

これらのことから、「いずも」は艦隊と行動を共にし、有事、国際平和協力活動、大規模災害などにおいては輸送、補給、医療活動などのプラットホーム機能に徹する「洋上基地」といえるだろう。なお、同型艦がもう1隻整備される。

超精密ペーパークラフト

水に浮く!!

1/350スケール いずも型護衛艦

22DDH Izumo-class helicopter destroyer

いずも型護衛艦は、先行して建造されたひゅうが型（16/18DDH）をもとに大型化し、航空機の運用機能などを強化したヘリコプター搭載護衛艦のひとつ。
ペーパークラフトでは、そのいずもを1/350スケールで立体化。また、単に立体化しただけではなく、いくつもの特徴を持たせている。詳しくは、各ポイントの紹介部分を読んでほしい。

※耐水性については保証できかねますので、各自の責任のうえでの判断をお願いします。

※本ペーパークラフトは海上自衛隊の監修を受けていません。2013年8月6日に行われた命名・進水式の模様をもとに、編集部で就役時の外観を予想したものです。

POINT 1
船体下部は耐水紙を使用

本ペーパークラフトは、その名の通り紙製だ。しかし、船体下部に限っては耐水ペーパーを採用しているため、ペーパークラフトでありながら「水に浮く」ことができる。

もちろん、プラスティック製モデルとは異なり「完全に」水を防ぐことはできないが、数時間程度までであれば水に浮かべて写真を撮影できるのだ。

POINT 2
可動式第1エレベーター

船体中央、甲板部分にあるエレベーターは、船体内部へ下降させられる。ここには、艦載機「オスプレイ」の翼を折りたたんで載せ、船体内部へと収納させることもできる。

オスプレイがすっぽりと収まるサイズになっている

耐水紙を使ったテストの模様

本ペーパークラフトの開発時には、耐水ペーパーを使った試作品を使って実験を行った。実験では、24時間以上連続で浮かべておいても浸水などは発見されなかった。

ただし、水に浮かべる場合には、ペーパークラフトの組立に木工用ボンドではなく、水に強い接着剤を使うことをお勧めしたい。

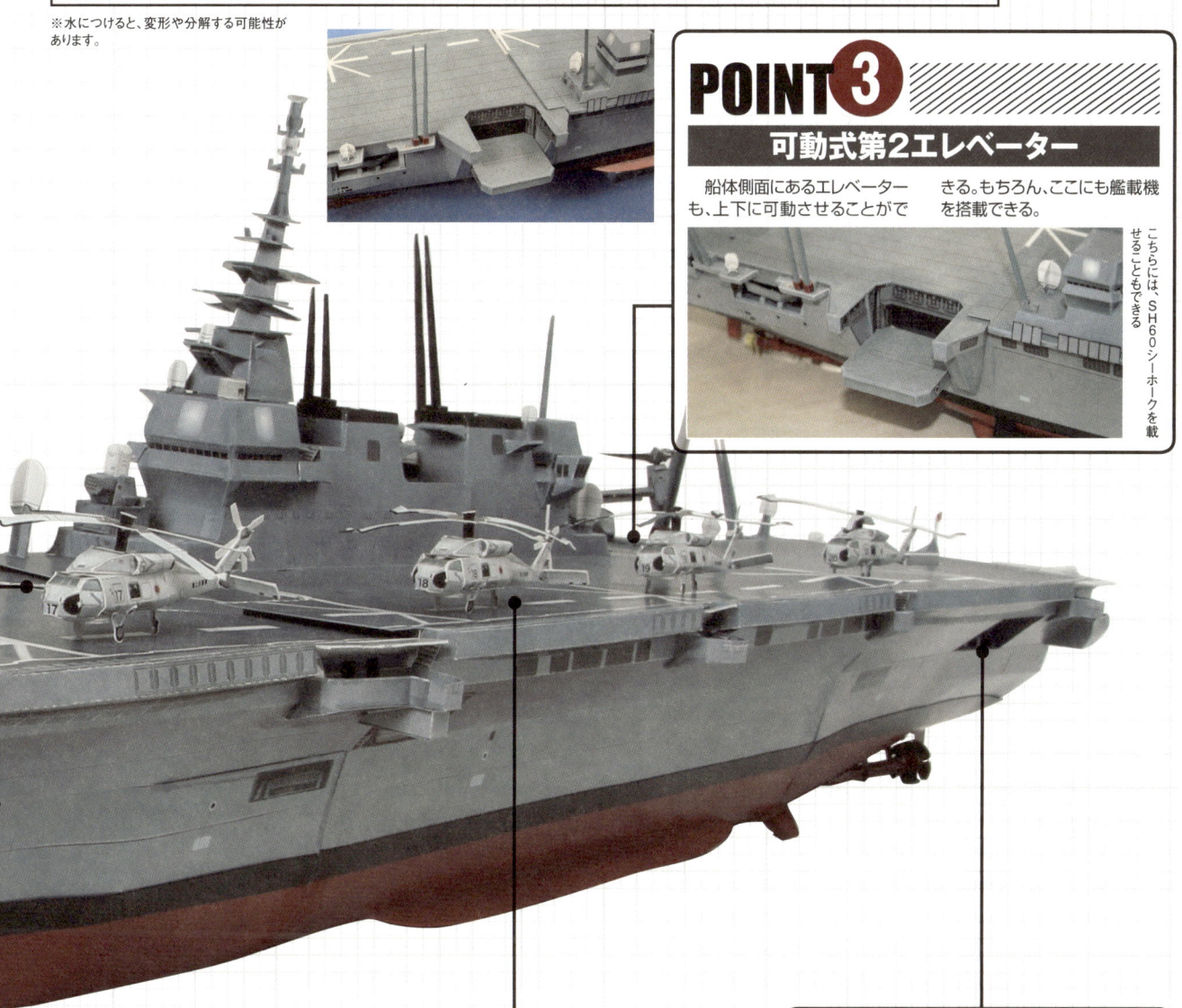

実験開始。浸水状態がわかりやすいよう、緑色に着色した水の上に浮かべている

24時間経過。特に浸水などは見られなかった。まだ耐えられそうだ

※水につけると、変形や分解する可能性があります。

POINT 3
可動式第2エレベーター

船体側面にあるエレベーターも、上下に可動させることができる。もちろん、ここにも艦載機を搭載できる。

こちらには、SH60シーホークを載せることもできる

POINT 4
充実した艦載機

ペーパークラフトには、いずも型護衛艦だけではなく、艦載機としてSH60シーホーク（4機）と、V-22オスプレイ（1機）も添付している。最大で、5機の艦載機を甲板上に並べてディスプレイすることができる。

SH-60シーホークは、ローターが回転するようになっている。オスプレイは、ローターがティルトする

自衛隊は未採用だが特別に、V-22オスプレイの米海兵隊・隊長機カラーもついている

POINT 5
取り外せる救命艇

艦尾に取り付けてある救命艇は、取り外すことができる。艦載機と組み合わせて、さまざまな場面を再現するのに役立つはずだ。

艦尾に取り付けてある救命艇は、いずもから取り外して飾れるようになっている

超精密ペーパークラフト
水に浮かぶ
「1/350スケール 護衛艦いずも」
の組み立て手順

準備するもの

□カッター　□定規　□木工用ボンド（速乾タイプが便利）　□瞬間接着剤　□両面テープ（5mm幅タイプが便利）　□竹串4本（ボンドを塗る用1本とアンテナ用3本）　□つまようじ10本（CIWS2本、V-224本、SH60K4本）　□セロハンテープ　□ピンセット（先のとがったものが便利）　□段ボール　□工作マット　□カラーペン各色（紙の断面を塗る場合）　□単1形電池2個（水に浮かばせる場合）

基本的な作り方　下記の工程を基本的な作り方として組み立てていきます。

1 パーツリストページを参考に、山折り・谷折りに注意しながらしっかりと折り目を付けます。
2 貼り合わせる前に、どことどこののりしろを貼り合わせるのか仮り組みします。
3 ◆ののりしろ全体（白い面）に伸ばすようにボンドを付けて説明書に従いながら貼り合わせます。
4 ボンドが乾くまでしっかりと押さえます（細かい箇所などはピンセットを使いしっかりと押さえます）。
5 紙の断面が白く目立つ箇所を、同系色のカラーペンなどで塗るとより綺麗に仕上がります。

水に浮かべる場合の注意点

本製品は艦底（黒いライン）から下の部分（シートNo.1、2、3、11ページ）が耐水紙を使用しているので水に浮かばせる事が可能です。ただし、下記の注意点に従って浮かばせて下さい。
1 念のためにシートNo.1、2、3、11ページを厚紙にコピーしておきます。
2 部品と部品の接合面を木工用ボンドもしくは耐水性のセメダインなどで目張りする。
（表面は耐水加工を施してはおりますが、紙の断面は通常の紙と同じなので水が染みこみます。）
3 スクリューは、水に浮かばせる場合は取り付けない。
4 1時間以上浮かばせる事は可能ですが、浮力によって組み立てたペーパークラフトが歪んでくる可能性があるので、15分程度を目安に浮かばせた後はよく乾かす。

下準備　組み立てる前に下記の工程を各項事に各パーツに施します。

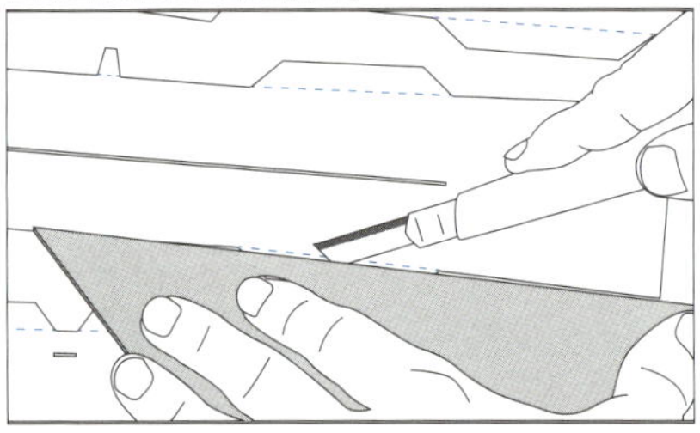

1 部品を切り取る前に、あらかじめカッターの背中などで、折り線に沿って定規を当てながら綺麗に折るために折り筋を付けます。カッターを斜めに寝かせて引くと印刷面に傷が付きにくいです。

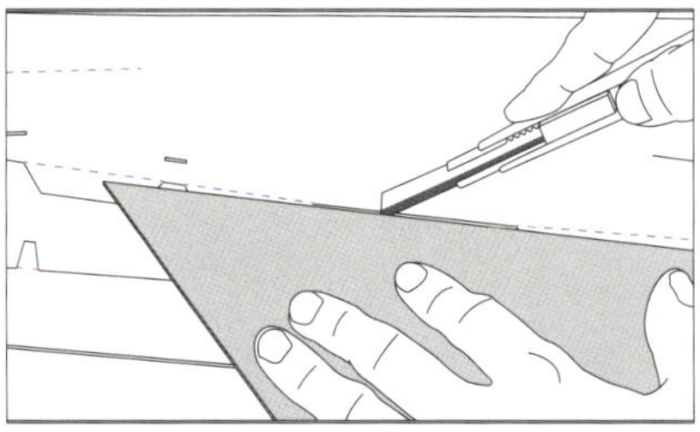

2 各パーツを順番に一つずつ慎重に切り取り線に沿って定規を当てながらカッターで切り取ります。切り出した部品の裏面にパーツ番号を書いておきます。

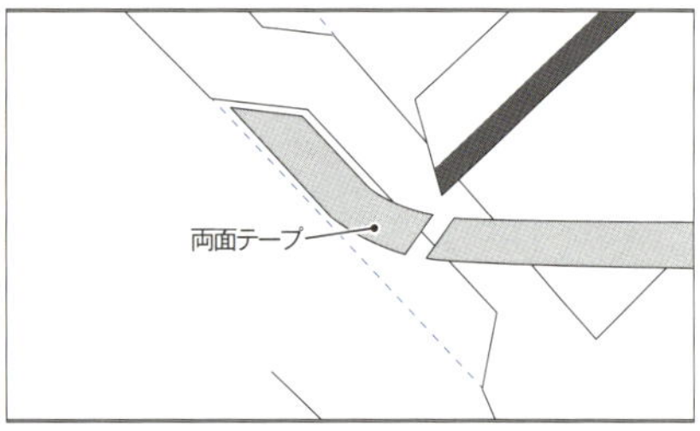

3 両面と書かれたのりしろは、あらかじめのりしろの大きさに合わせて、両面テープを切って貼っておきます。裏両面と書かれたのりしろは、のりしろの裏側に両面テープを貼ります。何も書かれていない◆と文字ののりしろはボンドで接着します。

⚠取り扱い・使用上のご注意
※本製品をご使用前に必ずお読みください。

対象年齢：15歳以上

●火のそばに近付けたり、小さなお子様が誤って飲み込まないように注意してください。
●本製品の対象年齢は15歳以上です。お子様単独での使用はおやめください。
保護者様の管理のもとでのご使用をお願いします。
●組み立て時に手などを切らないように注意してください。
●本来の目的以外に使用しないでください。
●不注意による事故、または本製品の誤った使用による事故について、
当社は一切の責任を負いかねます。
本注意事項をよくお読みのうえ、ご使用ください。
●本製品の無断複写・転載は固く禁じます。

パーツリスト

切り取り線と折り線の位置・部品を探す時の参考にお使いください。

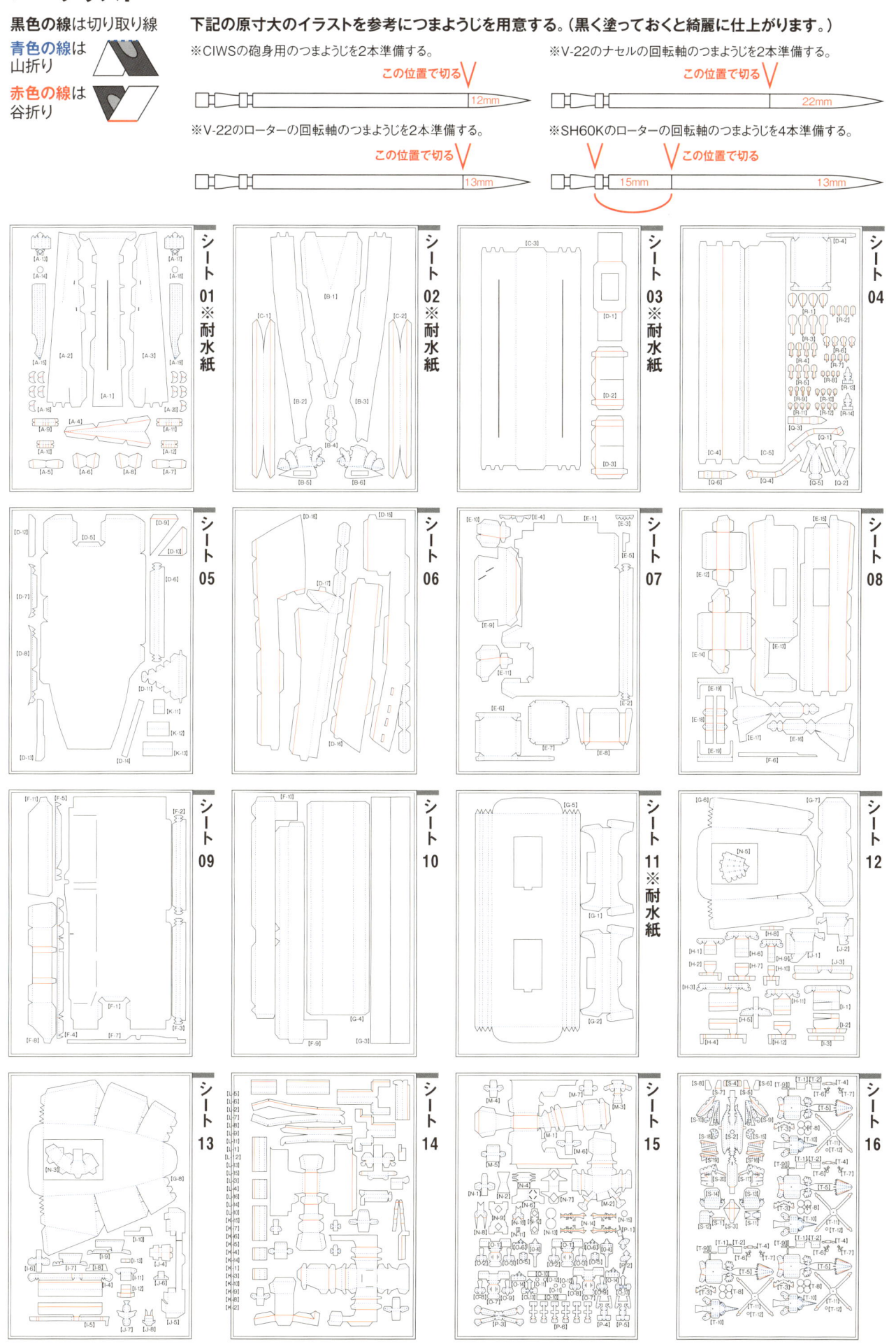

黒色の線は切り取り線

青色の線は山折り

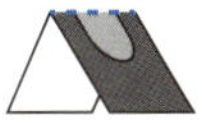

赤色の線は谷折り

下記の原寸大のイラストを参考につまようじを用意する。（黒く塗っておくと綺麗に仕上がります。）

※CIWSの砲身用のつまようじを2本準備する。

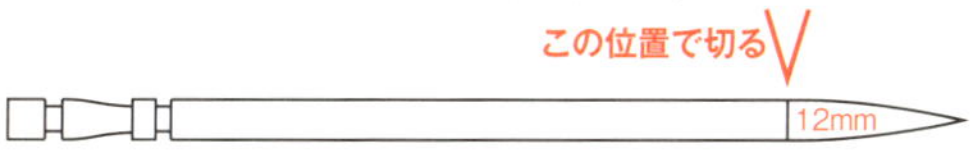

※V-22のナセルの回転軸のつまようじを2本準備する。

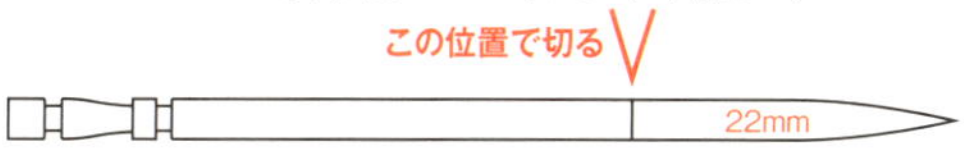

※V-22のローターの回転軸のつまようじを2本準備する。

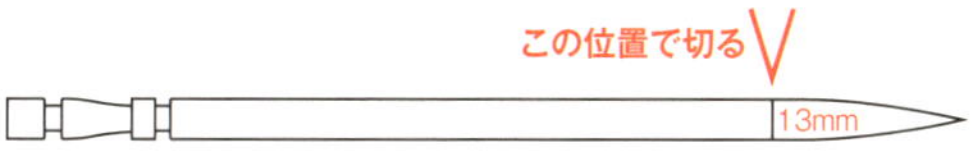

※SH60Kのローターの回転軸のつまようじを4本準備する。

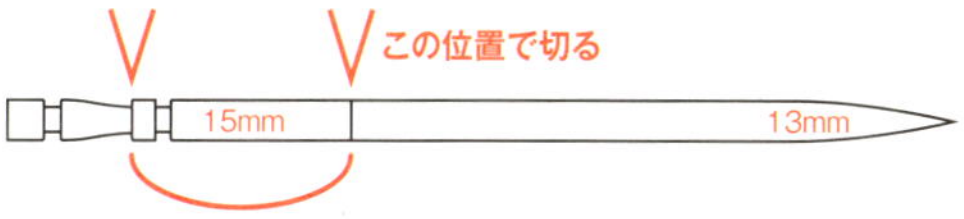

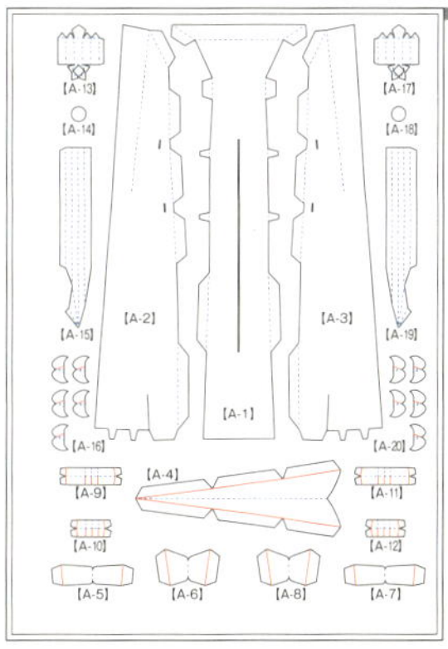

シート01※耐水紙

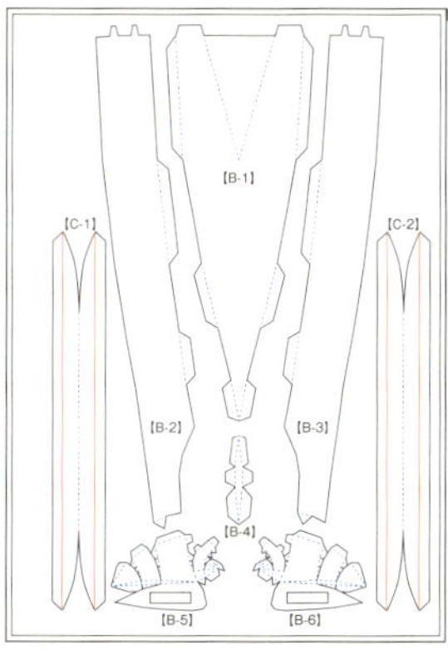

シート02※耐水紙

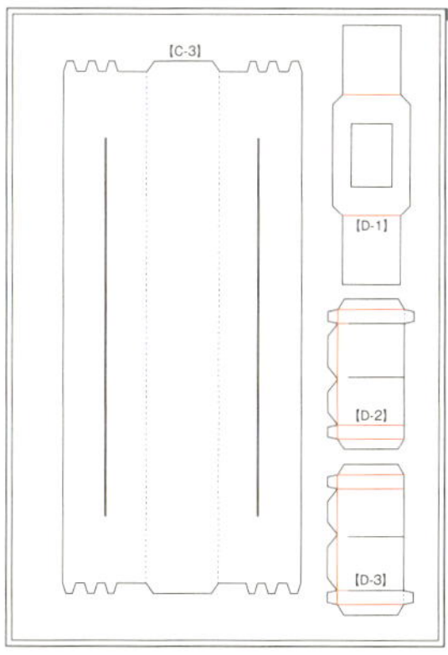

シート03※耐水紙

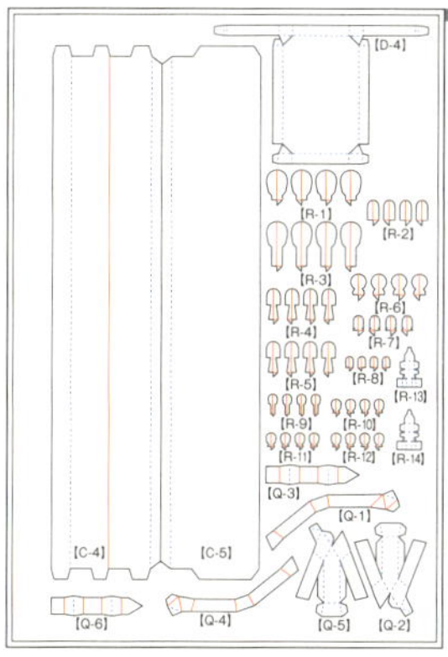

シート04

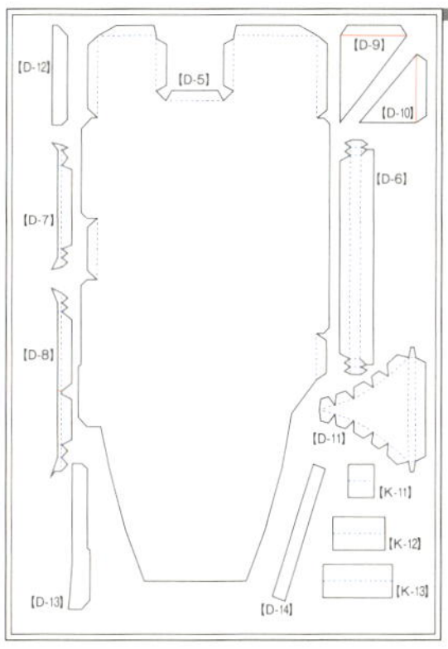

シート05

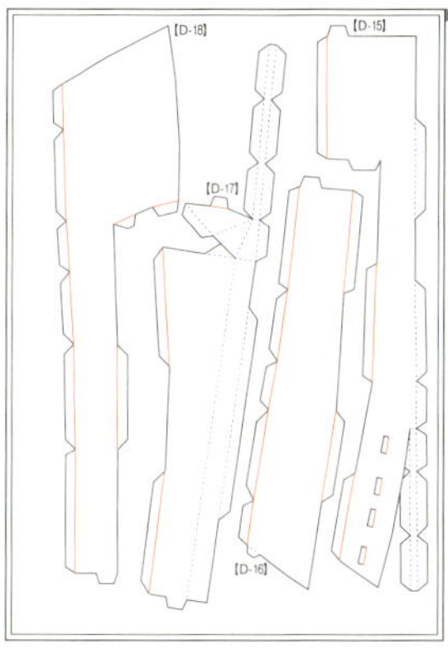

シート06

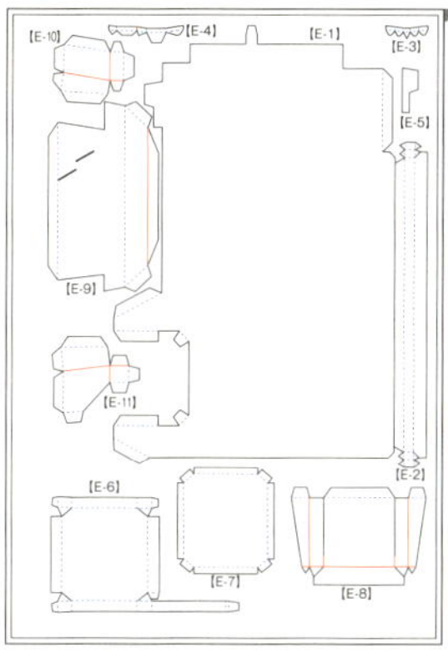

シート07

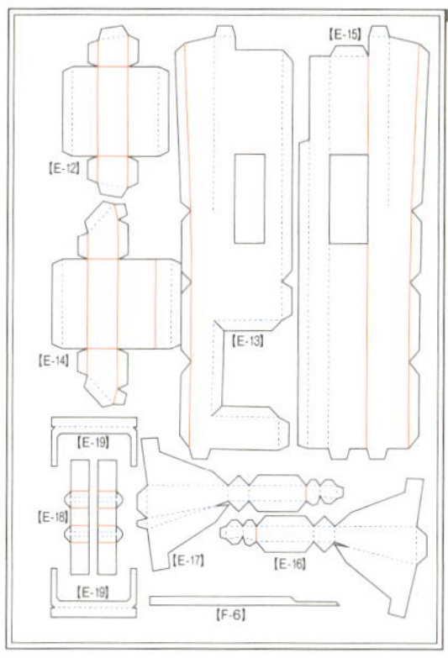

シート08

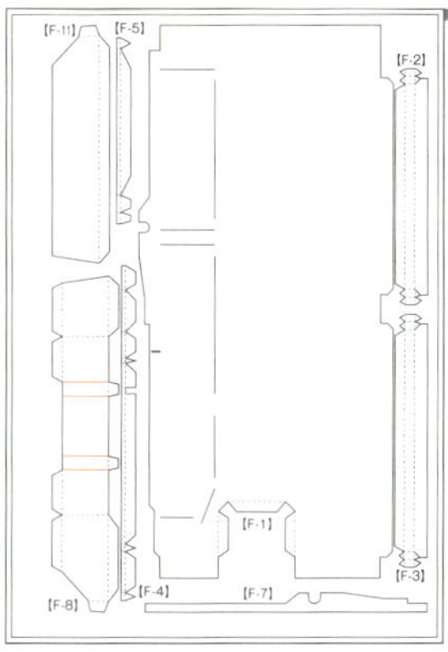

シート09

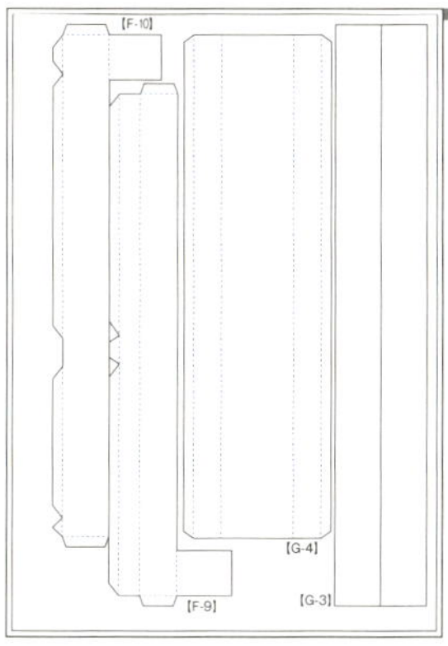

シート10

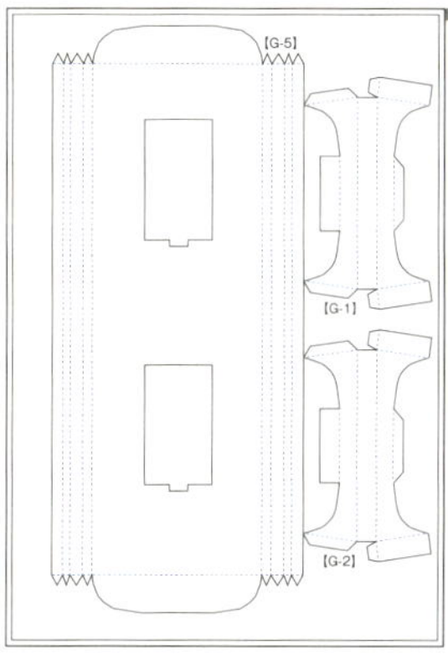

シート11※耐水紙

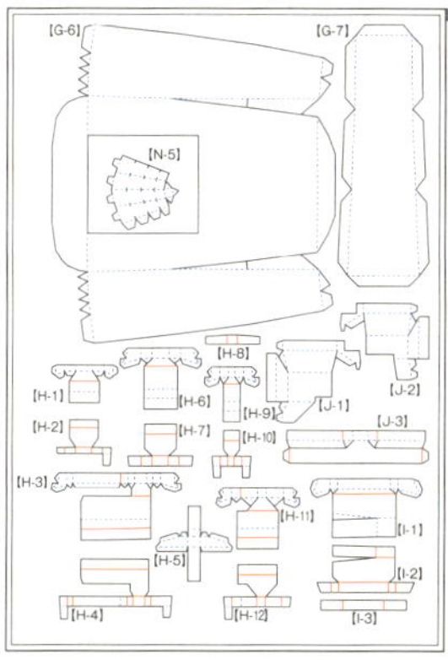

シート12

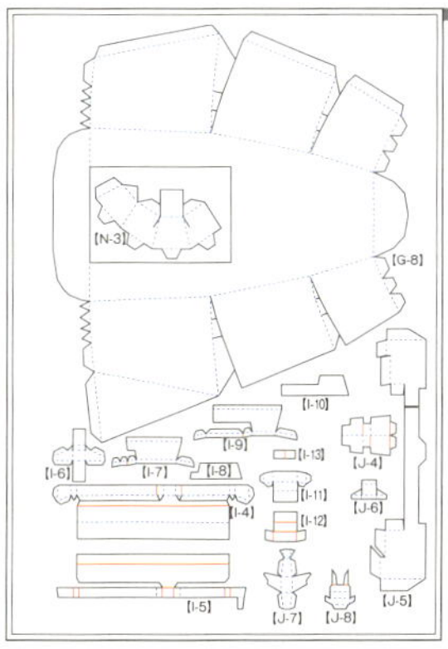

シート13

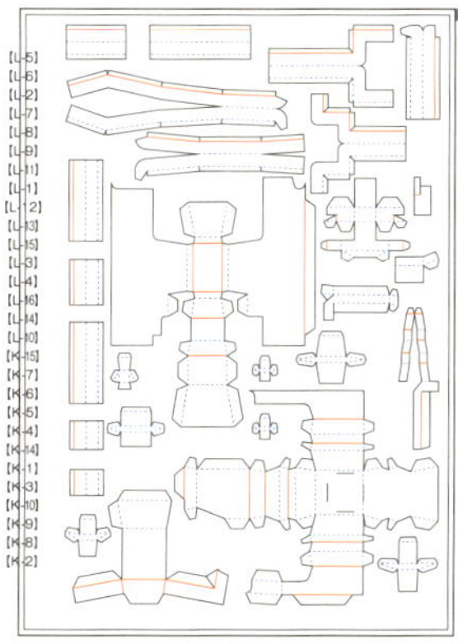

シート14

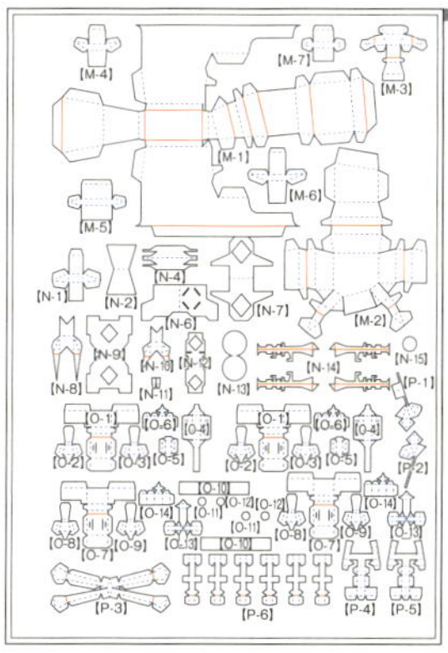

シート15

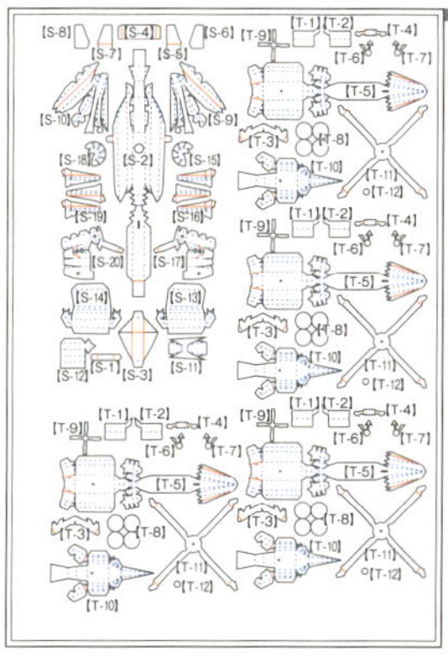

シート16

第1項 艦底（艦尾側）の組み立て

シート01のA-1〜20を基本的な作り方に従って処理します。

1

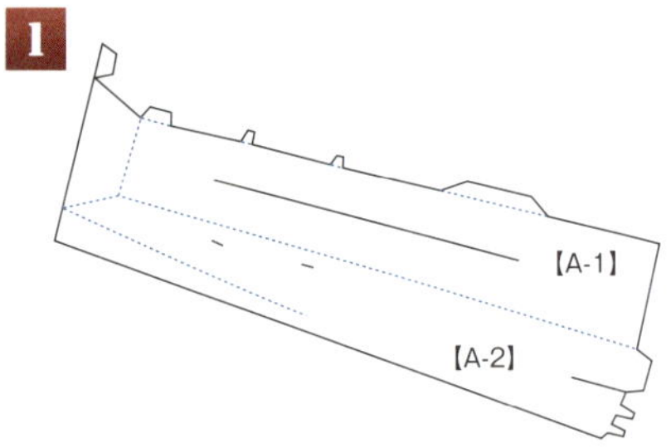

❶A-1とA-2の◆1〜7(両面)を貼り合わせた後、A-3とA-1の◆8〜14(両面)を同じ要領で貼り合わせます。※は内側に折り込むだけで貼り合わせない。

2

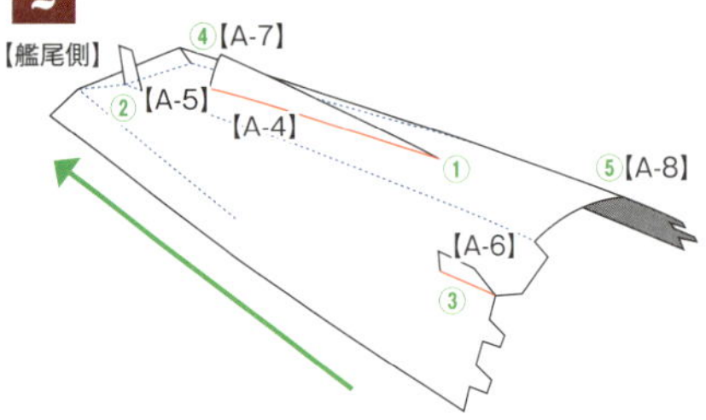

①A-4〜8の部品を半分に折ってから貼り合わせます。(耐水紙は接着しにくいのでしっかりと貼り合わせます。)
②イラストの緑色の○番号を参考に組み立てた部品と同じ番号同士の部品を差し込んで裏側からセロハンテープで固定します。部品を差し込むときに、矢印の向きを艦尾側に向けてから差し込みます。

3

①A-9〜12の部品を半分に折ってから貼り合わせます。(耐水紙は接着しにくいのでしっかりと貼り合わせます。)

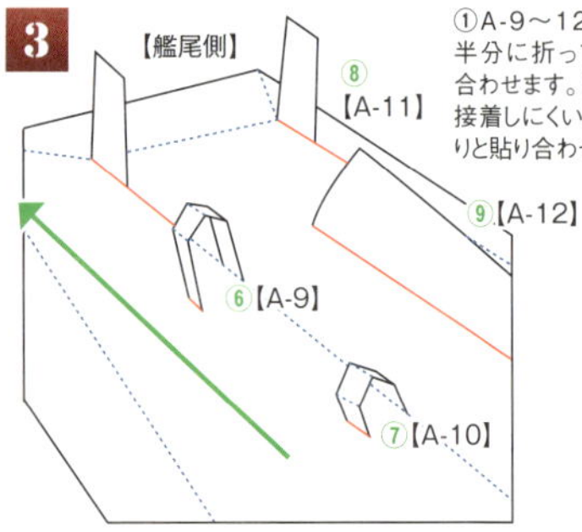

②イラストの緑色の○番号を参考に同じ番号同士の部品を差し込んで裏側からセロハンテープで固定します。部品を差し込むときに、矢印の向きを艦尾側に向けてから差し込みます。

4

①A-13の◆1(両面)を貼り合わせて筒状にしてから、◆2〜5を貼り合わせます。その後、※にボンドを塗ってから内側に折り込んで貼り合わせます。

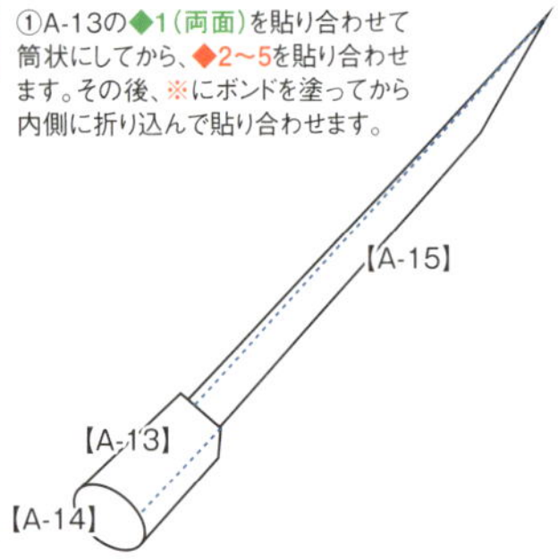

②A-15の◆1、2(両面)を貼り合わせてから、組み立てたA-13の穴の奥にボンドを垂らしてイラストを参考に差し込んで固定します。その後、A-14をあ-1に貼り合わせます。

5

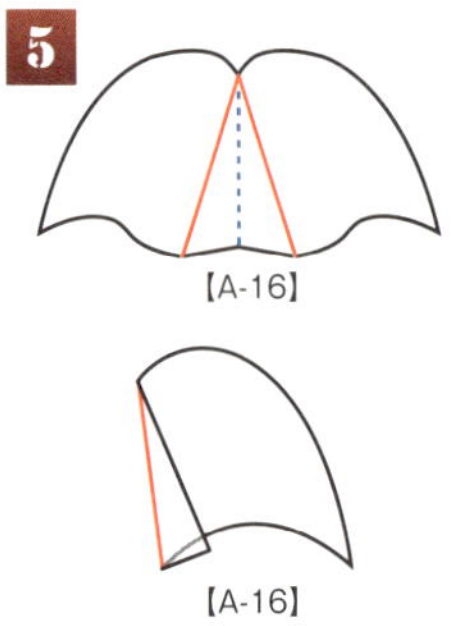

①A-16の部品を半分に折ってから貼り合わせます。(耐水紙は接着しにくいのでしっかりと貼り合わせます。)

6

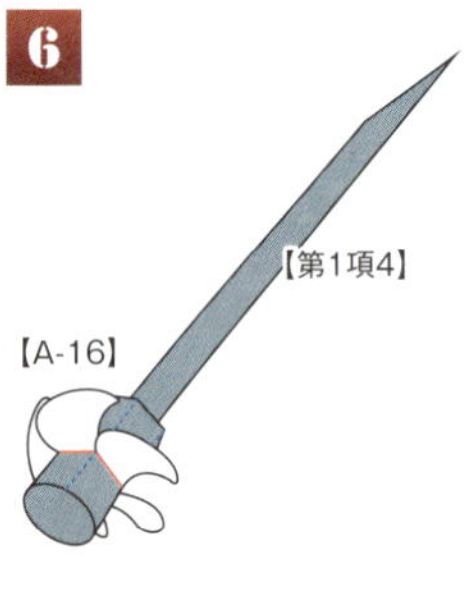

①イラストを参考にA-16の白い三角面ののりしろと、第1項4で組み立て部品の白い三角面ののりしろを瞬間接着剤で貼り合わせます。

7

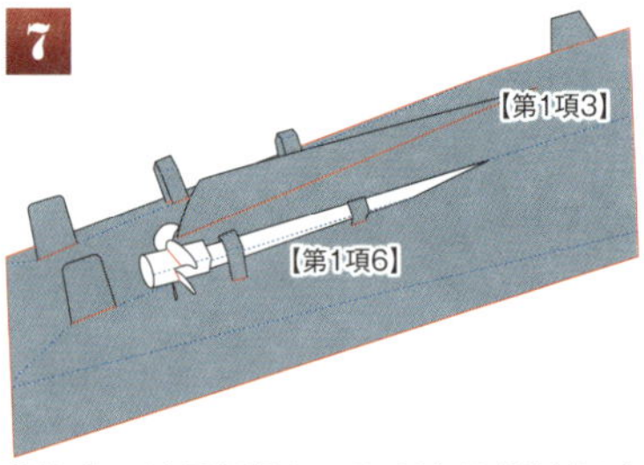

①第1項4〜6と同じ要領で、A-17〜20までの部品を組み立てます。
②組み立てた部品と、第1項3と6で組み立て部品の♧と♣、♡と♥、□と■、♤と♠をそれぞれ合わせて瞬間接着剤で貼り合わせます。
※水に浮かばせる場合は、貼り合わせない。

第2項 艦底（艦首側）の組み立て

シート02のB-1〜6を基本的な作り方に従って処理します。

1

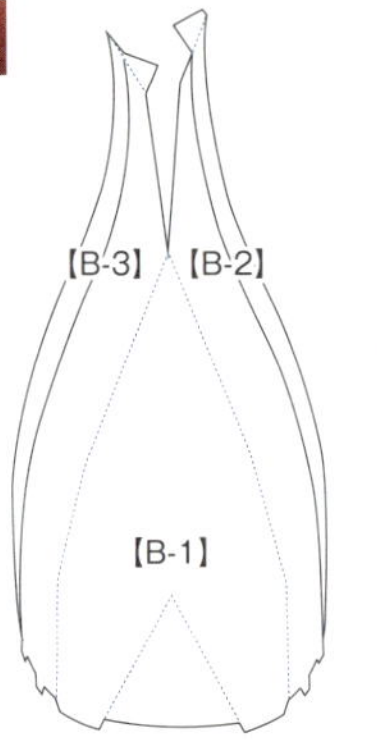

① B-1とB-2の◆1〜5(両面)を貼り合わせた後、B-3とB-1の◆6〜10(両面)を同じ要領で貼り合わせます。

2

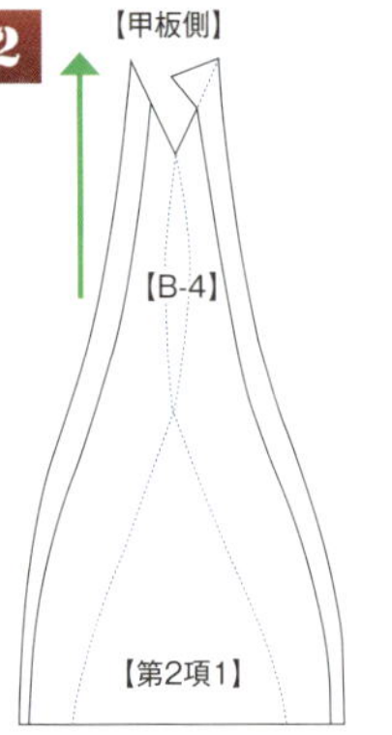

① 第2項1で組み立て部品とB-4の◆11〜18(両面)を矢印を甲板側に向けて貼り合わせます。

3

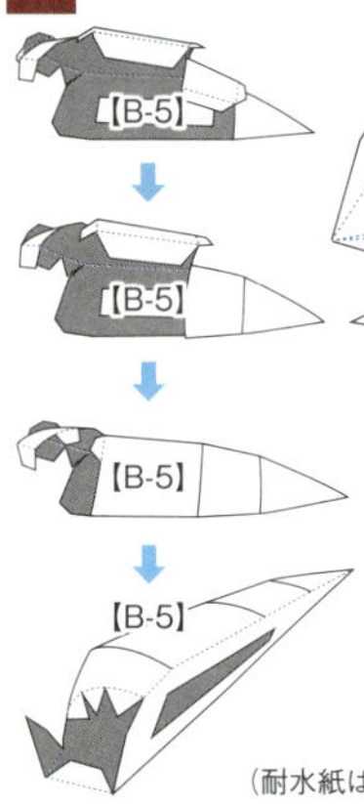

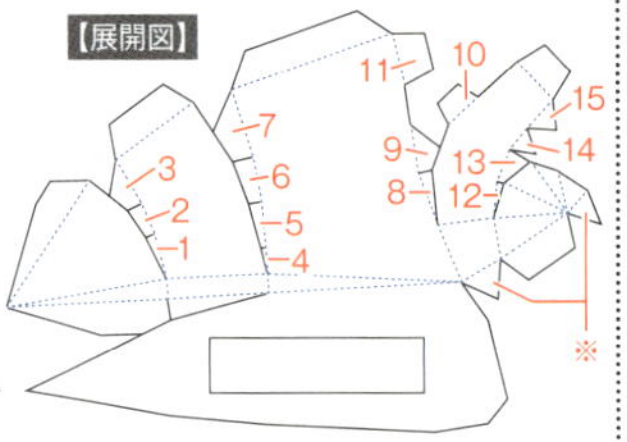

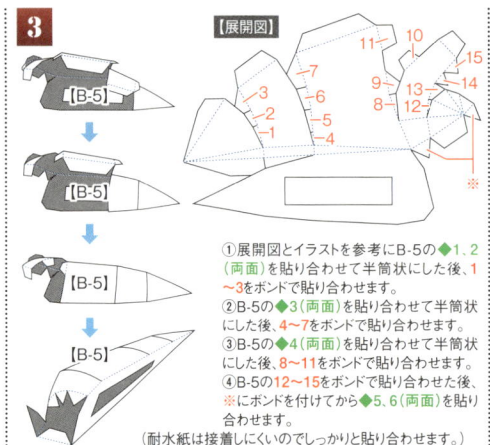

①展開図とイラストを参考にB-5の◆1、2(両面)を貼り合わせて半筒状にした後、1〜3をボンドで貼り合わせます。
②B-5の◆3(両面)を貼り合わせて半筒状にした後、4〜7をボンドで貼り合わせます。
③B-5の◆4(両面)を貼り合わせて半筒状にした後、8〜11をボンドで貼り合わせます。
④B-5の12〜15をボンドで貼り合わせた後、※にボンドを付けてから◆5、6(両面)を貼り合わせます。
(耐水紙は接着しにくいのでしっかりと貼り合わせます。)

4

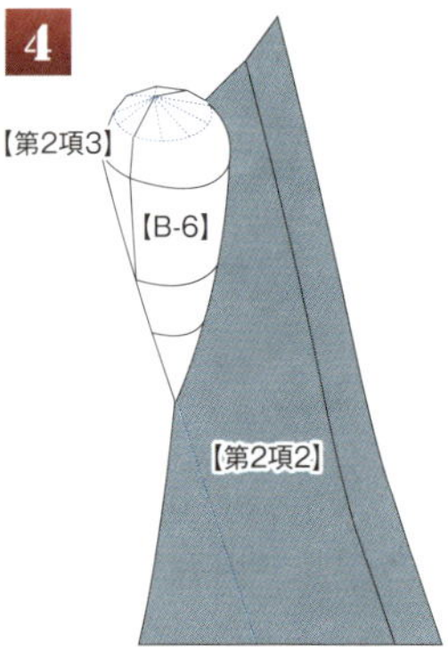

①第2項3と同じ要領でB-6を組み立てた後、い-1とイ-1を文字の天地を揃えて貼り合わせます。
②組み立て部品と第2項2で組み立て部品のい-2とイ-2を貼り合わせます。

第3項 艦底・艦体（中央）の組み立て

シート02のC-1、2とシート03のC-3とシート04のC-4、5を基本的な作り方に従って処理します。

1

①C-1、2の部品を半分に折ってから貼り合わせます。(耐水紙は接着しにくいのでしっかりと貼り合わせます。)

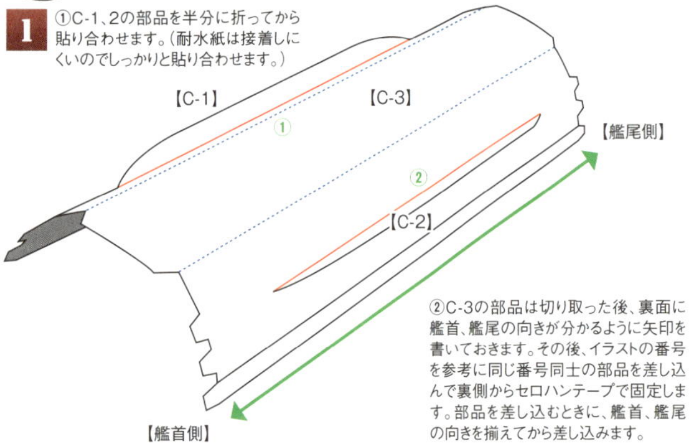

②C-3の部品は切り取った後、裏面に艦首、艦尾の向きが分かるように矢印を書いておきます。その後、イラストの番号を参考に同じ番号同士の部品を差し込んで裏側からセロハンテープで固定します。部品を差し込むときに、艦首、艦尾の向きを揃えてから差し込みます。

2

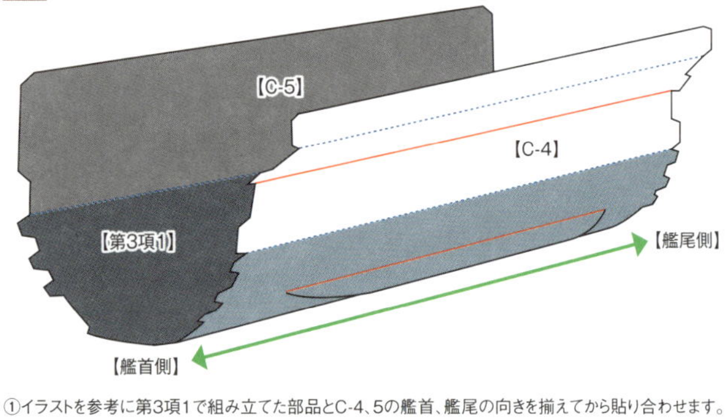

①イラストを参考に第3項1で組み立てた部品とC-4、5の艦首、艦尾の向きを揃えてから貼り合わせます。

第4項 甲板(艦首側)の組み立て

シート03のD-1～3とシート04のD-4とシート05のD-5～13を基本的な作り方に従って処理します。

1

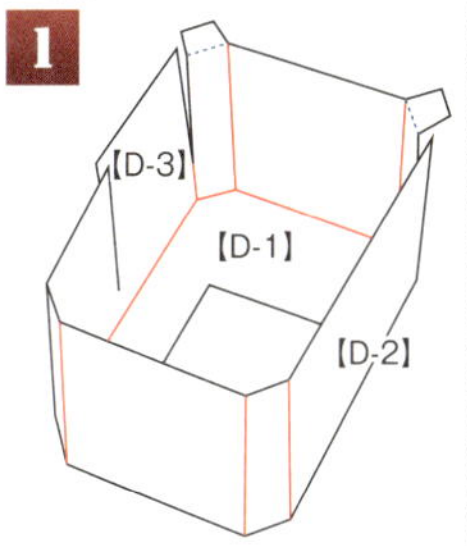

①D-1をD-2の◆1～6(両面)と貼り合わせた後、D-3の◆7～12(両面)をD-1に同じ要領で貼り合わせます。

2

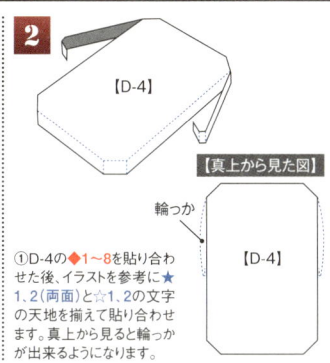

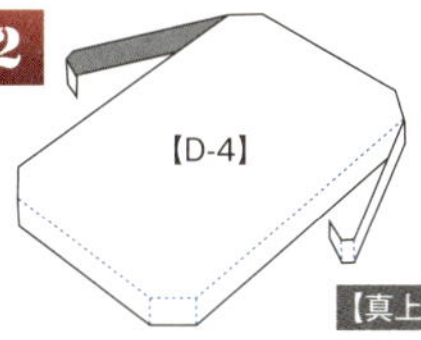

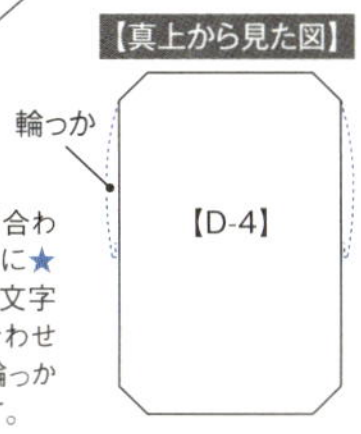

①D-4の◆1～8を貼り合わせた後、イラストを参考に★1、2(両面)と☆1、2の文字の天地を揃えて貼り合わせます。真上から見ると輪っかが出来るようになります。

3

①イラストを参考に第4項1で組み立てた部品の引っかけ口に第4項2で組み立てた部品の輪っかを引っかけて組み立てます。エレベーターが上下する事を確認したら一番下まで下げた状態で置いておきます。

4

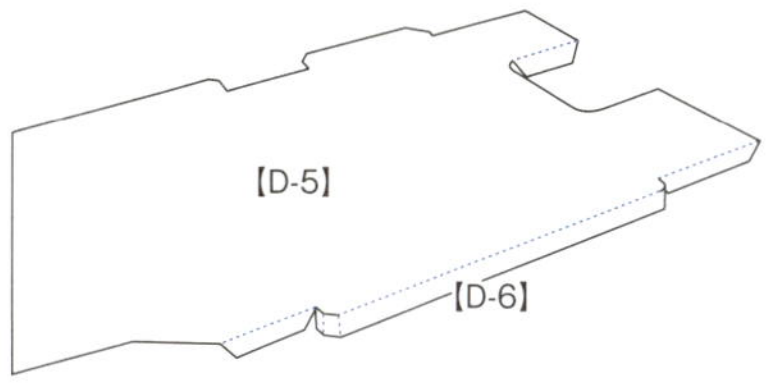

①D-5とD-6を◆1(両面)で貼り合わせてから、◆1～8を貼り合わせます。

5

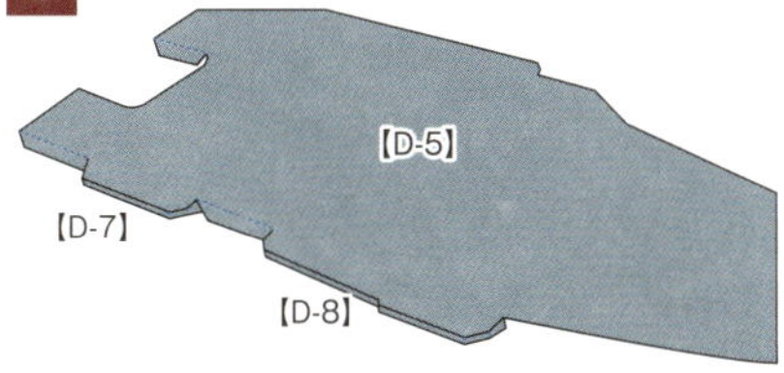

①D-5とD-7を◆2(両面)で貼り合わせてから、◆1～4を貼り合わせます。
②D-5とD-8を◆3、4(両面)で貼り合わせてから、◆1～4を貼り合わせます。

6

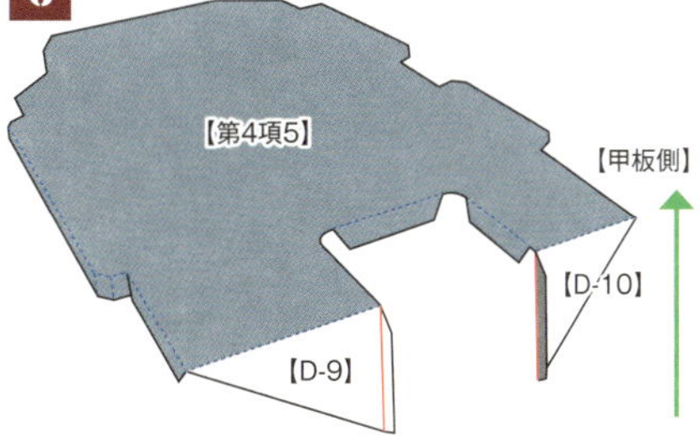

③第4項5で組み立てた部品の◆5、6(両面)とD-9、10を矢印を甲板側に向けて貼り合わせます。

7

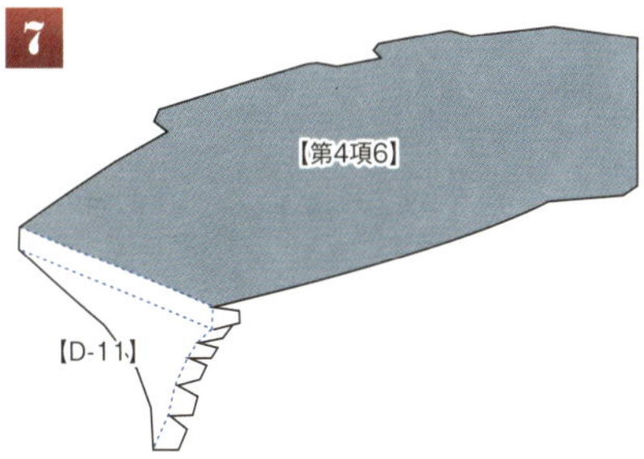

①第4項6で組み立てた部品とD-11の◆7(両面)を貼り合わせます。

8

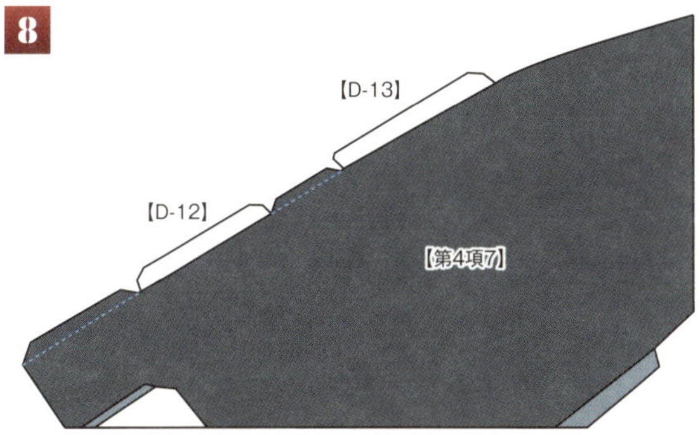

①イラストを参考に第4項7で組み立てた部品の裏側にD-12、13を貼り合わせます。

9

①イラストを参考に第4項8と第4項3で組み立てた部品のエ-1～7(両面)を貼り合わせます。

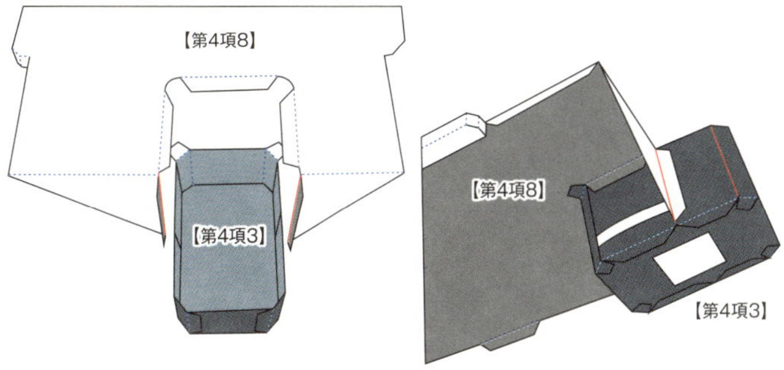

第5項 艦体(艦首側)の組み立て

シート05のD-14とシート06のD-15～18を基本的な作り方に従って処理します。

1

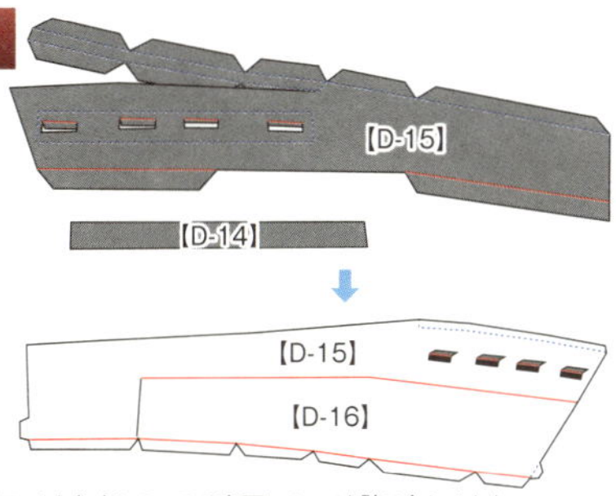

①イラストを参考にD-15の裏面にD-14を貼り合わせます。
②D-15とD-16の◆1～9(両面)を貼り合わせます。

2

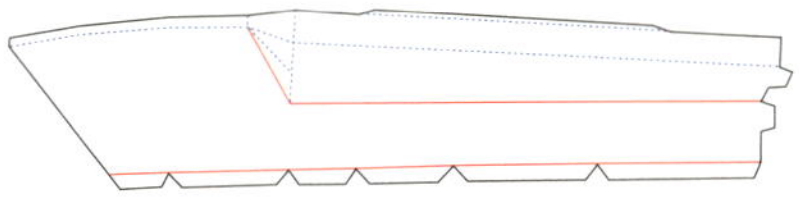

①D-17とD-18の◆1～11(両面)を貼り合わせます。

3

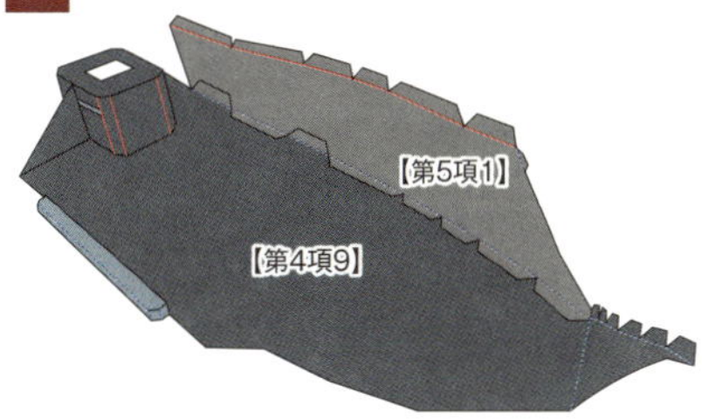

①イラストを参考に第4項9と第5項1で組み立てた部品のエ-8～15(両面)を貼り合わせます。

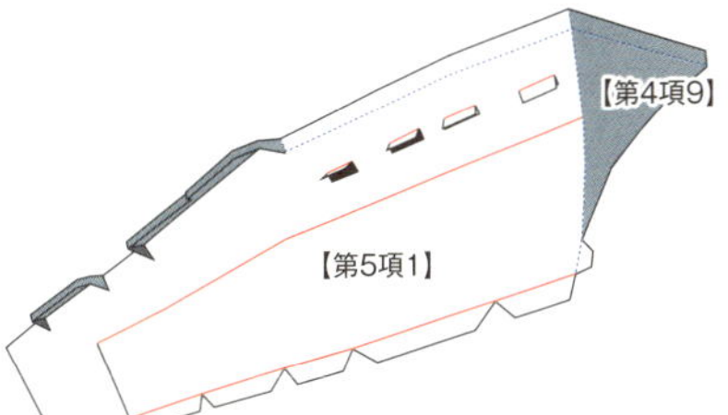

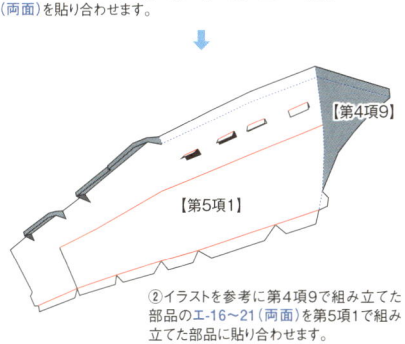

②イラストを参考に第4項9で組み立てた部品のエ-16～21(両面)を第5項1で組み立てた部品に貼り合わせます。

4

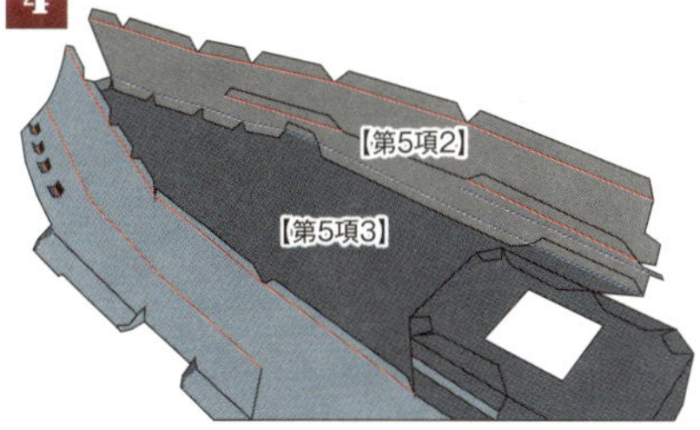

①イラストを参考に第5項2と第5項3で組み立てた部品のエ-22～28(両面)を貼り合わせます。

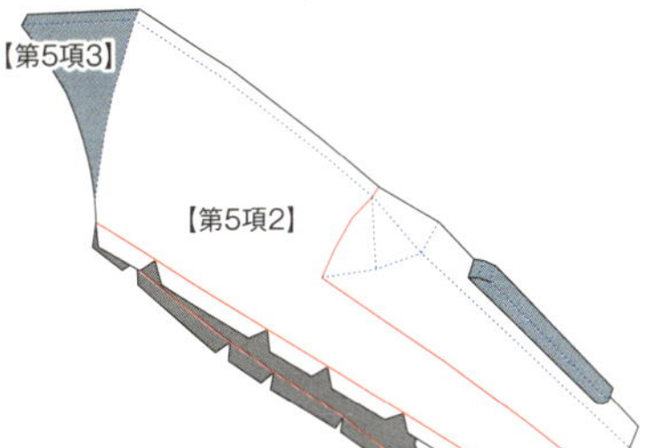

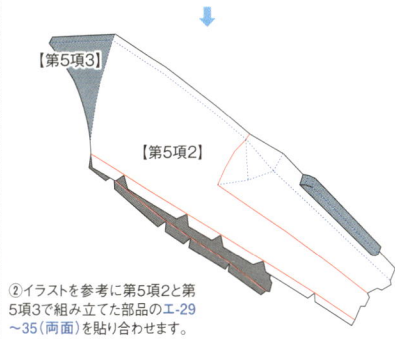

②イラストを参考に第5項2と第5項3で組み立てた部品のエ-29～35(両面)を貼り合わせます。

第6項 甲板(艦尾側)と右舷エレベーターの組み立て

シート07のE-1～8を基本的な作り方に従って処理します。

1

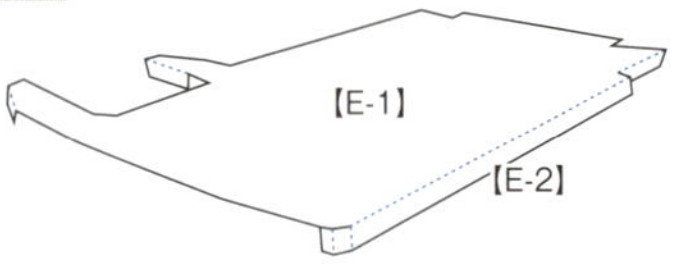

①E-1とE-2を◆1(両面)で貼り合わせてから、◆1～8を貼り合わせます。

2

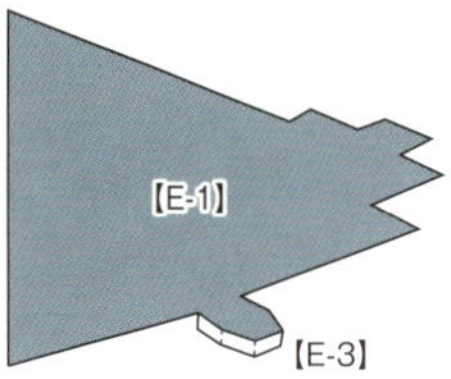

①組み立てたE-1とE-3の※を貼り合わせてから、◆1～4を貼り合わせます。

3

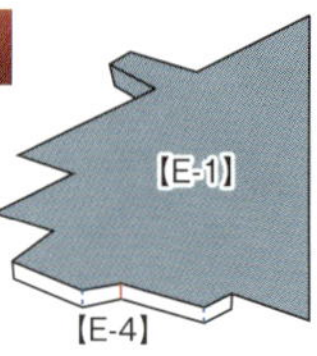

①組み立てたE-1とE-4の◆2(両面)を貼り合わせてから、◆1～4を貼り合わせます。

4

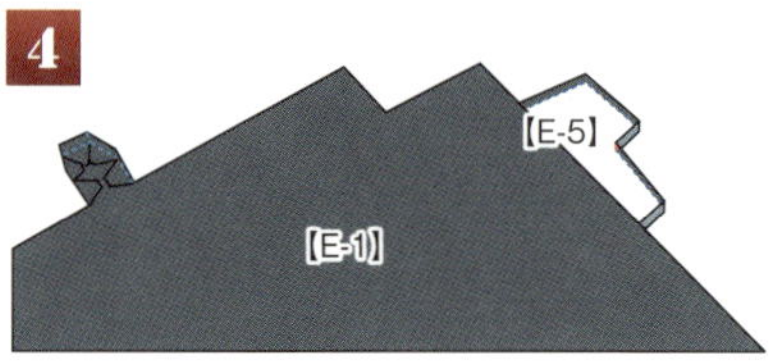

①パーツを裏返しにしてからイラストを参考に組み立てたE-1の裏側にE-5を貼り合わせます。

5

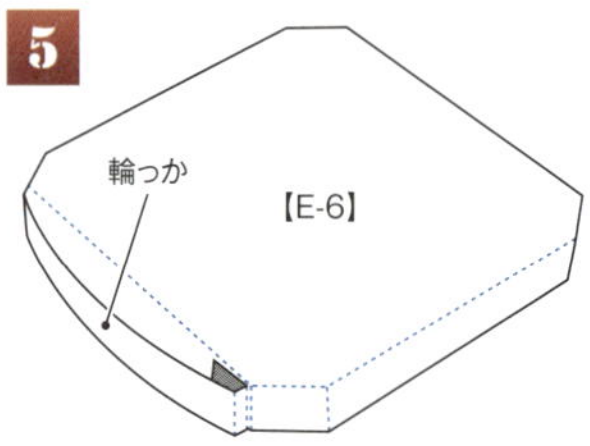

①E-6の◆1～8を貼り合わせた後、イラストを参考に★1(両面)と☆1の文字の天地を揃えて貼り合わせます。真上から見ると輪っかが出来るようになります

6

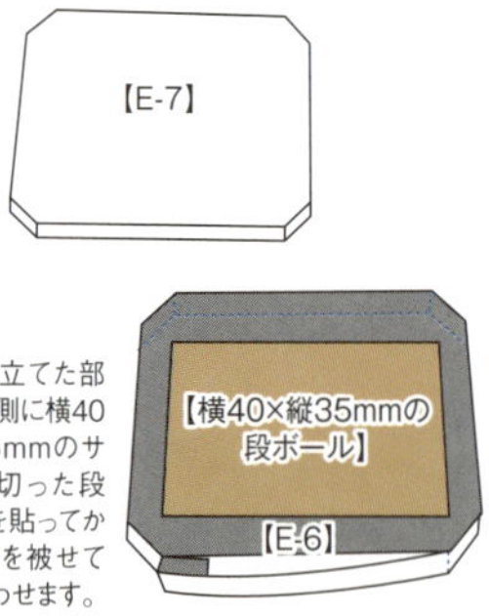

①組み立てた部品の裏側に横40×縦35mmのサイズに切った段ボールを貼ってから、E-7を被せて貼り合わせます。

7

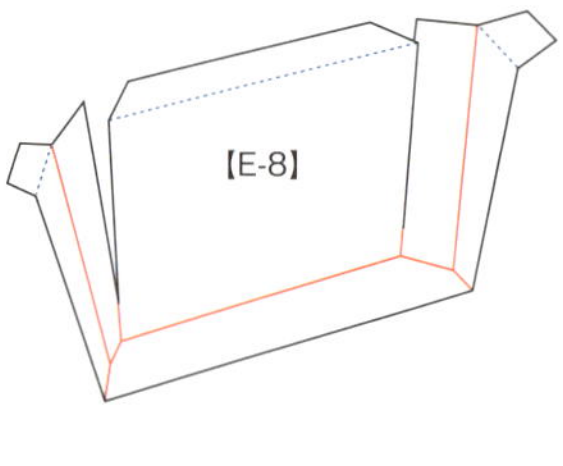

①E-8の◆1～4を貼り合わせます。

8

①イラストを参考に第6項7で組み立てた部品の引っかけ口に第6項6で組み立てた部品の輪っかを引っかけて組み立てます。エレベーターが上下する事を確認したら一番下まで下げた状態で置いておきます。

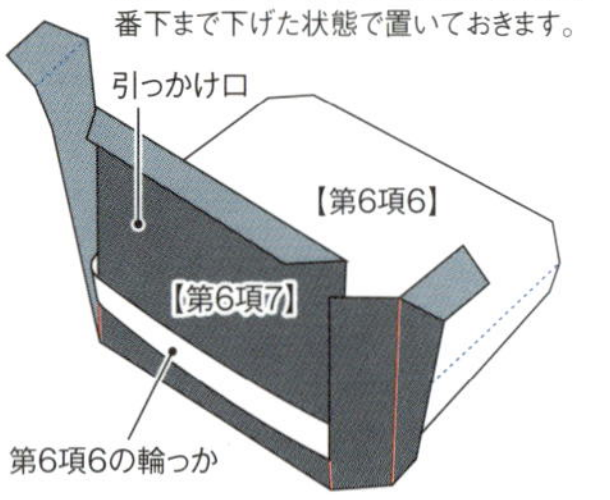

第7項 艦体(艦尾側)の組み立て

シート07のE-9～11とシート08のE-12～19を基本的な作り方に従って処理します

1

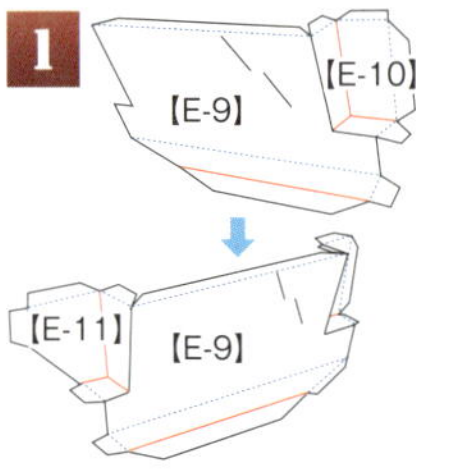

①E-10の★を貼り合わせた後、E-9と◆1、2(両面)を貼り合わせます。
②E-11の★を貼り合わせた後、E-9と◆3、4(両面)を貼り合わせます。

2

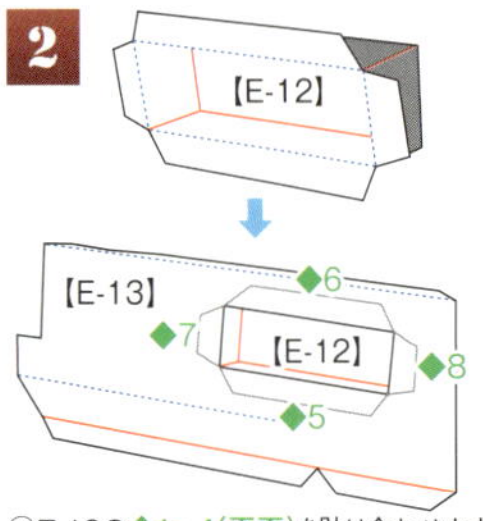

①E-12の◆1～4(両面)を貼り合わせます。
②イラストを参考にE-12の◆5～8(両面)をE-13の裏側に貼り合わせます。

3

①E-14の◆1～6(両面)を貼り合わせます。

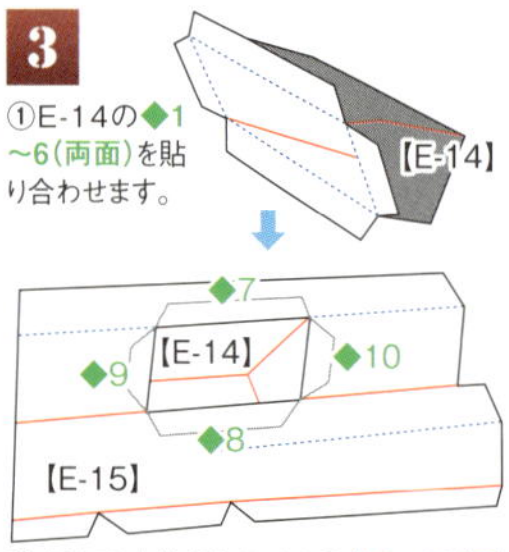

②イラストを参考にE-14の◆7～10(両面)をE-15の裏側に貼り合わせます。

4

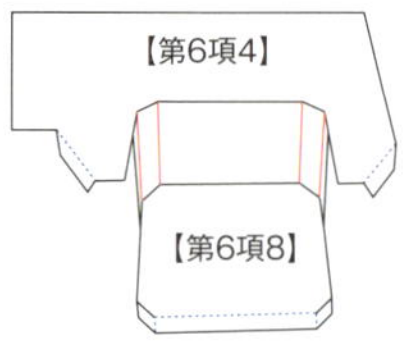

①イラストを参考に第6項4と第6項8で組み立てた部品のオ-1～5(両面)を貼り合わせます。

5

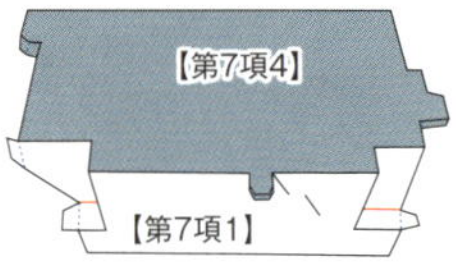

①イラストを参考に第7項1と第7項4で組み立てた部品のオ-6～10(両面)を貼り合わせます。

6

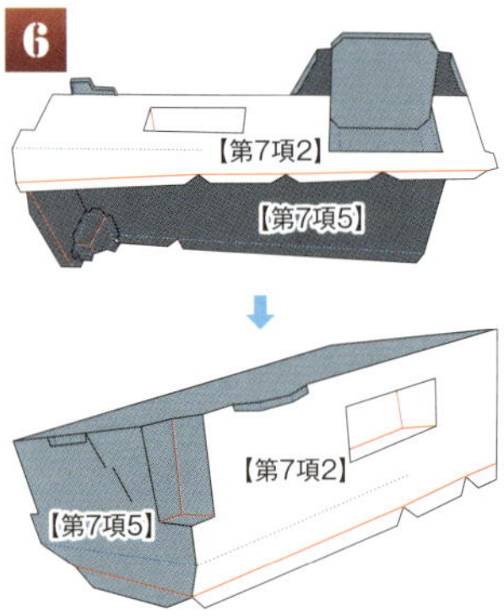

①イラストを参考に第7項2と第7項5で組み立てた部品のオ-11～16(両面)を貼り合わせた後、オ-17～20(両面)を貼り合わせます。

7

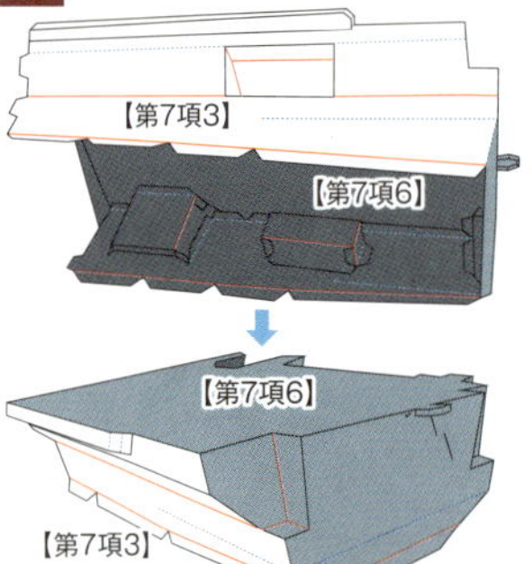

①イラストを参考に第7項3と第7項6で組み立てた部品のオ-21、22(両面)を貼り合わせた後、オ-23～27(両面)を貼り合わせます。

8

①E-16の◆1、2(両面)を貼り合わせてから、◆3、4を貼り合わせます。その後、◆5、6(両面)を貼り合わせて、◆7、8を貼り合わせます。同じ要領でE-17も組み立てます。

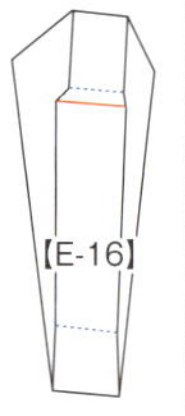

9

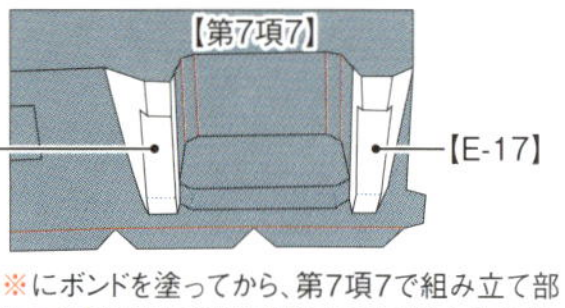

①E-16の※にボンドを塗ってから、第7項7で組み立て部品のお-28とオ-28の文字の天地を揃えて貼り合わせます。同じ要領でE-17の※にボンドを塗ってから、お-29とオ-29の文字の天地を揃えて貼り合わせます。

10 2個組み立てます。

①イラストを参考にE-18の※を貼り合わせます。その後、E-19の★をE-18の裏側に貼り合わせます。

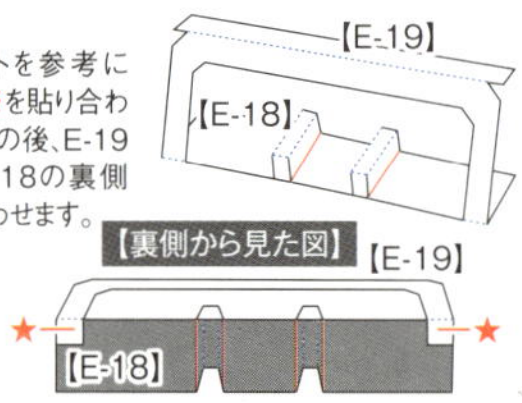

11

①イラストを参考に第7項9で組み立て部品に、第7項10で組み立てた部品の裏側と◎にボンドを塗ってから貼り合わせます。反対側も同じ要領で貼り合わせます。

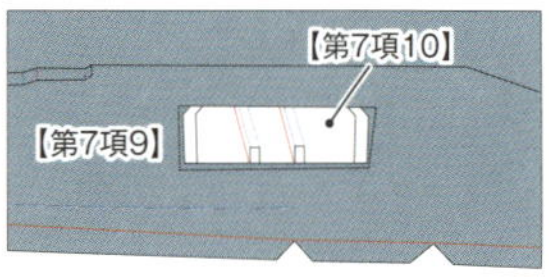

第8項 甲板(中央)の組み立て

シート08のF-6とシート09のF-1～5、7、8、11とシート10のF-9、10を基本的な作り方に従って処理します。

1

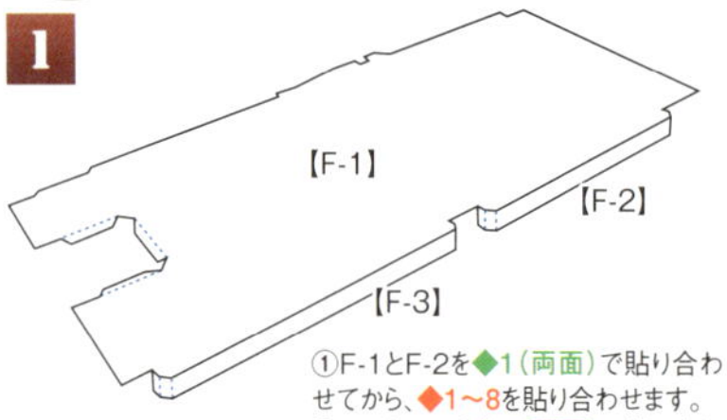

①F-1とF-2を◆1(両面)で貼り合わせてから、◆1～8を貼り合わせます。
②F-1とF-3を◆2(両面)で貼り合わせてから、◆1～8を貼り合わせます。

2

①F-1とF-4を◆3～11(両面)で貼り合わせます。
②F-1とF-5を◆12～15(両面)で貼り合わせます。

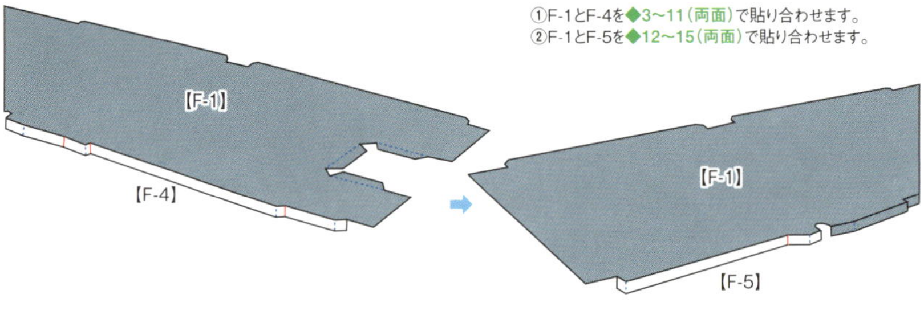

3

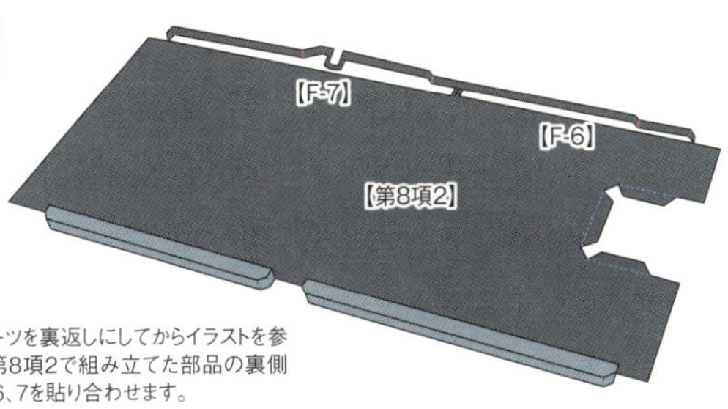

①パーツを裏返しにしてからイラストを参考に第8項2で組み立てた部品の裏側にF-6、7を貼り合わせます。

4

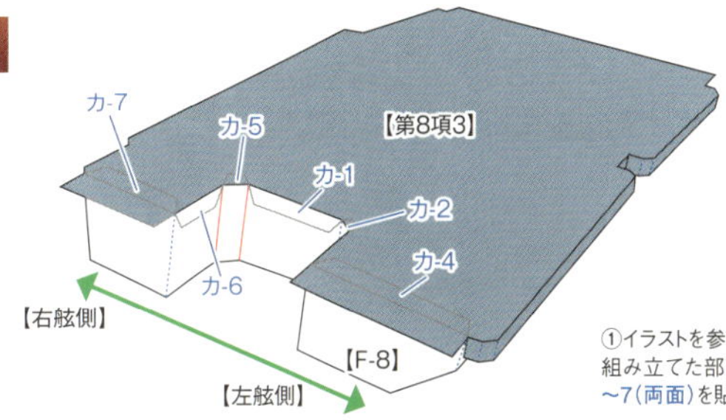

①イラストを参考に第8項3で組み立てた部品とF-8のカ-1~7(両面)を貼り合わせます。

5

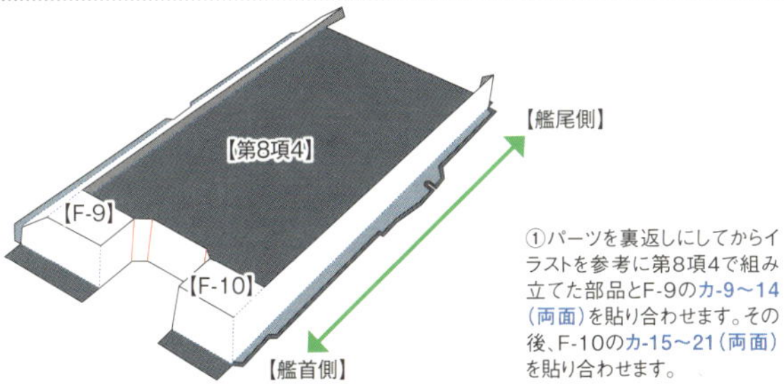

①パーツを裏返しにしてからイラストを参考に第8項4で組み立てた部品とF-9のカ-9~14(両面)を貼り合わせます。その後、F-10のカ-15~21(両面)を貼り合わせます。

6

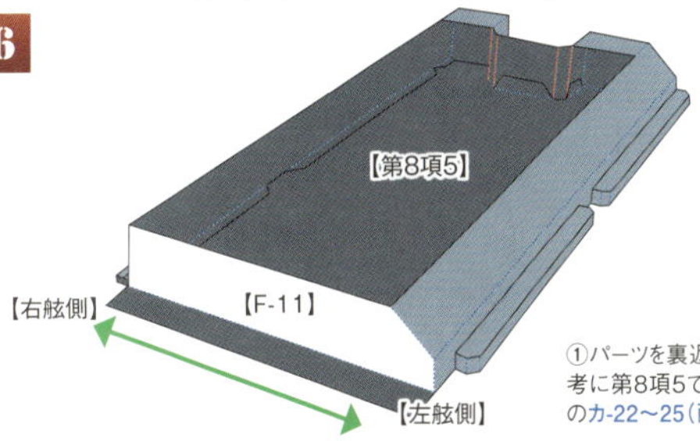

①パーツを裏返しにしてからイラストを参考に第8項5で組み立てた部品とF-11のカ-22~25(両面)を貼り合わせます。

第9項 台座と補強パーツの組み立て

シート10のG-3、4とシート11のG-1、2、5とシート12のG-6、7
シート13のG-8を基本的な作り方に従って処理します。

1

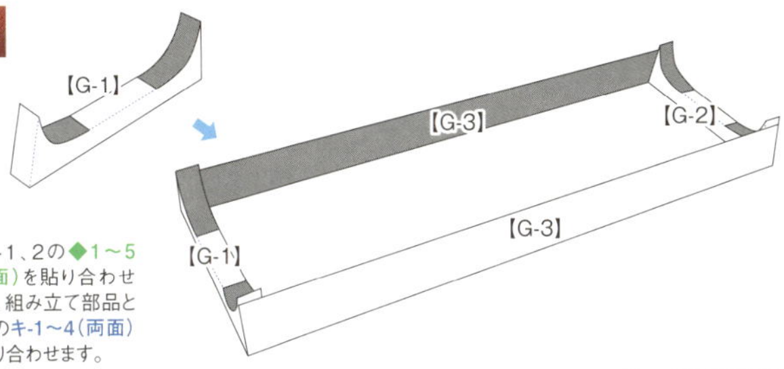

①G-1、2の◆1~5(両面)を貼り合わせた後、組み立て部品とG-3のキ-1~4(両面)を貼り合わせます。

2

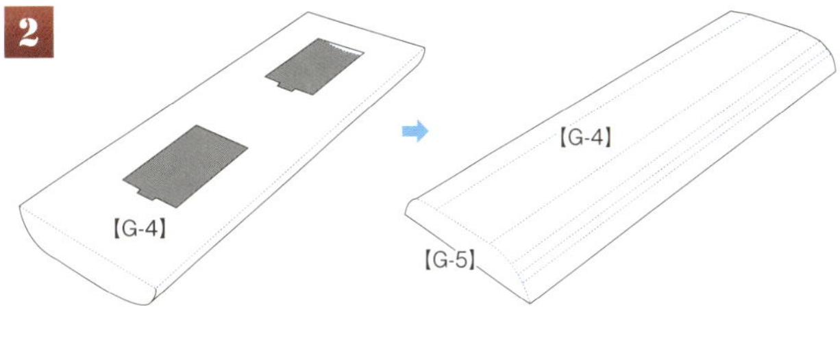

①G-4の◆1~16(両面)を貼り合わせた後、組み立て部品とG-5の◆17、18(両面)を貼り合わせます。

3

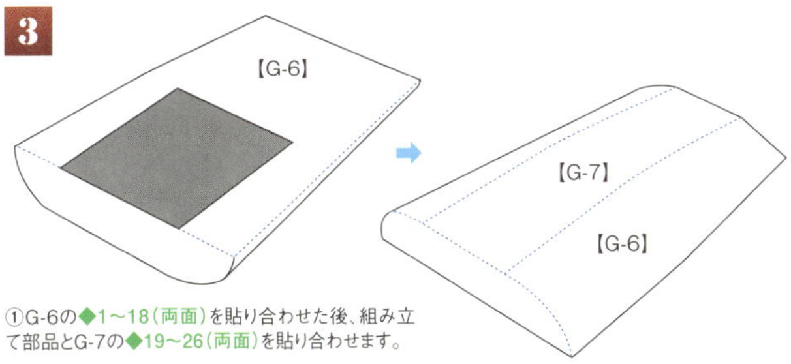

①G-6の◆1~18(両面)を貼り合わせた後、組み立て部品とG-7の◆19~26(両面)を貼り合わせます。

4

①G-8の◆1~7(両面)を貼り合わせます。その後、◆8(両面)を貼り合わせ※をボンドで貼り合わせます。

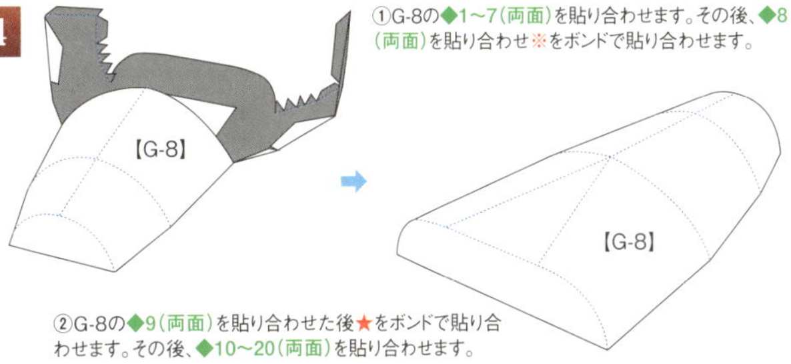

②G-8の◆9(両面)を貼り合わせた後★をボンドで貼り合わせます。その後、◆10~20(両面)を貼り合わせます。

第10項 艦体の接続

1

①イラストの寸法を参考に段ボールを切って用意します。
②段ボールの片面に両面テープを貼ります。
③両面テープを貼ってない方の面にイラストと同じアルファベットを書きます。

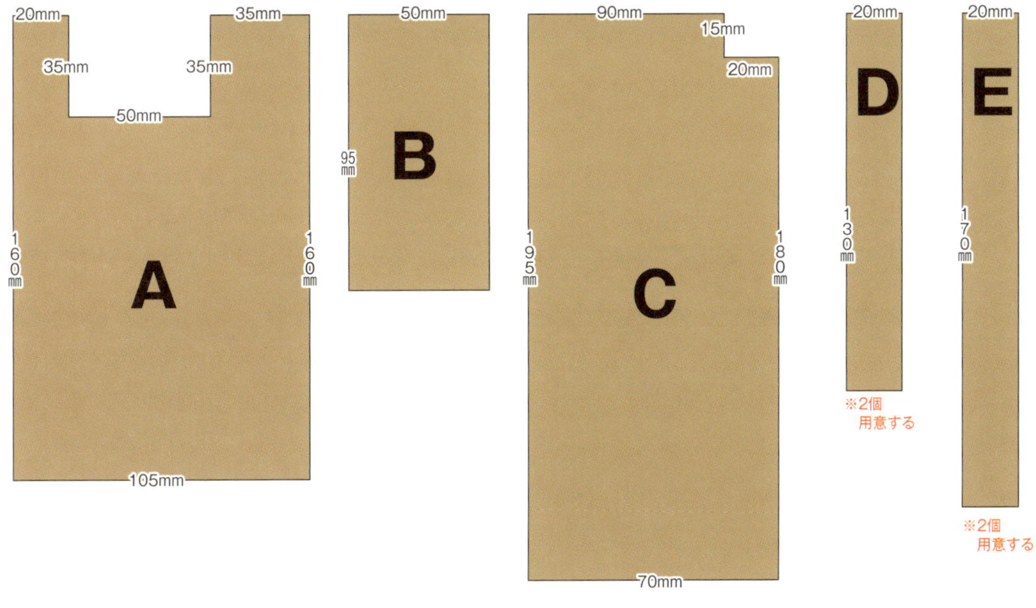

2

①イラストを参考に、第5項4で組み立てた部品の裏側に段ボールA、Bを仮当てをしてエレベーターが上下する事を確認してから貼り合わせます。

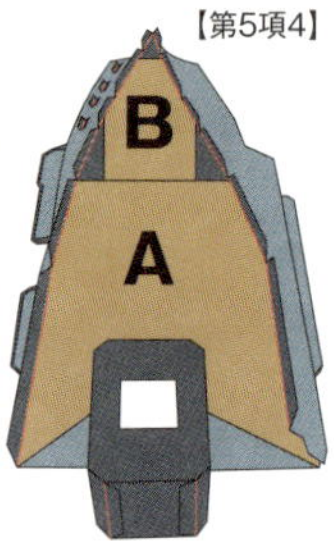

3

①イラストを参考に、第7項11で組み立てた部品の裏側に段ボールCを仮当てをしてエレベーターが上下する事を確認してから貼り合わせます。

4

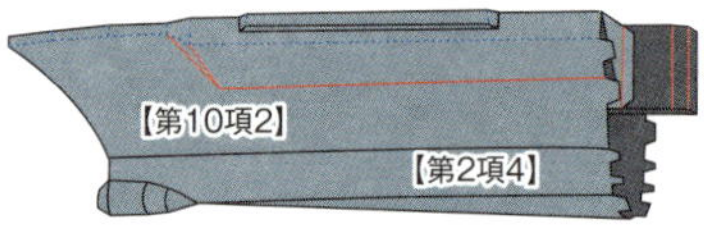

①イラストを参考に、第10項2で組み立てた部品のク-1〜12（両面）を第2項4で組み立てた部品と貼り合わせます。
②イラストを参考に組み立てた部品と第3項2で組み立てた部品のク-13〜32（両面）を貼り合わせます。

5

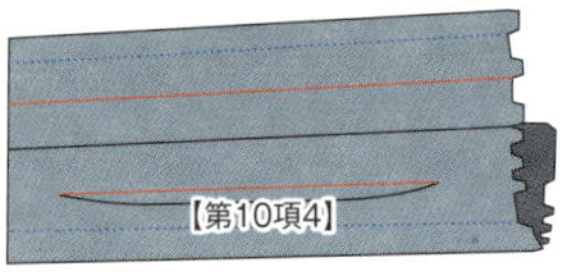

①イラストを参考に、第10項3で組み立てた部品のク-33〜41（両面）を第1項7で組み立てた部品と貼り合わせます。
②イラストを参考に組み立てた部品と第10項4で組み立てた部品のク-42〜61（両面）を貼り合わせます。

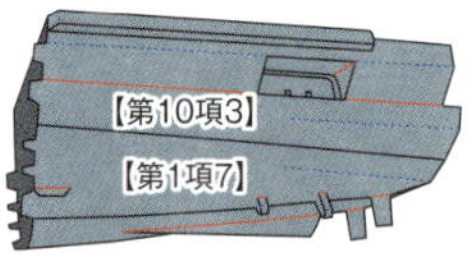

6

①イラストを参考に、第10項5で組み立てた部品に第9項4で組み立てた部品のグレーの面にボンドもしくは両面テープを貼り付けてから、艦首と中央のつなぎ目に揃えた位置で第10項5で組み立て部品に貼り合わせます。
②同じ要領で、第9項2で組み立てた部品を先ほど組み立てた部品に揃えて貼り合わせます。
③同じ要領で、第9項3で組み立てた部品を先ほど組み立てた部品に揃えて貼り合わせます。
④第9項2の部品の緑の線を境に、段ボールDを艦尾側、段ボールEを艦首側にして貼り合わせます。
※次の項に進む前に水に浮かばせる場合は、92ページの別項を先に行います。

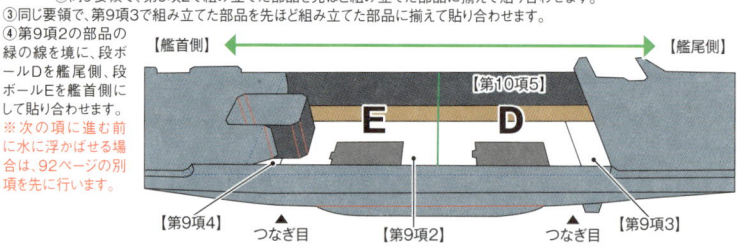

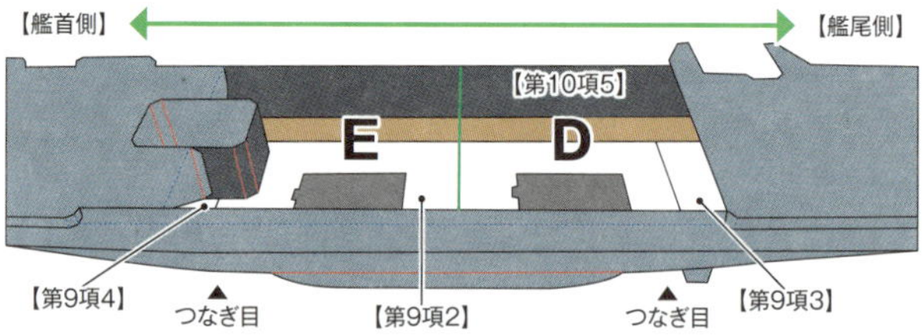

第11項 左舷周辺パーツの組み立てと取り付け

シート12のH-1〜12を基本的な作り方に従って処理します。

1

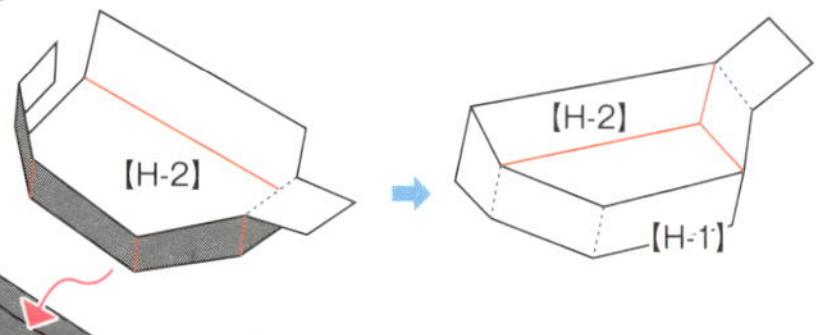

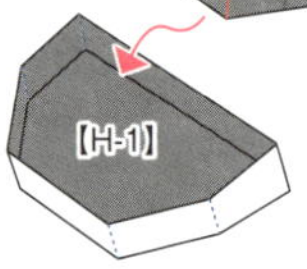

①H-1の◆1〜6を貼り合わせます。
②組み立て部品の内側にボンドを塗ってからH-2をイラストを参考に貼り合わせます。
③組み立てた部品と第10項6で組み立てた部品のケ-1とけ-1の文字の天地を揃えて貼り合わせます。

2

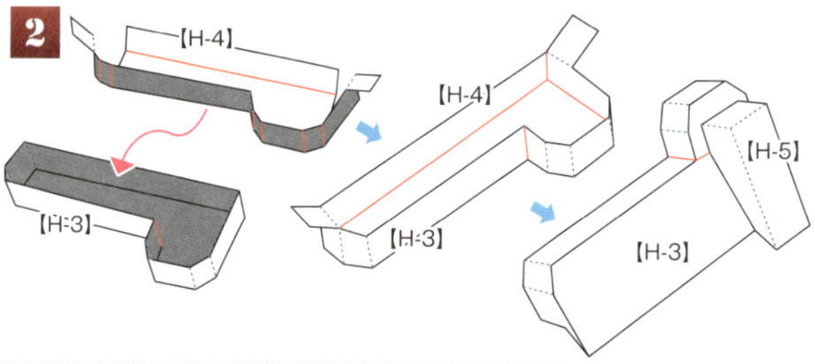

①H-3の◆1〜12を貼り合わせます。
②組み立て部品の内側にボンドを塗ってからH-4をイラストを参考に貼り合わせます。
③H-5の◆1〜6を貼り合わせて、H-3の♤と♠の文字の天地を揃えて貼り合わせます。
④組み立てた部品と第10項6で組み立てた部品のケ-2とけ-2の文字の天地を揃えて貼り合わせます。

3

①H-6の◆1〜8を貼り合わせます。
②組み立て部品の内側にボンドを塗ってからH-7をイラストを参考に貼り合わせます。
③イラストを参考に組み立て部品の☆にH-8の手摺りがある方を外側に向けて貼り合わせます。
④組み立てた部品と第10項6で組み立てた部品のケ-3とけ-3の文字の天地を揃えて貼り合わせます。

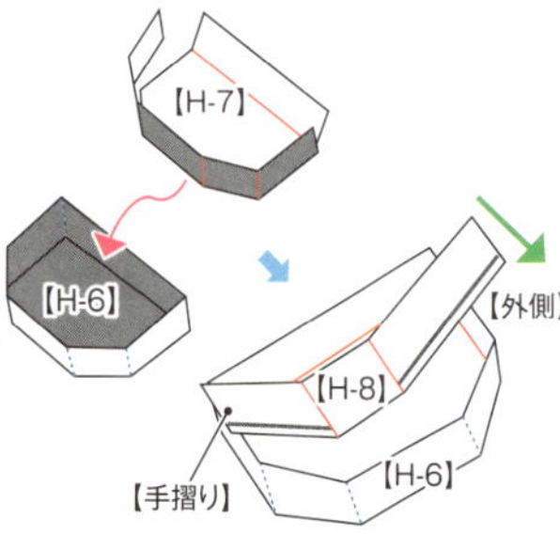

4

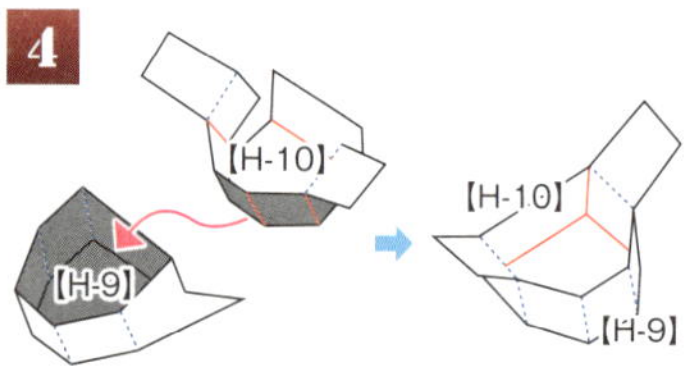

①H-9の◆1〜8を貼り合わせます。
②組み立て部品の内側にボンドを塗ってからH-10をイラストを参考に貼り合わせます。
③組み立てた部品と第10項6で組み立てた部品のケ-4とけ-4の文字の天地を揃えて貼り合わせます。

5

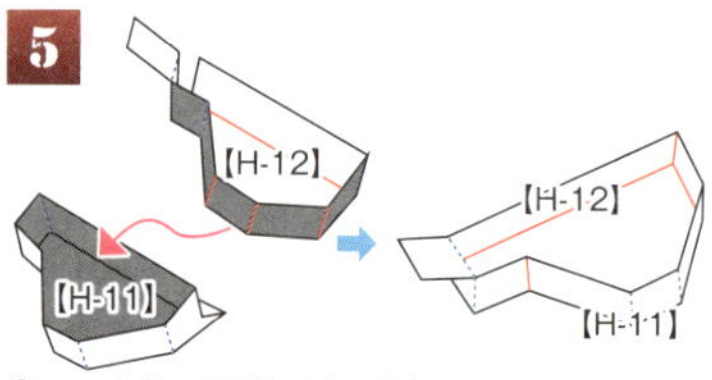

①H-11の◆1〜9を貼り合わせます。
②組み立て部品の内側にボンドを塗ってからH-12をイラストを参考に貼り合わせます。
③組み立てた部品と第10項6で組み立てた部品のケ-5とけ-5の文字の天地を揃えて貼り合わせます。

第12項 右舷周辺パーツの組み立てと取り付け

シート12のI-1〜3とシート13のI-4〜13を基本的な作り方に従って処理します。

1

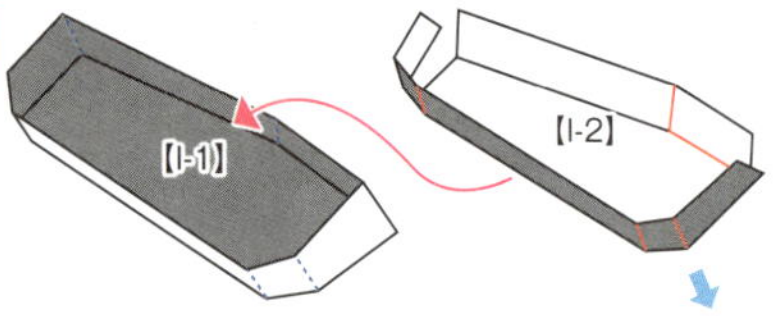

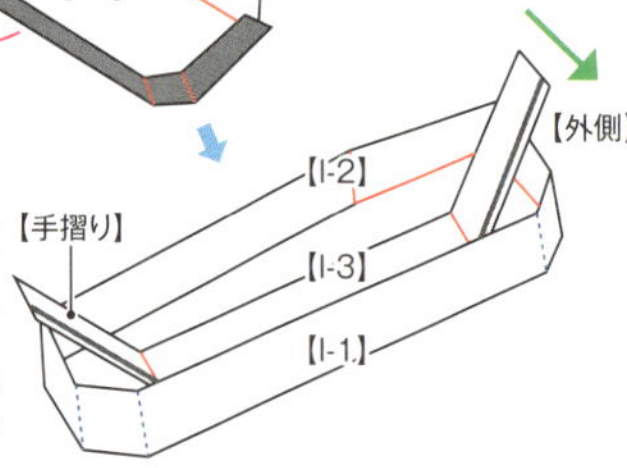

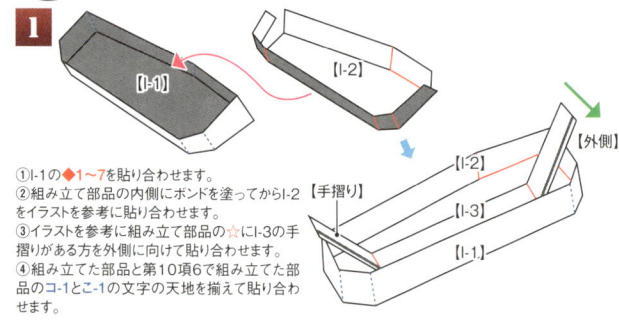

①I-1の◆1〜7を貼り合わせます。
②組み立て部品の内側にボンドを塗ってからI-2をイラストを参考に貼り合わせます。
③イラストを参考に組み立て部品の☆にI-3の手摺りがある方を外側に向けて貼り合わせます。
④組み立てた部品と第10項6で組み立てた部品のコ-1とこ-1の文字の天地を揃えて貼り合わせます。

2

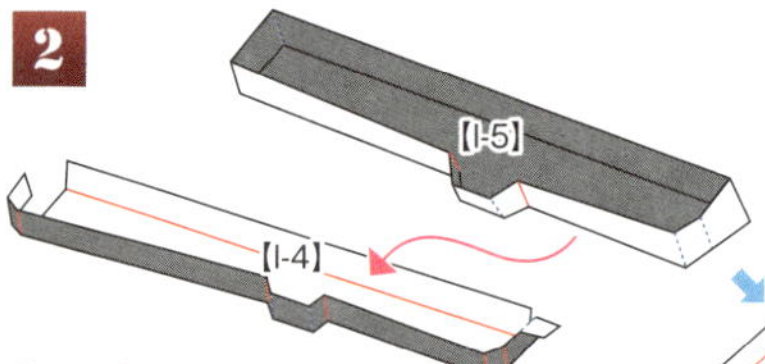

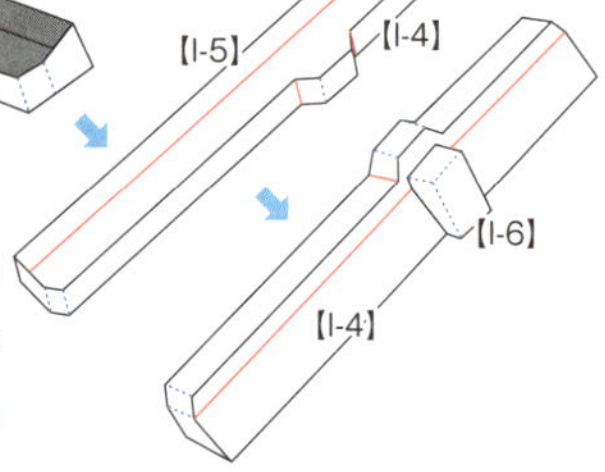

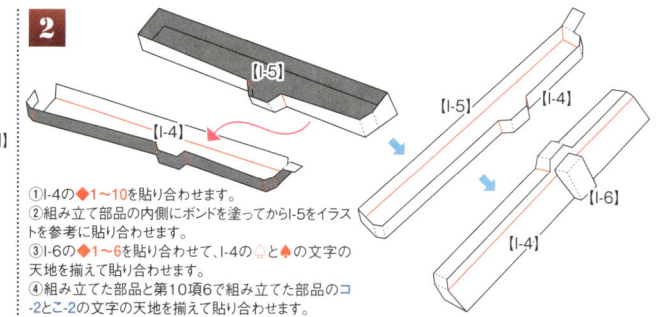

①I-4の◆1〜10を貼り合わせます。
②組み立て部品の内側にボンドを塗ってからI-5をイラストを参考に貼り合わせます。
③I-6の◆1〜6を貼り合わせて、I-4の♤と♠の文字の天地を揃えて貼り合わせます。
④組み立てた部品と第10項6で組み立てた部品のコ-2とこ-2の文字の天地を揃えて貼り合わせます。

3

①I-7の◆1〜4を貼り合わせます。
②イラストを参考にI-7の裏側にI-8を貼り合わせます。
③組み立てた部品と第10項6で組み立てた部品のコ-3とこ-3の文字の天地を揃えて貼り合わせます。

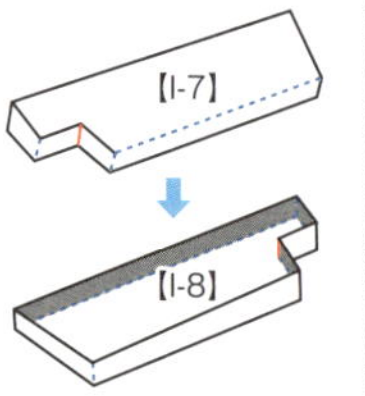

4

①I-9の◆1〜4を貼り合わせます。
②イラストを参考にI-9の裏側にI-10を貼り合わせます。
③組み立てた部品と第10項6で組み立てた部品のコ-4とこ-4の文字の天地を揃えて貼り合わせます。

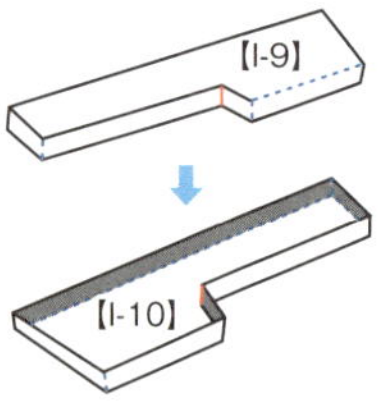

5

①I-11の◆1〜4を貼り合わせます。
②組み立て部品の内側にボンドを塗ってからI-12をイラストを参考に貼り合わせます。
③イラストを参考に組み立て部品の☆にI-13の手摺りがある方を外側に向けて貼り合わせます。
④組み立てた部品と第10項6で組み立てた部品のコ-5とこ-5の文字の天地を揃えて貼り合わせます。

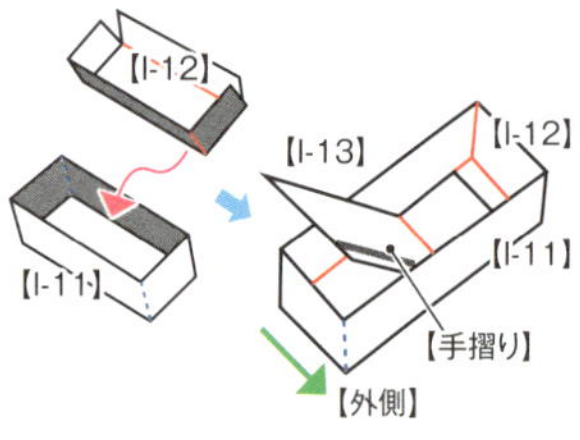

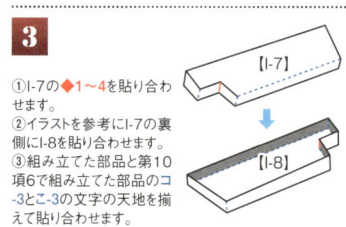

第13項 艦尾・艦首周辺パーツの組み立てと取り付け

シート12のJ-1～3とシート13のJ-4～8を基本的な作り方に従って処理します。

1

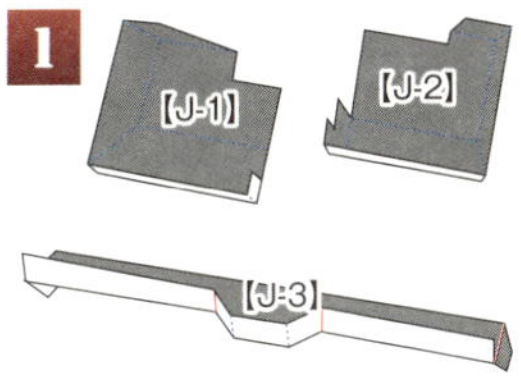

①J-1の◆1～6を貼り合わせます。
②J-2の◆1～6を貼り合わせます。
③J-3の◆1～4を貼り合わせます。

2

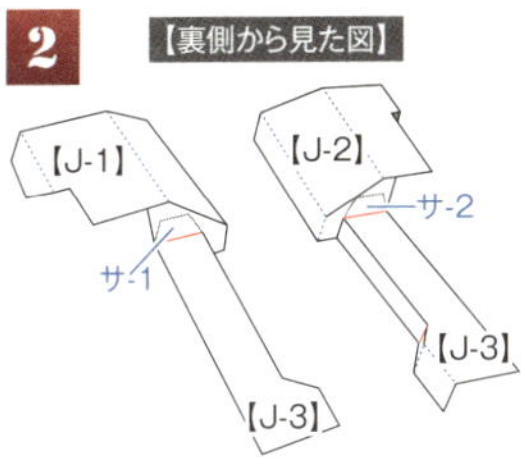

①イラストを参考にJ-3のサ-1をJ-1に貼り合わせた後、サ-2をJ-2に貼り合わせます。

3

①イラストを参考にJ-4を半分に折って貼り合わせます。その後、J-5の切り込み口にJ-4の♥を差し込んで裏側からセロハンテープで固定します。

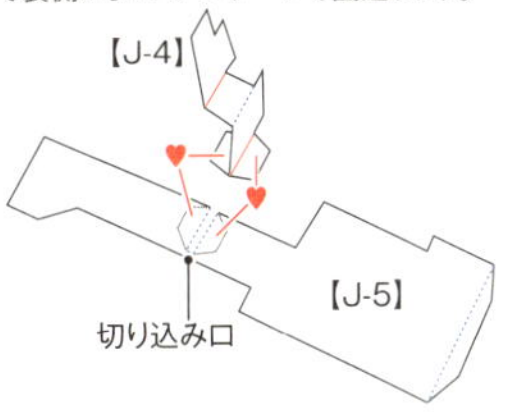

4

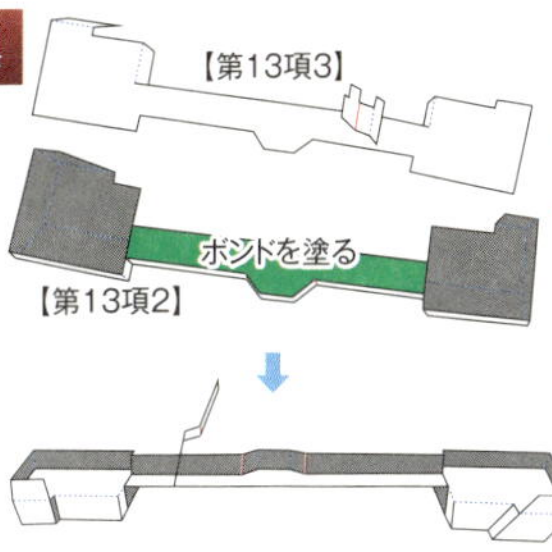

①イラストの緑の面を参考に、第13項2で組み立て部品と第13項3で組み立てた部品の※にボンドを塗ってから2つの部品を貼り合わせます。

5

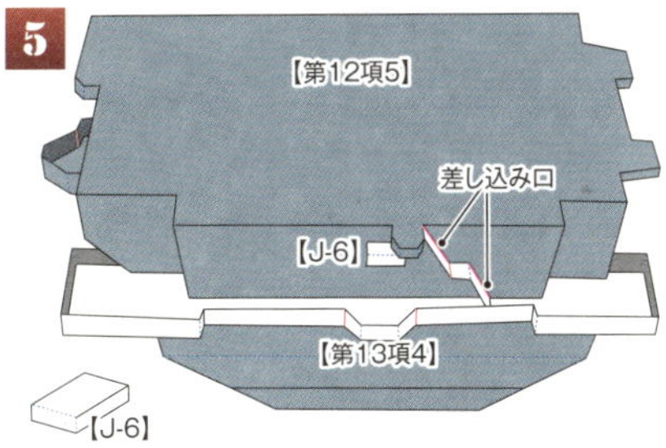

①J-6の◆1、2を貼り合わせます。
②第13項4で組み立て部品のサ-3、4と♠1～4にボンドを塗ってからイラストを参考に、第12項5で組み立て部品の差し込み口にJ-4（階段）の★を差し込み、さ-3、4と♤1～4の文字の天地を揃えて貼り合わせます。
③組み立て部品とJ-6のサ-5とさ-5の文字の天地を揃えて貼り合わせます。

6

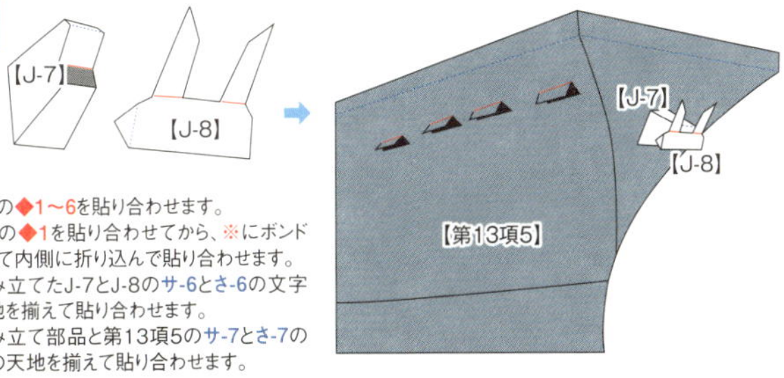

①J-7の◆1～6を貼り合わせます。
②J-8の◆1を貼り合わせてから、※にボンドを塗って内側に折り込んで貼り合わせます。
③組み立てたJ-7とJ-8のサ-6とさ-6の文字の天地を揃えて貼り合わせます。
④組み立て部品と第13項5のサ-7とさ-7の文字の天地を揃えて貼り合わせます。

第14項 フェンスの組み立てと取り付け

シート5のK-11～13とシート14のK-1～10、14、15を基本的な作り方に従って処理します。

1

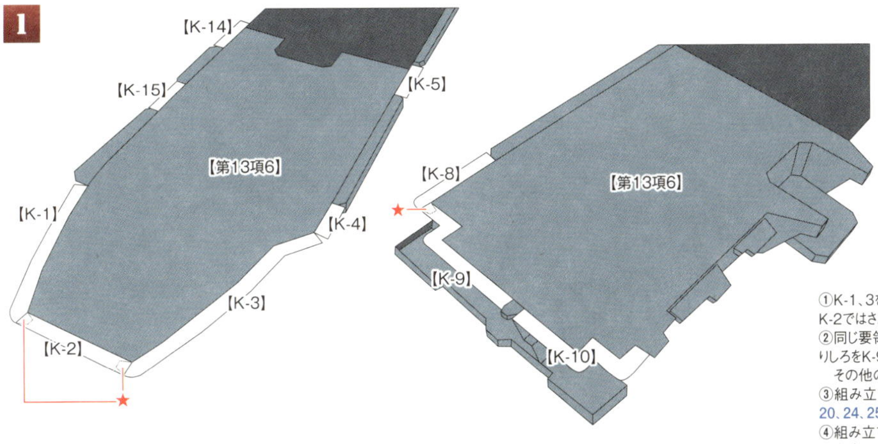

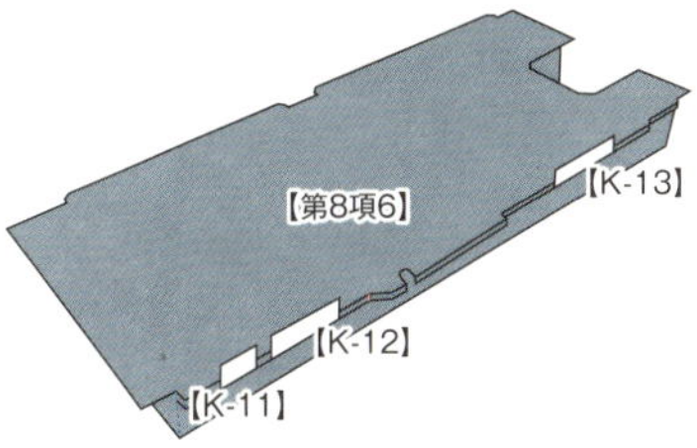

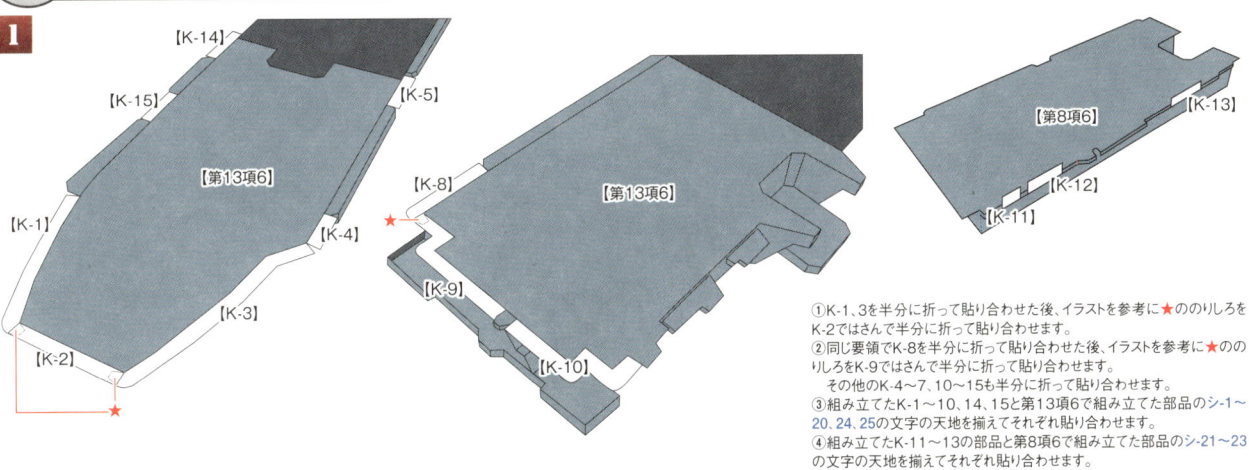

①K-1、3を半分に折って貼り合わせた後、イラストを参考に★ののりしろをK-2ではさんで半分に折って貼り合わせます。
②同じ要領でK-8を半分に折って貼り合わせた後、イラストを参考に★ののりしろをK-9ではさんで半分に折って貼り合わせます。
　その他のK-4～7、10～15も半分に折って貼り合わせます。
③組み立てたK-1～10、14、15と第13項6で組み立てた部品のシ-1～20、24、25の文字の天地を揃えてそれぞれ貼り合わせます。
④組み立てたK-11～13の部品と第8項6で組み立てた部品のシ-21～23の文字の天地を揃えてそれぞれ貼り合わせます。

第15項 艦橋前の組み立て

シート14のL-1～16を基本的な作り方に従って処理します。

1

①イラストを参考にL-1の黒い煙突部分を谷折り、山折りに注意して折ってから◆1～12（両面）を貼り合わます。
②イラストを参考にL-2の◆1～6（両面）を貼り合わせてから、◆7～10を貼り合わせます。
③イラストを参考にL-3の◆1～25（両面）を貼り合わせせます。
④イラストを参考にL-4の◆1～3（両面）を貼り合わせせます。
⑤組み立てたL-1、2、3のス-1～3とす-1～3の文字の天地を揃えてそれぞれ貼り合わせます。
⑥イラストを参考にL-4の緑の面と黄緑の裏面、ス-4、5にボンドを塗ってから、組み立てた部品と貼り合わせます。

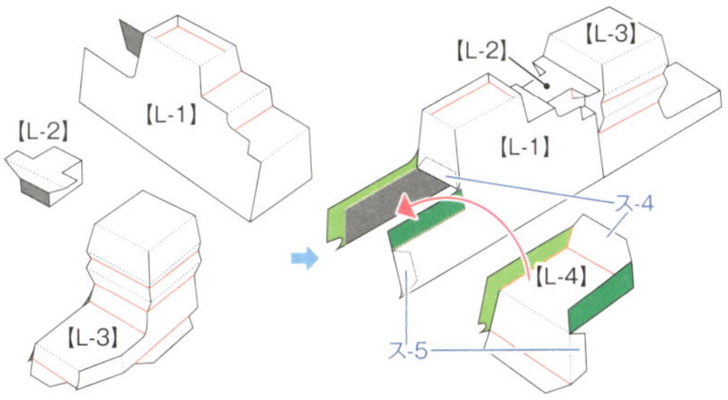

2

①イラストを参考にL-5の◆1を貼り合わせた後、L-6の裏面にボンドを塗ってL-5と貼り合わせます。

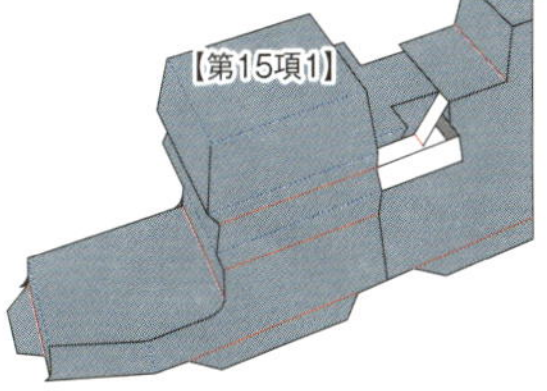

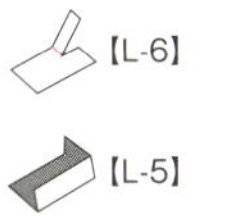

②イラストを参考に組み立て部品と第15項1のス-6とす-6の文字の天地を揃えて貼り合わせます。

3

①イラストを参考にL-7の◆1～3を貼り合わせます。

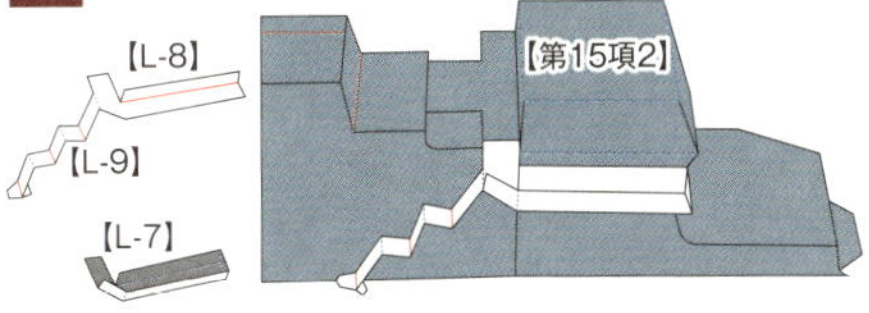

②L-9の裏面にボンドを塗ってからL-8の階段部分に貼り合わせた後、L-8の階段以外の面にボンドを塗ってL-7と貼り合わせます。
③イラストを参考に組み立て部品と第15項2のス-7、8とす-7、8の文字の天地をそれぞれ揃えて貼り合わせます。

4

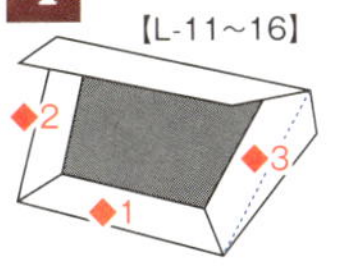

①L-10の◆1～3を貼り合わせます。
②その他のL-11～16はイラストを参考に※を内側に折り込んでから、◆1～3を貼り合わせます。

5

①組み立てたL-10～16の部品と第15項3で組み立てた部品のス-9～15とす-9～15の文字の天地をそれぞれ揃えて貼り合わせます。

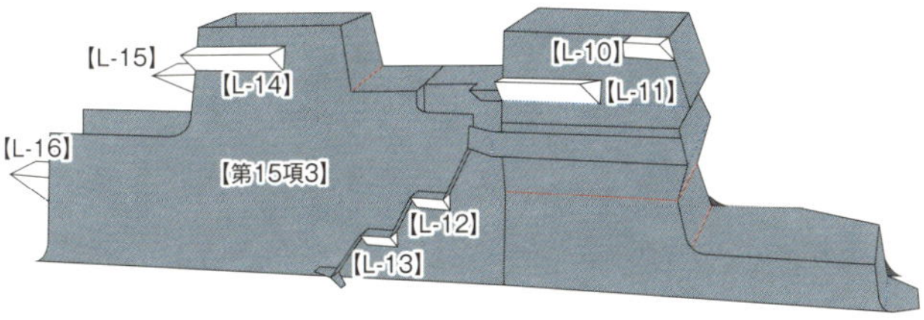

第16項 艦橋後の組み立て

シート15のM-1～7を基本的な作り方に従って処理します。

1

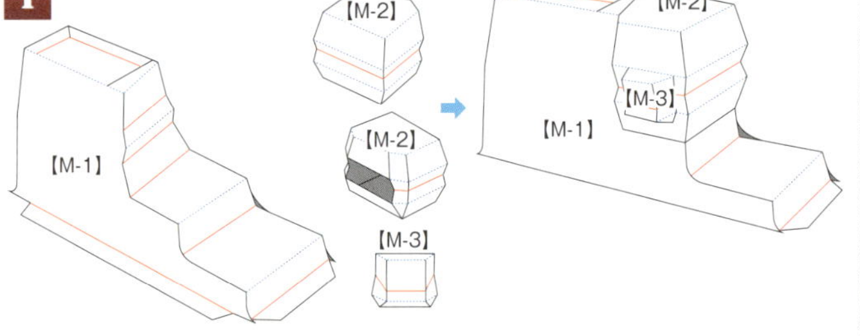

①イラストを参考にM-1の黒い煙突部分を谷折り、山折りに注意して折ってから※を内側に折り込んで◆1～20(両面)を貼り合わます。
②イラストを参考にM-2の◆1～22(両面)を貼り合わます。
③イラストを参考にM-3の◆1～8を貼り合わせせます。
④組み立てたM-1、2、3のセ-1～5とせ-1～5の文字の天地を揃えてそれぞれ貼り合わせます。

2

①第15項4と同じ要領でM-4～7の※を内側に折り込んでから、◆1～3を貼り合わせます。
②組み立てたM-4～7の部品と第16項1で組み立てた部品のセ-6～9とせ-6～9の文字の天地を揃えてそれぞれ貼り合わせます。

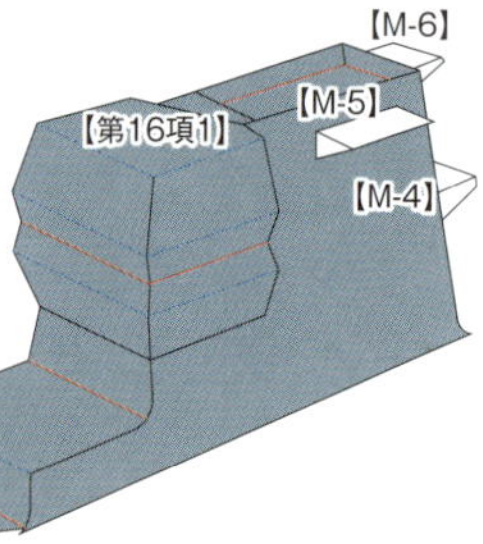

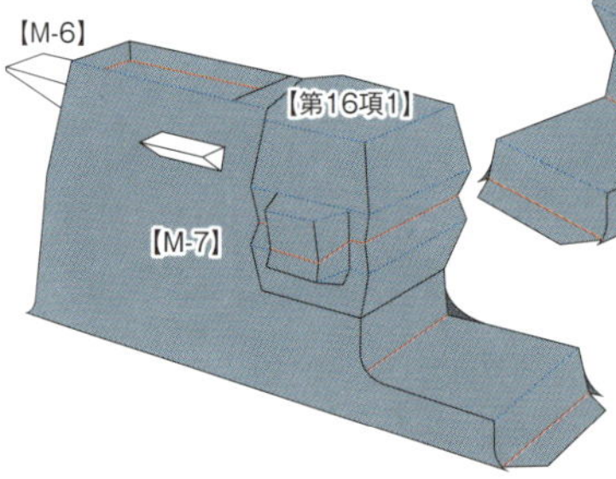

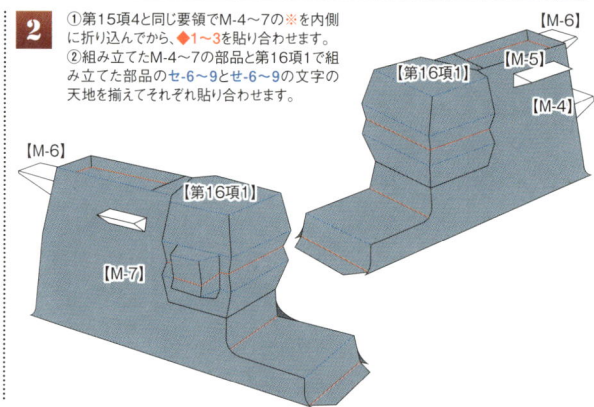

第17項 マストの組み立てと取り付け

シート12のN-5とシート13のN-3とシート15のN-1、2、4、6～15を基本的な作り方に従って処理します。

1

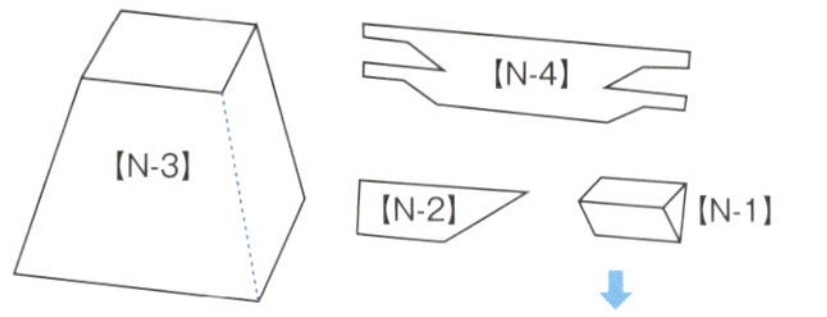

①N-1の※を内側に折り込んでから、◆1～3を貼り合わせます。
②N-2、4は半分に折って貼り合わせます。
③N-3の◆1～4(両面)を貼り合わます。
④組み立てたN-1、2、3のソ-1、2とそ-1、2の文字の天地を揃えてそれぞれ貼り合わせます。
⑤イラストのピンクの線の差し込み口を参考にN-4を差し込みます。

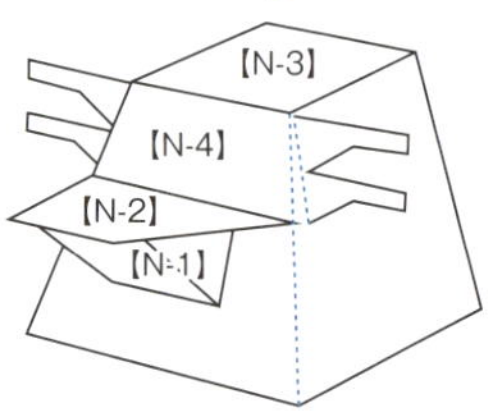

2

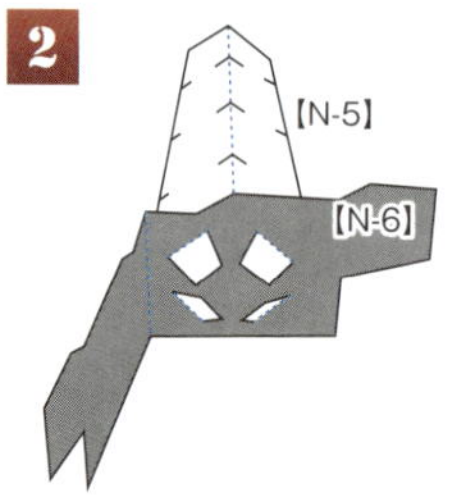

①N-5の◆1～4(両面)を貼り合わせた後、※にボンドを塗ってから内側に折り込んで貼り合わせます。
②組み立てたN-5の♥1～4をN-6の♡1～4に同じ番号同士を差し込んでからN-6を半分に折って貼り合わせます。

3

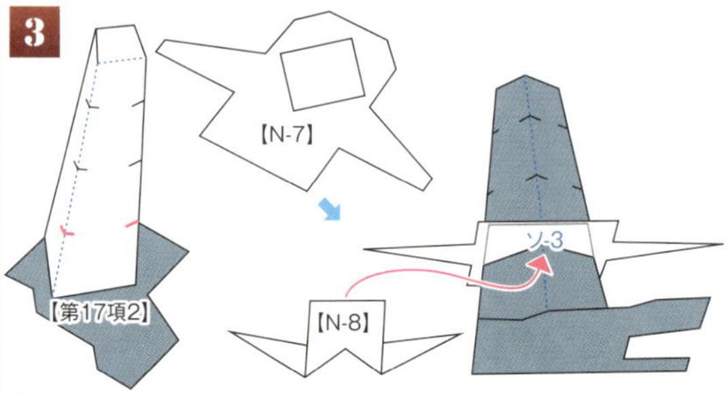

①イラストを参考にN-7を半分に折って貼り合わせてから、第17項2で組み立てた部品のピンクの線の切り込み口に引っかけます。
②N-8の◆1、2を貼り合わせてから、イラストを参考に先ほど組み立てた部品とソ-3を貼り合わせます。

4

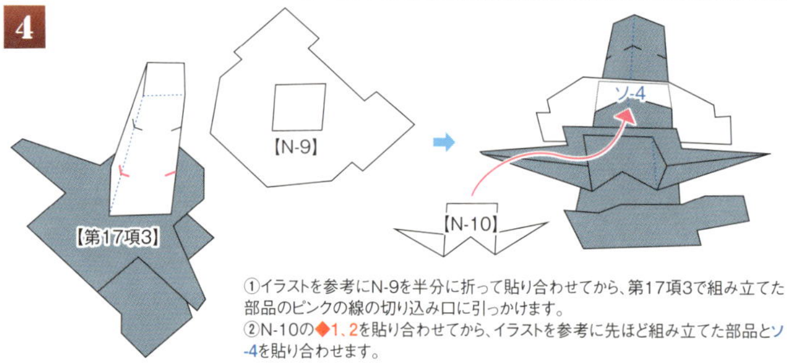

①イラストを参考にN-9を半分に折って貼り合わせてから、第17項3で組み立てた部品のピンクの線の切り込み口に引っかけます。
②N-10の◆1、2を貼り合わせてから、イラストを参考に先ほど組み立てた部品とソ-4を貼り合わせます。

5

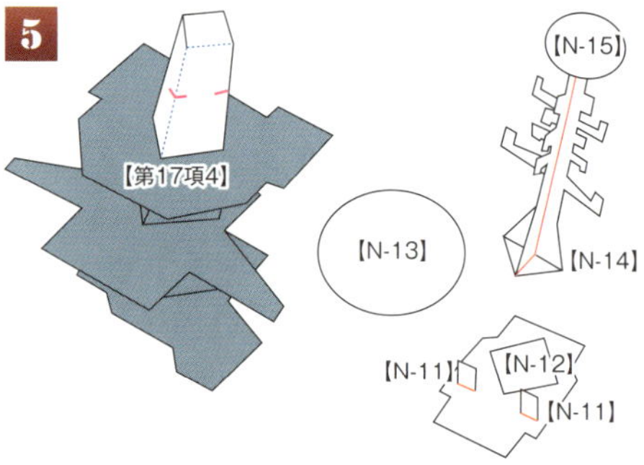

①イラストを参考にN-11の※をN-12に差し込んでから半分に折って貼り合わせます。
②イラストを参考に先ほど組み立て部品を、第17項4で組み立てた部品のピンクの線の切り込み口に引っかけます。
③N-13を半分に折って貼り合わせた後、第17項4のソ-5とそ-5の文字の天地を揃えて貼り合わせます。
④イラストを参考にN-14を十字に貼り合わせた後、N-13のそ-6に貼り合わせます。
⑤イラストを参考に組み立てたN-14の先端にボンドを塗ってからN-15を貼り合わせます。

6

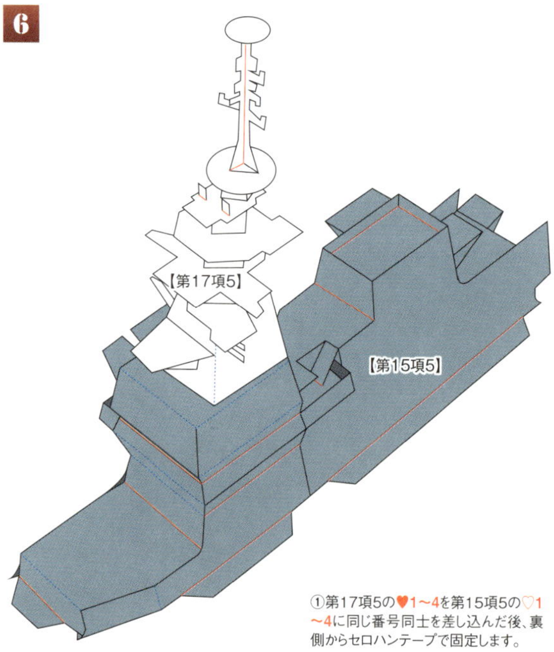

①第17項5の♥1～4を第15項5の♡1～4に同じ番号同士を差し込んだ後、裏側からセロハンテープで固定します。

別項 水に浮かばせる処理

1

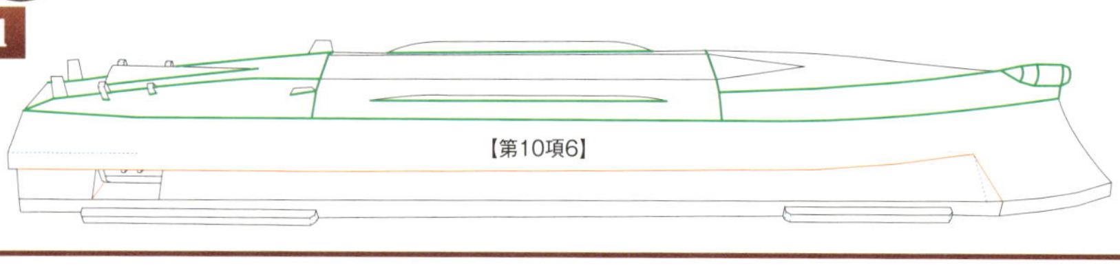

①第10項6で組み立てた艦体の黒いラインより下の部分に対して、木工用ボンドもしくは耐水性のセメダインでイラストの緑の線上を目張りします。
②しっかりとボンドを乾燥させてから、水の上に浮かべて単1形電池をセットしてバランスを確認します。
③浮かぶのを確認したら、単1形電池を外して一度水から引き上げて艦体を乾かせます。
④残りの項を完成させて、甲板(中央)をセットして再度水に浮かばせます。

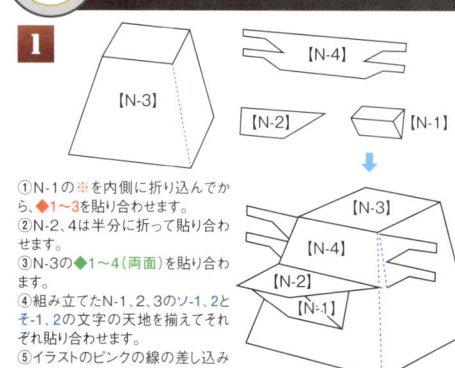

第18項 艦橋の取り付け

1

①イラストの寸法を参考に段ボールを切って用意します。
②段ボールの片面に両面テープを貼ります。
③第16項2と第8項6で組み立てた部品のタ-1〜3をた-1〜3に同じ番号同士差し込みます。
④第17項6と第8項6で組み立てた部品のタ-4〜8をた-4〜8に同じ番号同士差し込みます。
⑤裏側からセロハンテープで固定して段ボールを貼り合わせます。

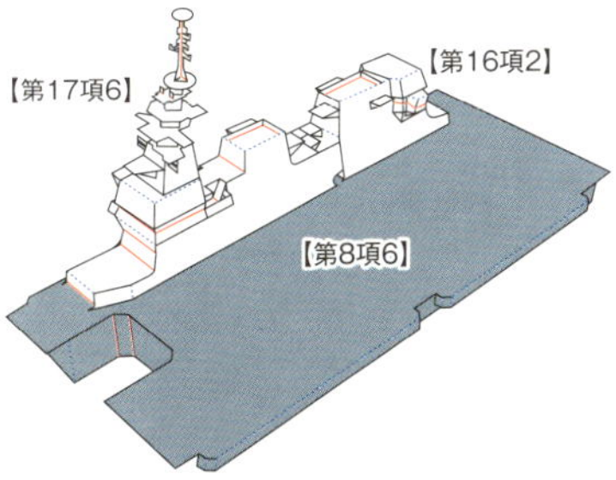

2

①イラストを参考に第14項1で組み立てた部品の真ん中の穴に第18項1で組み立てた部品を甲板が水平になるように差し込みます。

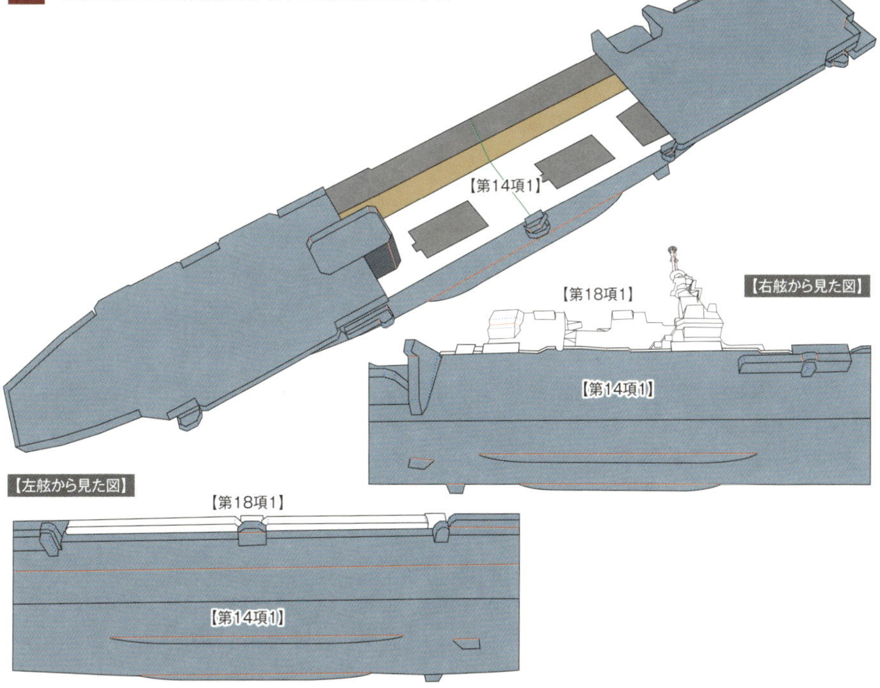

第19項 SeaRAM、CIWSの組み立てと取り付け

シート15のO-1〜13を基本的な作り方に従って処理します。

1 2個組み立てます。

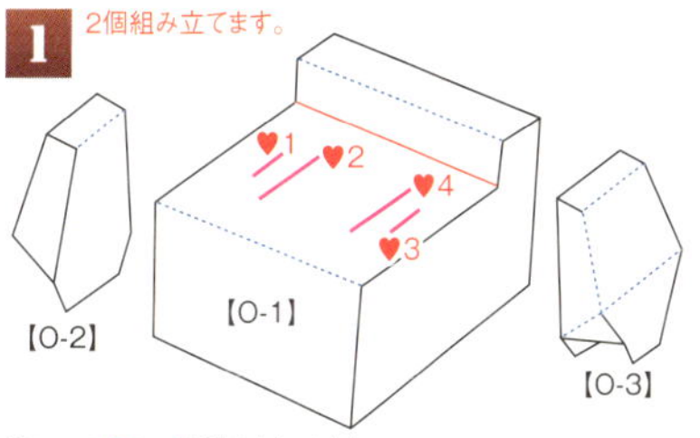

①O-1の◆1〜6を貼り合わせます。
②O-2、3の◆1〜4を貼り合わせます。
③イラストを参考に組み立てたO-2、3の♥1〜4をO-1の差し込み口に差し込んで裏側からボンドで固定します。

2 2個組み立てます。

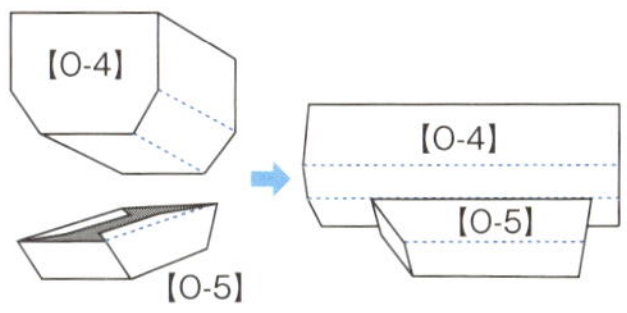

①O-4の◆1〜3を貼り合わせます。※は内側に折り込みます。
②O-5ののりしろを内側に折り込みます。
③組み立てたO-4、5の♠と♤の文字の天地を揃えて貼り合わせます。

3 2個組み立てます。

①O-6の◆1を貼り合わせた後、※にボンドを塗ってから内側に折り込んで貼り合わせます。
②第19項1で組み立てたO-2、3の内側にボンドを塗ってから第19項2で組み立て部品を挟んで貼り合わせます。
③組み立てたO-6を第19項2で組み立てた部品の♡に貼り合わせます。
④組み立てた護衛艦のち-1、2とSeaRAMのチ-1、2の文字の天地を揃えてそれぞれ貼り合わせます。

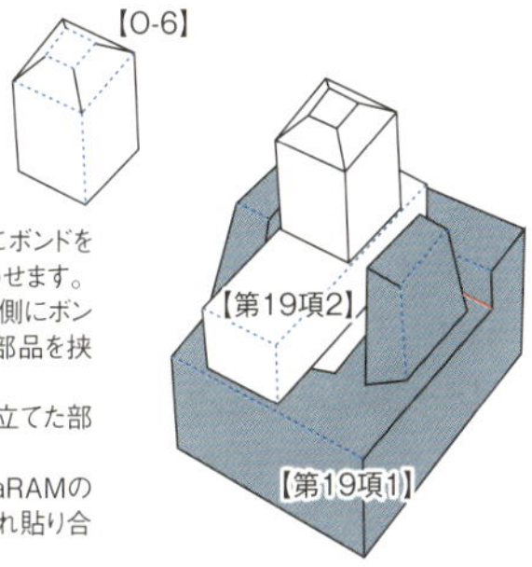

4 2個組み立てます。

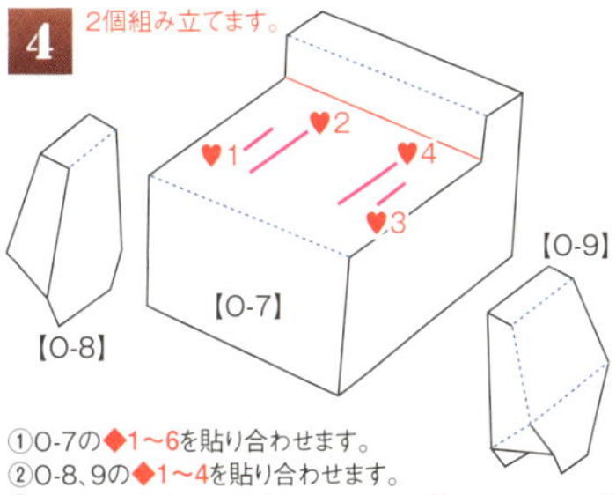

①O-7の◆1〜6を貼り合わせます。
②O-8、9の◆1〜4を貼り合わせます。
③イラストを参考に組み立てたO-8、9の♥1〜4をO-7の差し込み口に差し込んで裏側からボンドで固定します。

5 2個組み立てます。

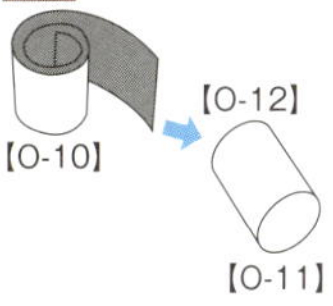

①O-10をつまようじに巻き付けて円柱状にしてから貼り合わせます。
②円柱状にしたO-10の両端にO-11、12を貼り合わせます。

6 2個組み立てます。

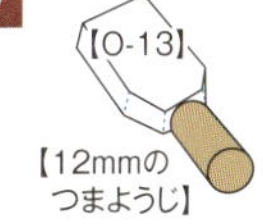

①十字の切り込みにつまようじを通して穴を開けます。
②O-13の◆1〜8を貼り合わせた後、※にボンドを塗ってから内側に折り込んで貼り合わせます。
③12mmのつまようじをO-13の十字の切り込みに差し込みます。

7 2個組み立てます。

①O-14の◆1を貼り合わせた後、※にボンドを塗ってから内側に折り込んで貼り合わせます。
②第19項4で組み立てたO-8、9の内側にボンドを塗ってから第19項5、6で組み立て部品を挟んで貼り合わせます。
③組み立てたO-14を第19項6で組み立てた部品の♡に貼り合わせます。
④組み立てた護衛艦のち-3、4とCIWSのチ-3、4の文字の天地を揃えてそれぞれ貼り合わせます。

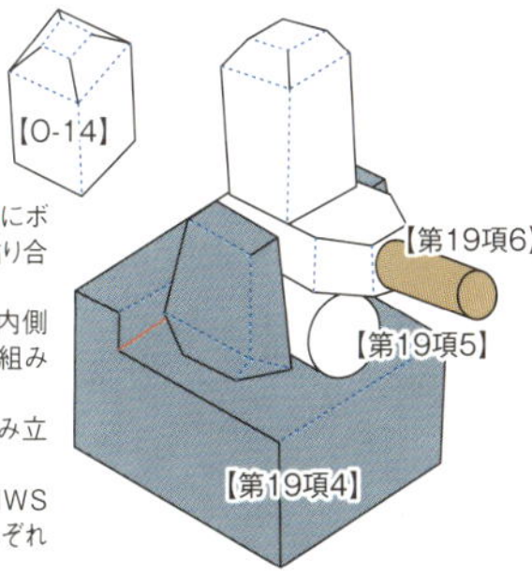

第20項 旗竿、アンテナ類の組み立てと取り付け

シート15のP-1〜6を基本的な作り方に従って処理します。

1

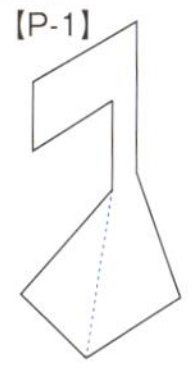

①P-1の◆1を貼り合わせた後、※にボンドを塗ってから内側に折り込んで貼り合わせます。
②組み立てた護衛艦のつ-1とP-1のツ-1の文字の天地を揃えて貼り合わせます。

2

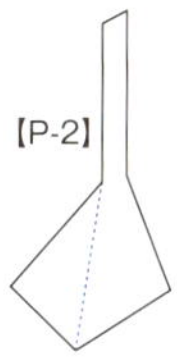

①P-2の◆1を貼り合わせた後、※にボンドを塗ってから内側に折り込んで貼り合わせます。
②組み立てた護衛艦のつ-2とP-2のツ-2の文字の天地を揃えて貼り合わせます。

3

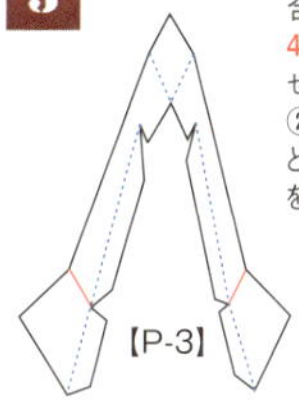

①P-3の※と◆1〜4を貼り合わせた後、♥1〜4と♡1〜4を同じ番号同士で貼り合わせます。
②組み立てた護衛艦のつ-3とP-3のツ-3の文字の天地を揃えて貼り合わせます。

4

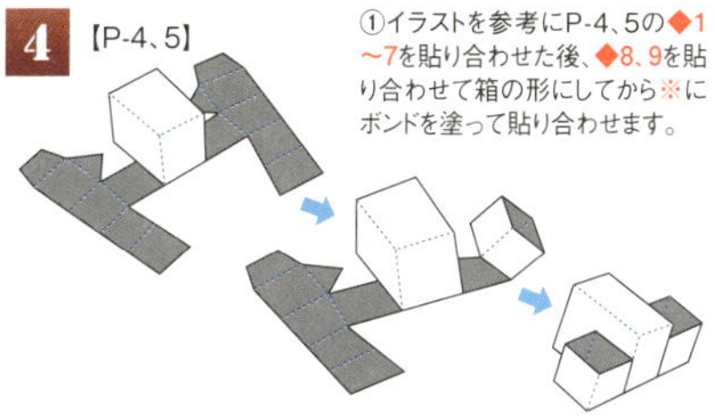

①イラストを参考にP-4、5の◆1〜7を貼り合わせた後、◆8、9を貼り合わせて箱の形にしてから※にボンドを塗って貼り合わせます。

5 6個組み立てます。

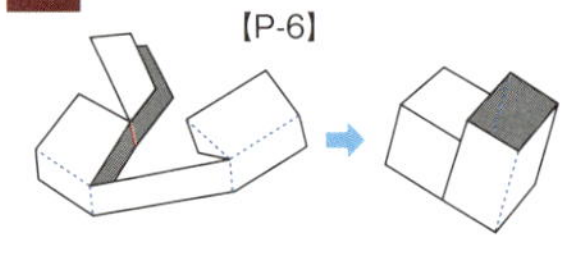

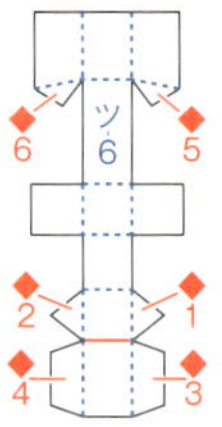

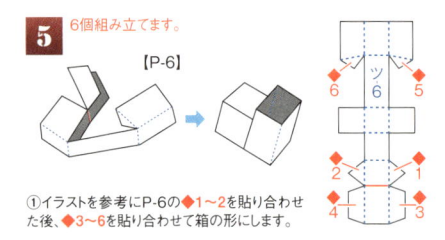

①イラストを参考にP-6の◆1～2を貼り合わせた後、◆3～6を貼り合わせて箱の形にします。

6 ①それぞれの長さに切って先端を削った竹串を10本用意する。

【P-4】ツ-4:3cm(黒色に塗る)2本
【P-5】ツ-5:5cm(黒色に塗る)2本
【P-6】ツ-6:4cm(灰色に塗る)1本
【P-6】ツ-7:6cm(灰色に塗る)1本
【P-6】ツ-8:6cm(灰色に塗る)1本
【P-6】ツ-9:6cm(灰色に塗る)1本
【P-6】ツ-10:4cm(灰色に塗る)1本
【P-6】ツ-11:4cm(灰色に塗る)1本

7

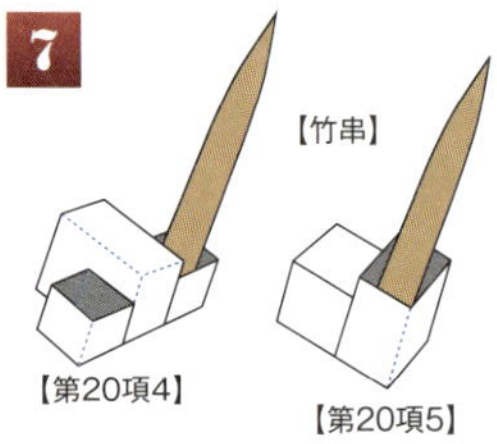

①イラストを参考に第20項4、5で組み立てた部品の箱にボンドを入れて用意した竹串をそれぞれの文字に合わせて差し込んで固定します。
②組み立てた護衛艦のつ-4～11と第20項4、5で組み立てた部品のツ-4～11の文字の天地を揃えてそれぞれ貼り合わせます。

第21項 救命艇の組み立て

▶ シート04のQ-1～3を基本的な作り方に従って処理します。

1 2個組み立てます。

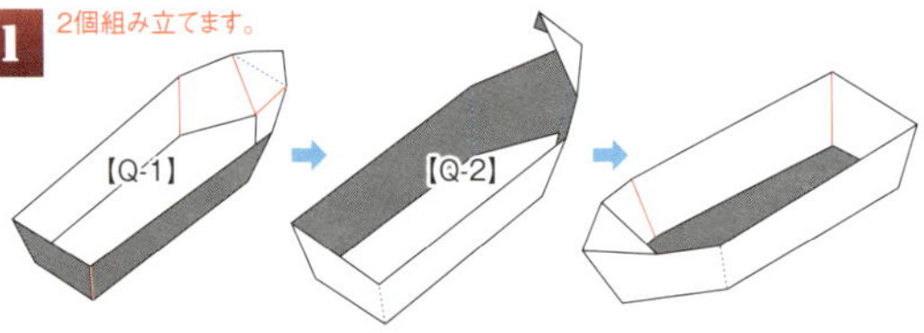

①Q-1の★を貼り合わせます。
②Q-2の◆1～5を貼り合わせます。
③イラストを参考に組み立てたQ-1の外側にボンドを塗ってからQ-2の内側に貼り合わせます。その後、◆6、7を貼り合わせます。

2 2個組み立てます。

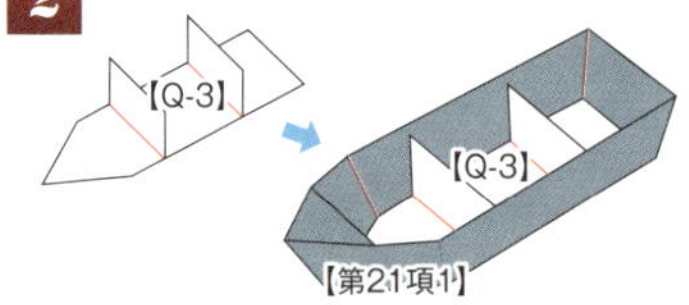

①イラストを参考にQ-3を折って貼り合わせます。
②Q-3の裏側にボンドを塗ってから第21項1で組み立てた部品の底に貼り合わせます。

第22項 レドームの組み立てと取り付け

▶ シート04のR-1～14を基本的な作り方に従って処理します。

1

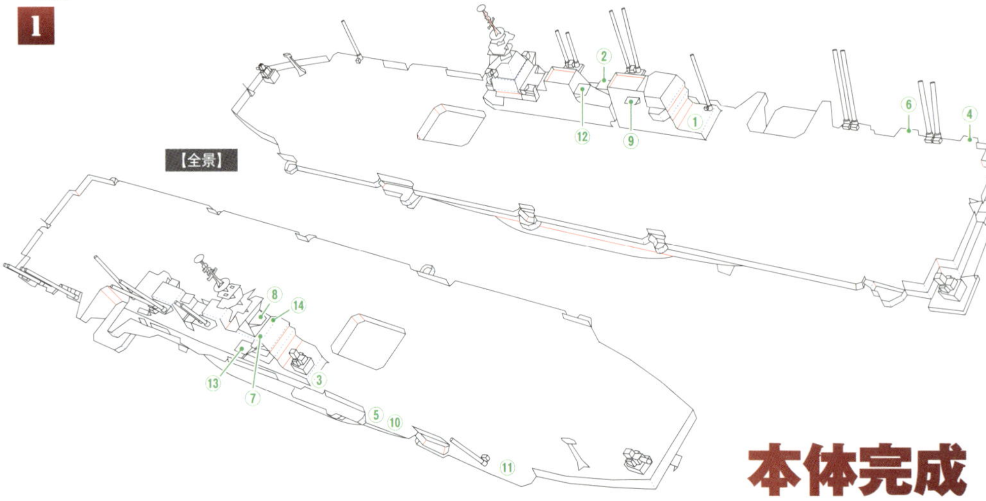

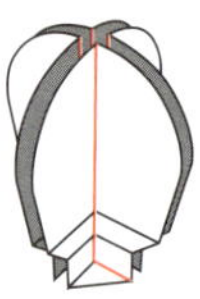

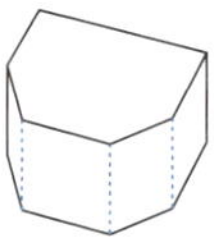

①イラストを参考にR-1を十字に貼り合わせて組み立てます。その後、下の全景の①に貼り合わせます。
②同じ要領でR-2～12まで一つずつ組み立てて、全景の同じ番号の場所に貼り合わせます。
③R-13、14の◆1～5を貼り合わせます。※は内側に折り込みます。その後、全景の同じ番号の場所に貼り合わせます。

本体完成

第23項 V-22の組み立て

▶ シート16のS-1～20を基本的な作り方に従って処理します。
のりしろも細かく、ピンセットを使いながら折る必要があるので慎重に作業を進めます。

【拡大した展開図】

※S-17、20の十字の切り込みにつまようじを通して穴を開けておきます。

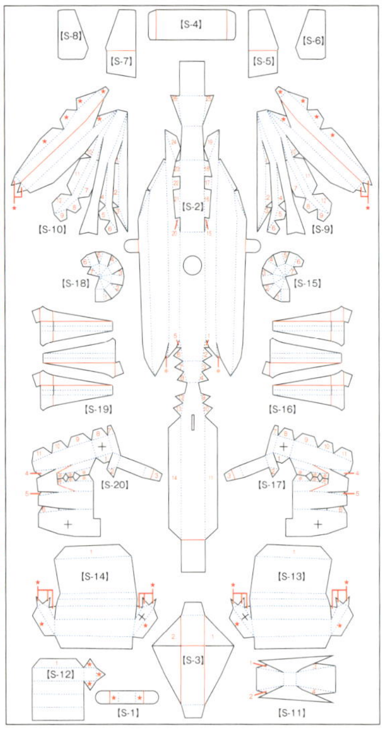

1

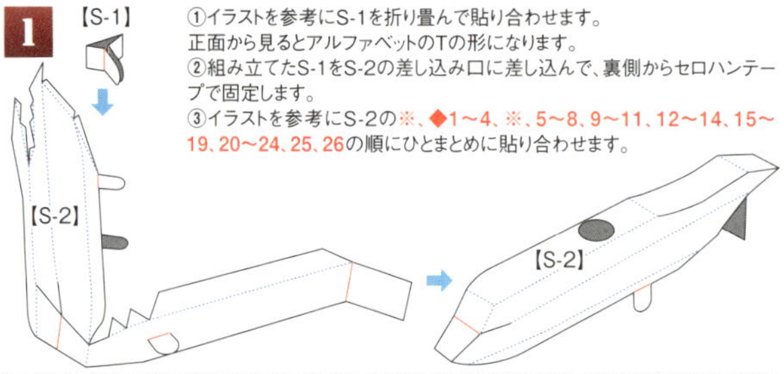

①イラストを参考にS-1を折り畳んで貼り合わせます。正面から見るとアルファベットのTの形になります。
②組み立てたS-1をS-2の差し込み口に差し込んで、裏側からセロハンテープで固定します。
③イラストを参考にS-2の※、◆1～4、※、5～8、9～11、12～14、15～19、20～24、25、26の順にひとまとめに貼り合わせます。

2

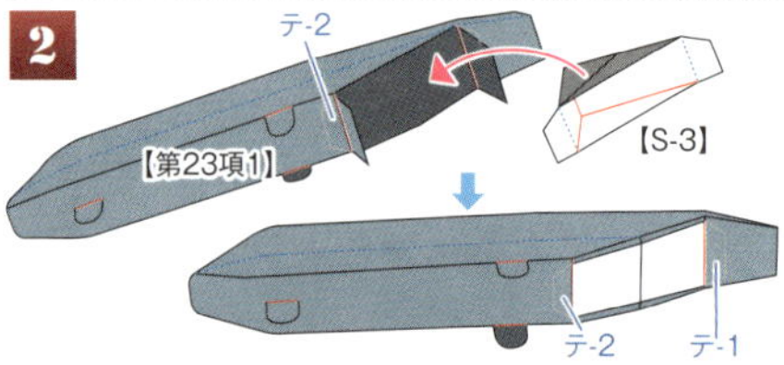

①S-3の◆1、2を貼り合わせます。
②イラストを参考に組み立てたS-3のテ-1、2を第23項1で組み立てた部品と貼り合わせます。
※ 後部ハッチの開閉ができます。

3 ①イラストを参考にS-4の裏面にS-5を貼り合わた後、S-6を貼り合わせます。S-7、8も同じ要領で貼り合わせます。
②イラストを参考に組み立てた部品と第23項2で組み立てた部品のて-3を貼り合わせます。

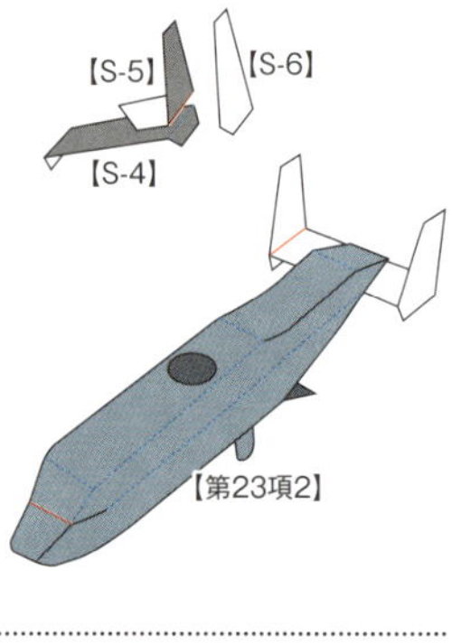

4

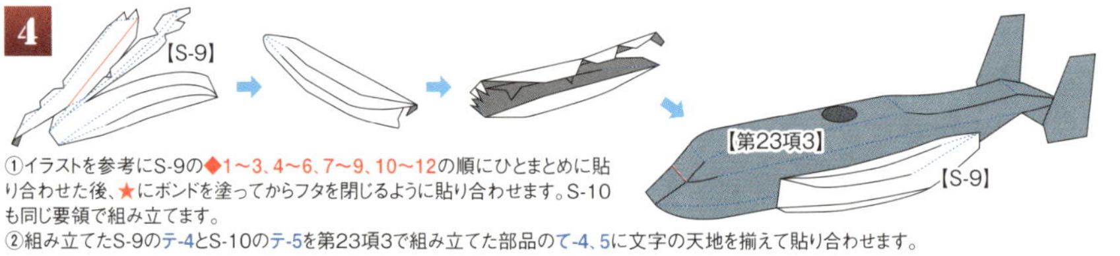

①イラストを参考にS-9の◆1～3、4～6、7～9、10～12の順にひとまとめに貼り合わせた後、★にボンドを塗ってからフタを閉じるように貼り合わせます。S-10も同じ要領で組み立てます。
②組み立てたS-9のテ-4とS-10のテ-5を第23項3で組み立てた部品のて-4、5に文字の天地を揃えて貼り合わせます。

5

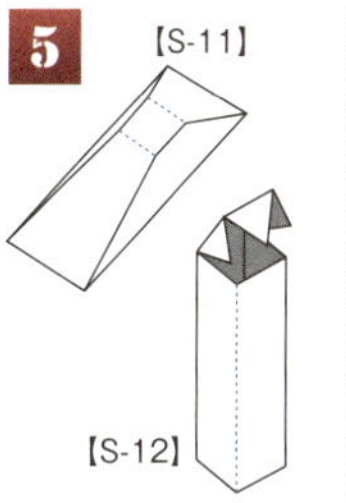

①S-11の◆1〜4を貼り合わせます。
②S-12の◆1を貼り合わせた後、※にボンドを塗ってから内側に折り込んで貼り合わせます。

6

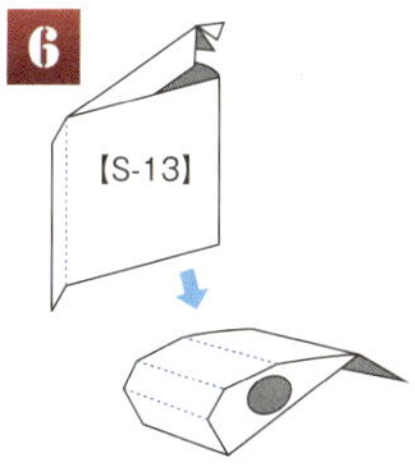

①S-13の◆1を貼り合わせた後、★にボンドを塗ってから内側に折り込んで貼り合わせます。
②組み立てた部品の十字の切り込みにつまようじを通して穴を開けます。
③S-14も同じ要領で組み立てます。

7

①イラストを参考に第23項5で組み立てたS-12のテ-6にボンドを塗ってからS-11の裏面に貼り合わせます。
②組み立てた部品のて-7、8に第23項6で組み立てたS-13、14のテ-7、8を文字の天地を揃えて貼り合わせます。

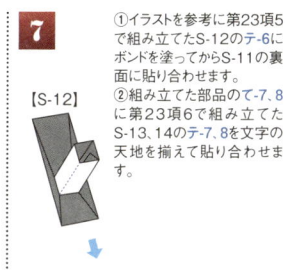

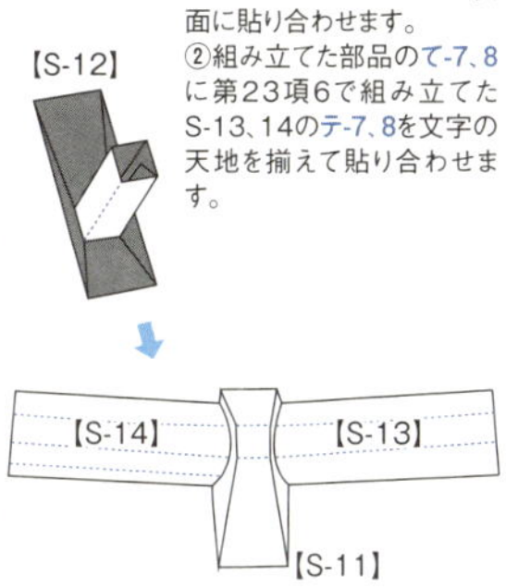

8

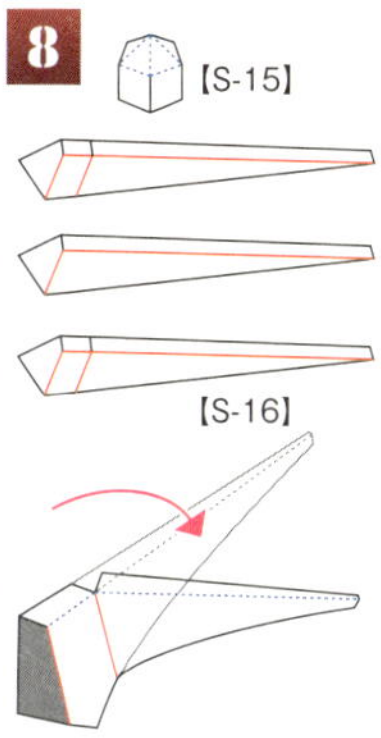

①イラストを参考にS-15の◆1〜8を貼り合わせます。
②イラストを参考にS-16を半分に折って貼り合わせた後、山折り・谷折りに気をつけて組み立てます。
③イラストを参考にS-16を2本だけ根本付近から谷折りにして90°折り曲げてから元に戻します。
④イラストを参考に組み立てたS-15の♡にS-16を貼り合わせます。
⑤組み立てた部品の裏側に13mmに切ったつまようじを貼り合わせます。

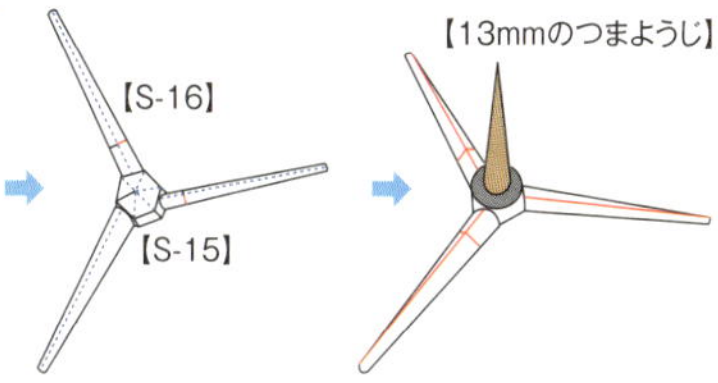

9

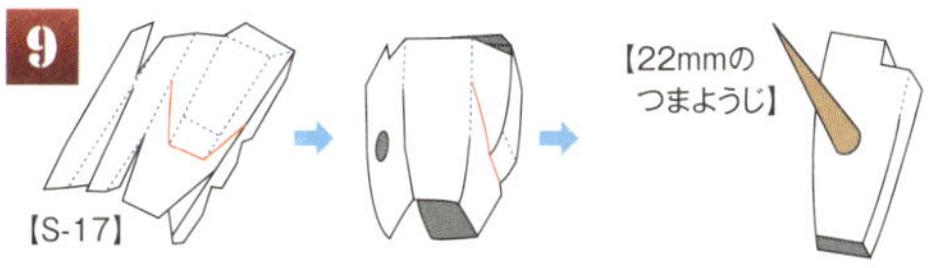

①イラストを参考にS-17の◆1、2を貼り合わせた後、※にボンドを塗ってから◆3と一緒に貼り合わせます。その後、◆4〜6を貼り合わせて、最後に◆7〜11まで貼り合わせます。
②イラストを参考に組み立てたS-17の側面の穴に22mmに切ったつまようじの断面にボンドを塗ってから差し込んで貼り合わせます。

10

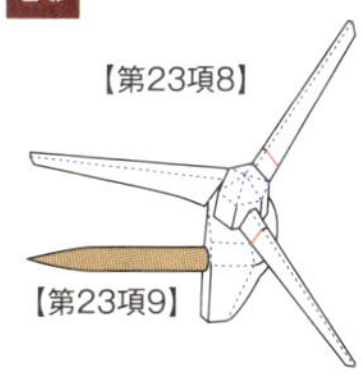

①イラストを参考に第23項9で組み立てた部品の穴に第23項8で組み立てた部品を差し込みます。
②第23項9、10と同じ要領でS-18〜20を組み立てます。

11

①イラストを参考に第23項7で組み立てた部品の穴に第23項10で組み立てた部品を差し込みます。

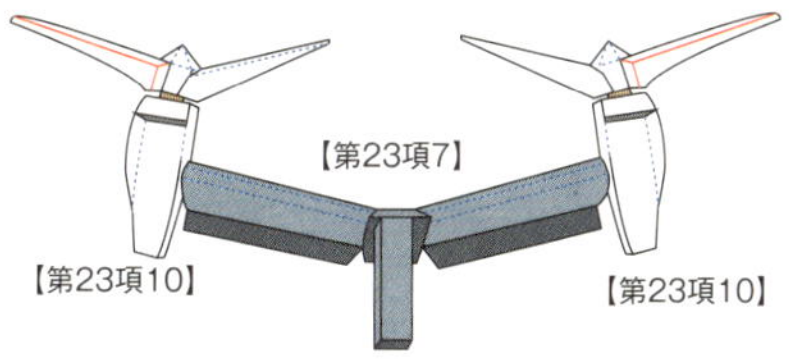

12

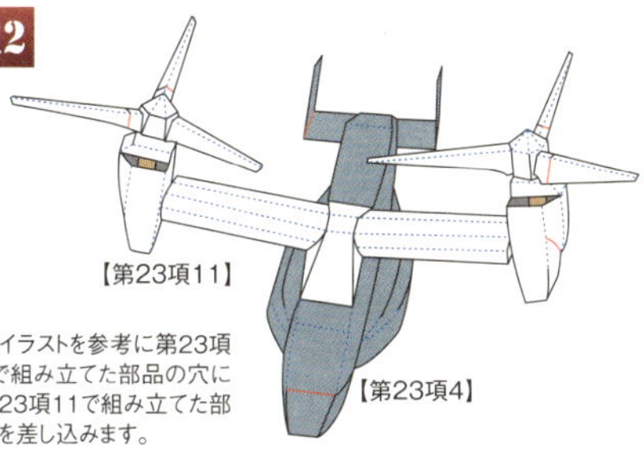

①イラストを参考に第23項4で組み立てた部品の穴に第23項11で組み立てた部品を差し込みます。

13

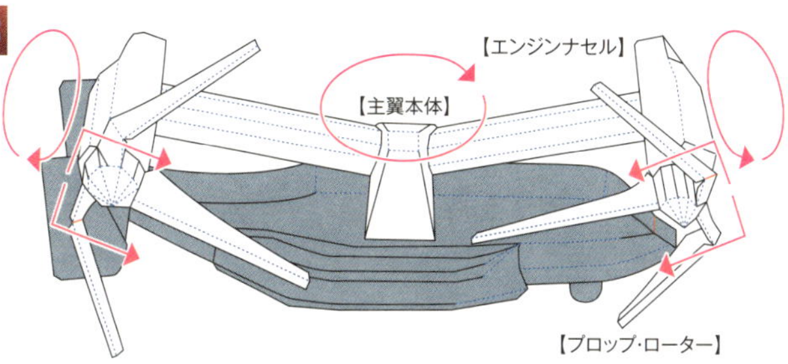

組み立てたV-22はローター部分を格納することで組み立てた護衛艦の第1エレベーターの中に入れて飾ることが可能です。
①プロップ・ローターを2枚内側に折りたたみます。
②エンジンナセルを90°手前に倒します。
③主翼本体をイラストを参考に90°回転させます。

第24項 SH60Kの組み立てと取り付け

シート16のT-1〜12を基本的な作り方に従って処理します。（※4機組み立てます。）
のりしろも細かく、ピンセットを使いながら折る必要があるので慎重に作業を進めます。

【拡大した展開図】

※T-5、10、11の十字の切り込みにつまようじを通して穴を開けておきます。

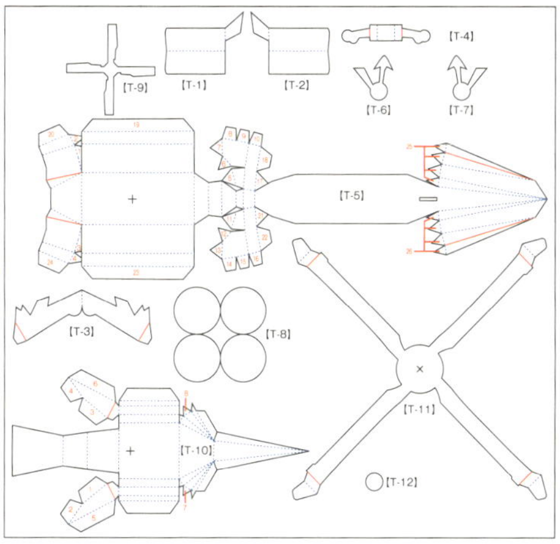

1

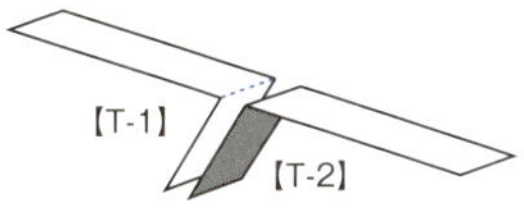

①イラストを参考にT-1、2の翼を半分に折って貼り合わせた後、ト-1とと-1の文字の天地を揃えて貼り合わせます。

2

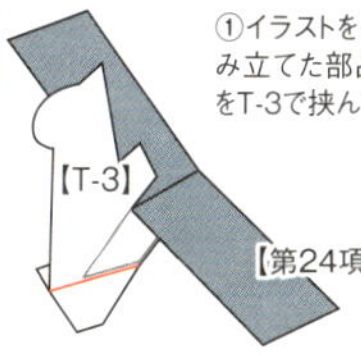

①イラストを参考に第24項1で組み立てた部品のト-1とと-1の部分をT-3で挟んで貼り合わせます。

3

①イラストを参考にT-4を折り畳んで貼り合わせます。正面から見るとアルファベットのTの形になります。

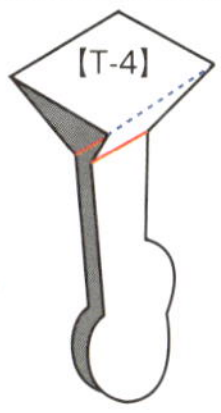

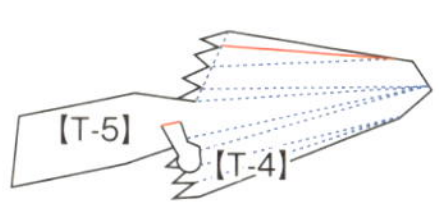

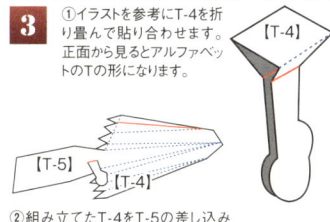

②組み立てたT-4をT-5の差し込み口に差し込んで、裏側からセロハンテープで固定します。

4

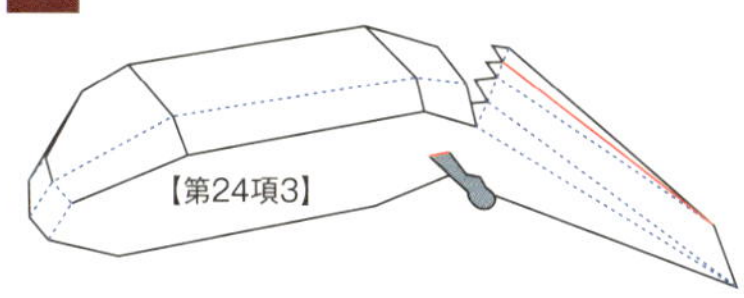

①イラストを参考に第24項3で組み立て部品の◆1と2、3と4、5〜10、11〜16、17〜20、21〜24、25、26の順にひとまとめに貼り合わせていきます。

5

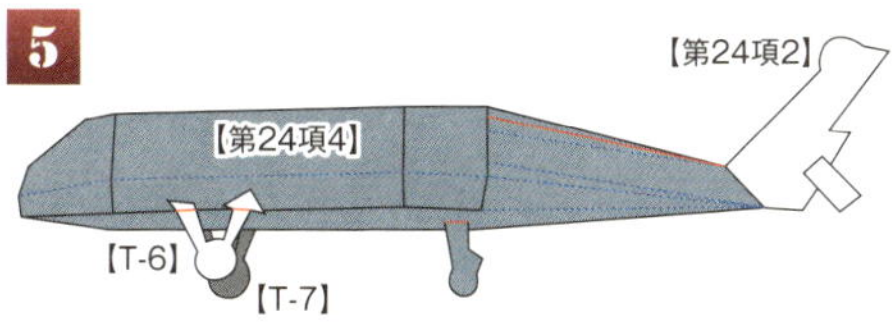

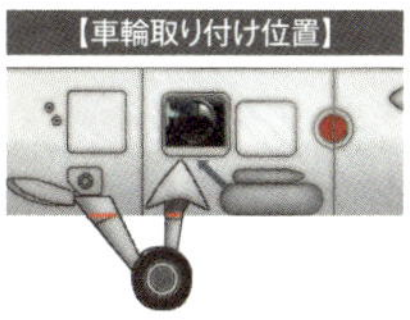

①イラストを参考に第24項2で組み立て部品のト-2を第24項4で組み立て部品と貼り合わせた後、車輪取り付け位置の画像を参考にT-6、7を貼り合わせます。

6

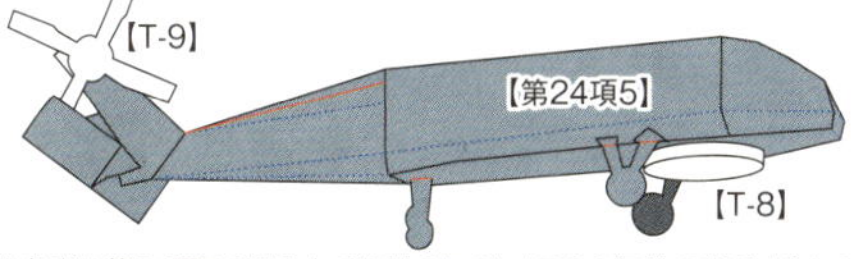

①イラストを参考に第24項5で組み立て部品のと-3にをT-8の無地の部品を先に3枚貼り合わせた後、柄付きの部品を貼り合わせます。
②組み立てた部品のと-4にをT-9を貼り合わせます。

7

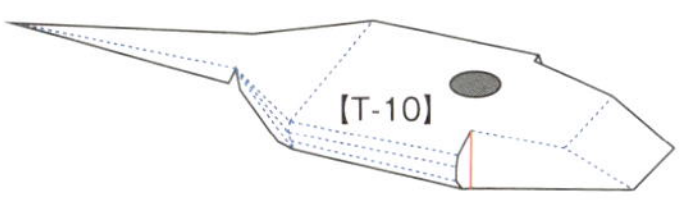

①イラストを参考にT-10の◆1と2、3と4、5と6、7、8の順にひとまとめに貼り合わせていきます。

8

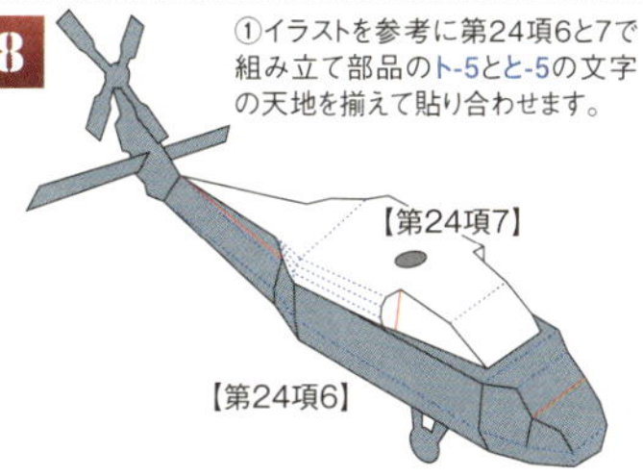

①イラストを参考に第24項6と7で組み立て部品のト-5とと-5の文字の天地を揃えて貼り合わせます。

9

①イラストを参考にT-11の中心にふしから15mmに切ったつまようじを差し込みます。その後、つまようじの上の面にボンドを塗ってからT-12を貼り合わせます。
②組み立てた部品を第24項8で組み立て部品の天井部分の穴に差し込みます。

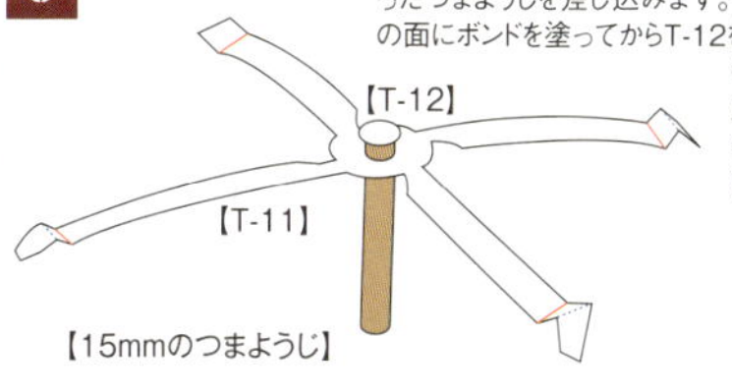

完成!

著者：長谷部憲司

自衛隊の月刊広報誌『セキュリタリアン』や『MAMOR（マモル）』を通じて15年以上、防衛省・自衛隊に関する様々なジャンルの内容を取材してきたフリーライター。編・著書に『知っておきたい!!自衛隊100科』（防衛弘済会刊）ほか。編集協力で「最新&最強 自衛隊兵器100」（学研パブリッシング刊）。

2015年4月30日　初版第1刷発行

STAFF

アートディレクター

齋藤詩音（有限会社フリーウェイ）

カバーデザイン

村松亨修（有限会社フリーウェイ）

本文デザイン・DTP

麓　佑生／戸塚仁美／林　亜澄／齋藤翔真／
齋藤隼希／山上杏里／庭月野　楓／
田村優香里／対馬　望（有限会社フリーウェイ）

イラスト

金山達矢

写真

岡戸雅樹／守屋貴章／在井展明

ペーパークラフト「いずも」制作

越智晃浩（第一印刷株式会社）

取材協力

海上自衛隊

参考

防衛省・自衛隊	http://www.mod.go.jp/
海上自衛隊	http://www.mod.go.jp/msdf/
横須賀基地	http://www.mod.go.jp/msdf/yokosuka/
佐世保基地	http://www.mod.go.jp/msdf/sasebo/
舞鶴基地	http://www.mod.go.jp/msdf/maizuru/
呉基地	http://www.mod.go.jp/msdf/kure/
大湊基地	http://www.mod.go.jp/msdf/oominato/

著者

長谷部憲司

発行者

中川信行

発行所

株式会社マイナビ　〒100-0003
東京都千代田区一ツ橋1-1-1　パレスサイドビル
TEL：0480-38-6872（注文ダイヤル）
TEL：03-6267-4477（販売）
TEL：03-6267-4483（編集）
http://book.mynavi.jp/

印刷・製本

株式会社大丸グラフィックス

ISBN 978-4-8399-5021-7
C0076

海上自衛隊 5大基地&所属艦船 パーフェクトガイド

※本書は2015年2月の情報をもとに制作しています。

※内容・付属のペーパークラフト「いずも」に関するお問い合わせやご意見は、下記アンケートページからお願いいたします。ご質問の場合は、書名とページ数および、ご質問内容を明記のうえ、ご連絡下さい。電話によるご質問にはお答えできません。また、本書の内容以外についてのご質問についてもお答えできませんので、あらかじめご了承下さい。アンケートにお答えいただいた方の中から、抽選で粗品をプレゼントします（当選は発送をもってかえさせていただきます）。

アンケートページ http://book.mynavi.jp/quest/id=96

※定価はカバーに記載してあります。

※乱丁・落丁本はお取り替えいたします。その際のお問い合わせは、TEL 0480-38-6872（注文専用ダイヤル）または、sas@mynavi.jp（電子メール）までお願いいたします。

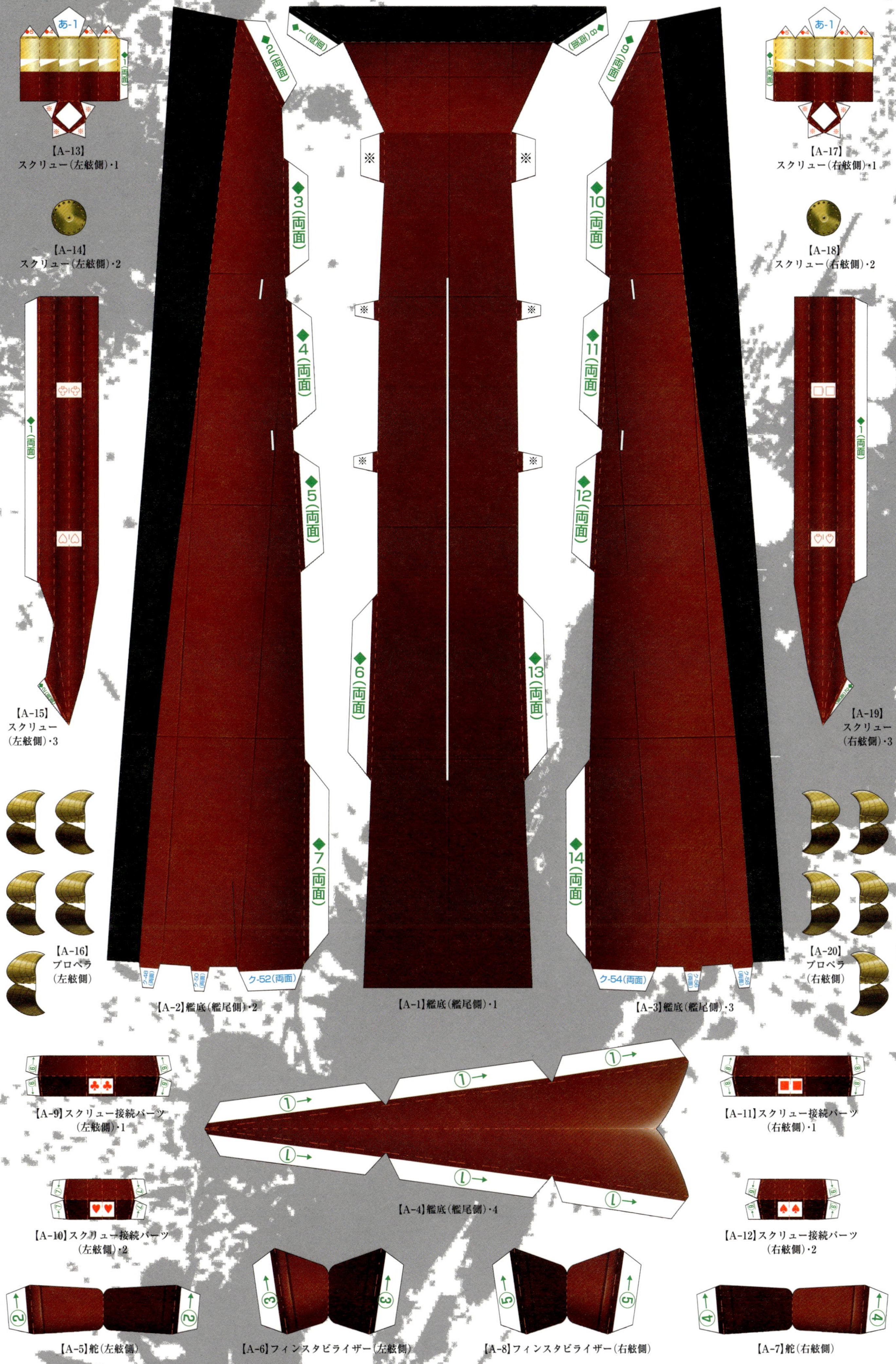

切り取り線

【A-13】スクリュー(左舷側)・1

【A-17】スクリュー(右舷側)・1

【A-14】スクリュー(左舷側)・2

【A-18】スクリュー(右舷側)・2

【A-15】スクリュー(左舷側)・3

【A-19】スクリュー(右舷側)・3

【A-16】プロペラ(左舷側)

【A-20】プロペラ(右舷側)

【A-2】艦底(艦尾側)・2

【A-1】艦底(艦尾側)・1

【A-3】艦底(艦尾側)・3

【A-9】スクリュー接続パーツ(左舷側)・1

【A-11】スクリュー接続パーツ(右舷側)・1

【A-4】艦底(艦尾側)・4

【A-10】スクリュー接続パーツ(左舷側)・2

【A-12】スクリュー接続パーツ(右舷側)・2

【A-5】舵(左舷側)

【A-6】フィンスタビライザー(左舷側)

【A-8】フィンスタビライザー(右舷側)

【A-7】舵(右舷側)

切り取り線

切り取り線

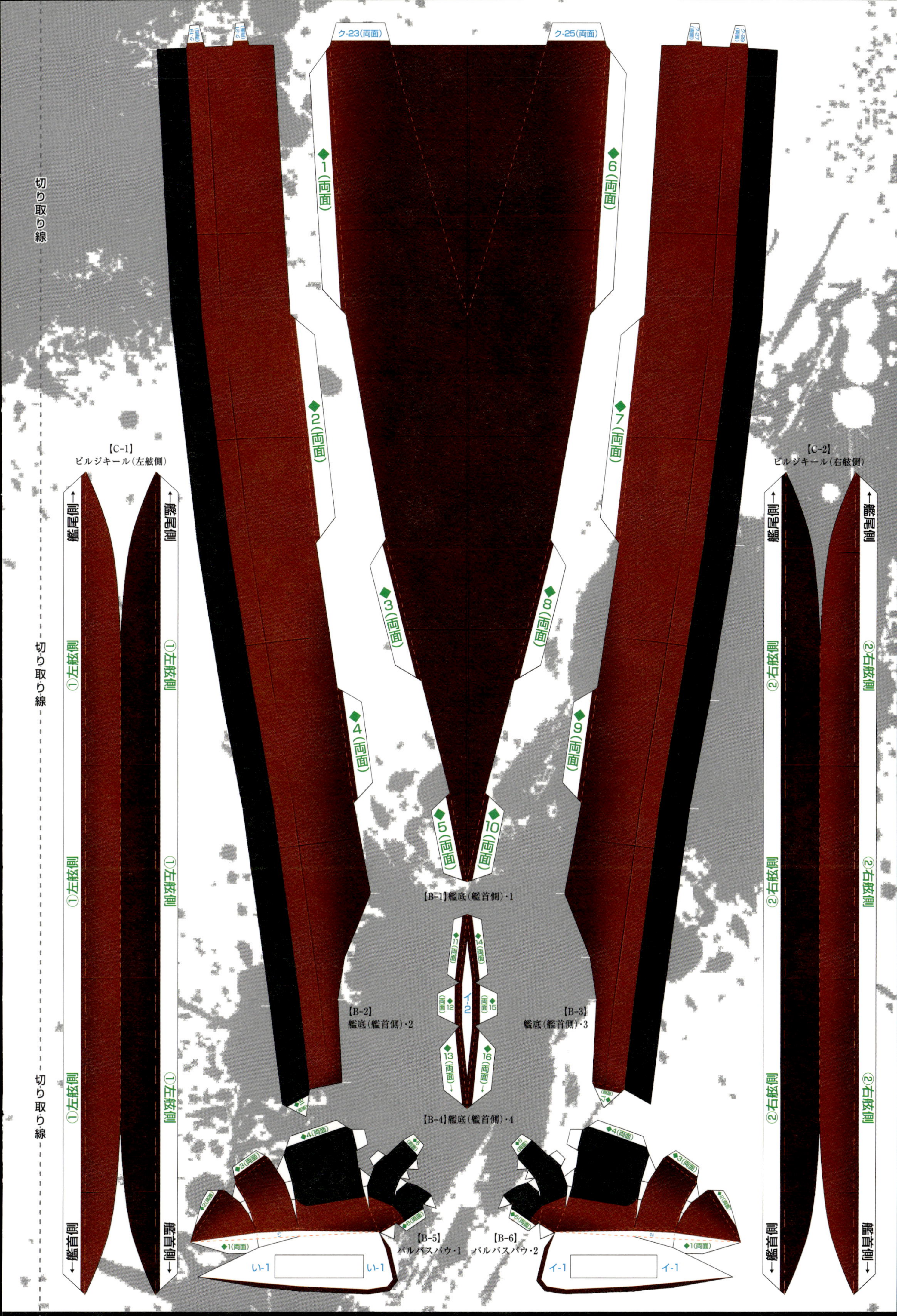
切り取り線
ク-23(両面)
ク-25(両面)
◆1(両面)
◆2(両面)
◆3(両面)
◆4(両面)
◆5(両面)
◆6(両面)
◆7(両面)
◆8(両面)
◆9(両面)
◆10(両面)
【B-1】艦底(艦首側)・1
イ-2
【B-2】
艦底(艦首側)・2
【B-3】
艦底(艦首側)・3
【B-4】艦底(艦首側)・4
【C-1】
ビルジキール(左舷側)
艦尾側→
①左舷側
艦首側→
【C-2】
ビルジキール(右舷側)
②右舷側
【B-5】
バルバスバウ・1
【B-6】
バルバスバウ・2
い-1
イ-1

切り取り線

【C-3】艦底(中央)

【D-1】第一エレベーター・1

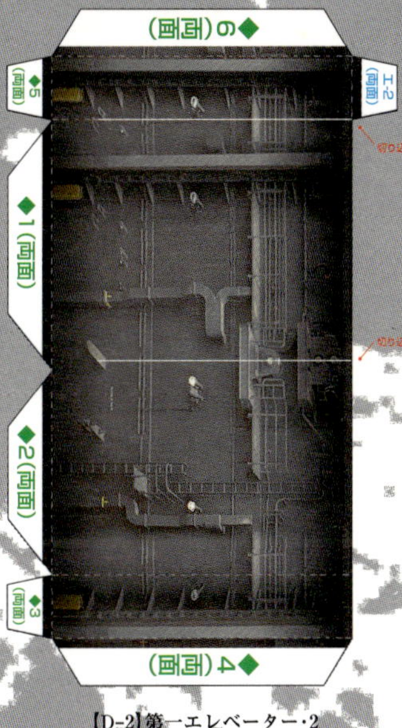

【D-2】第一エレベーター・2

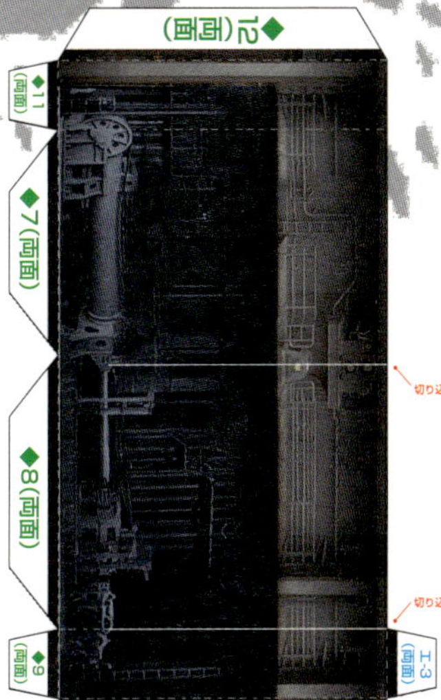

【D-3】第一エレベーター・3

切り取り線

切り取り線

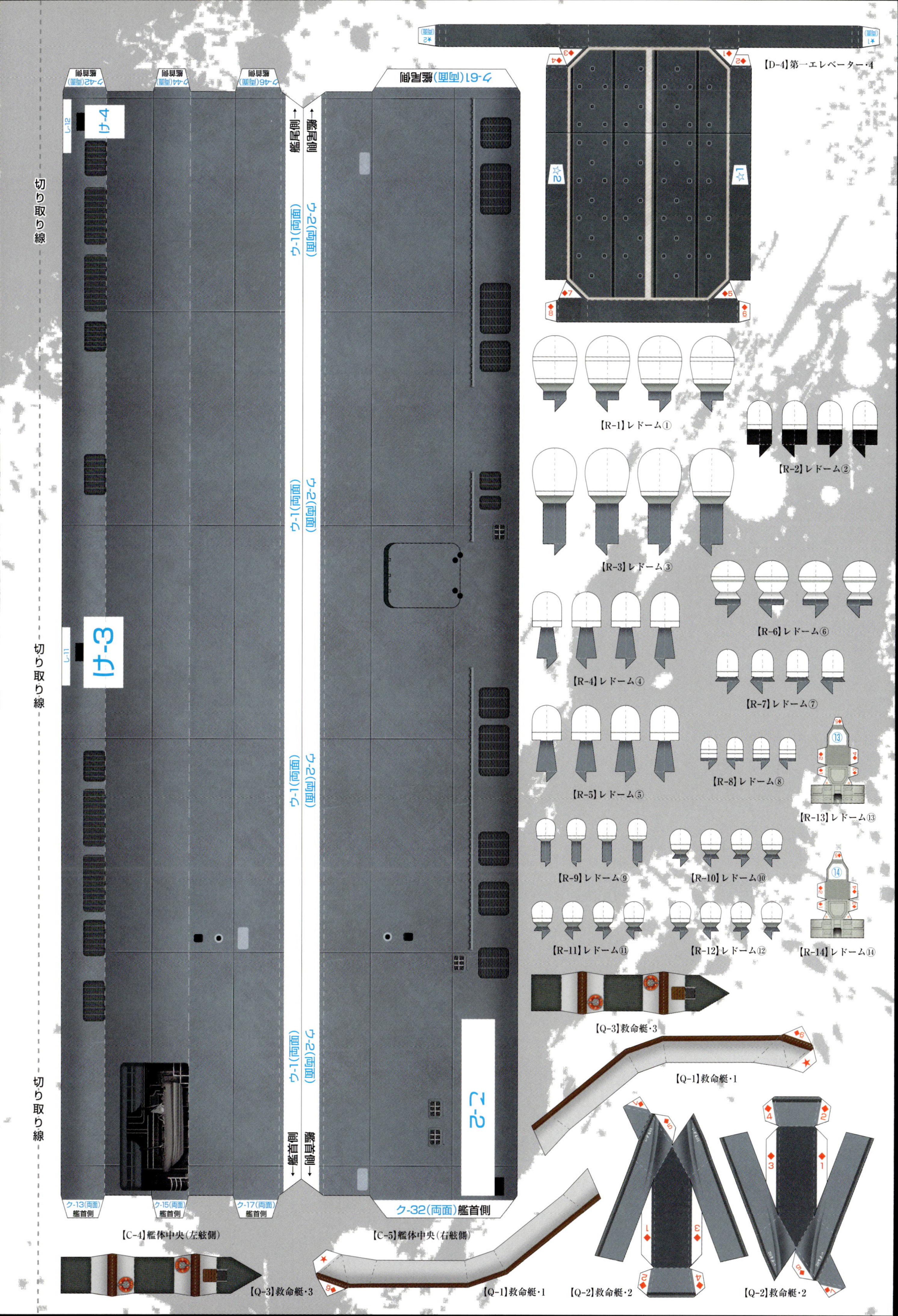
【D-4】第一エレベーター・4
切り取り線
ケ-4
ケ-3
ウ-1(両面)
ウ-2(両面)
艦尾側
艦首側
ク-13(両面) 艦首側
ク-15(両面) 艦首側
ク-17(両面) 艦首側
ク-32(両面)艦首側
コ-2
【R-1】レドーム①
【R-2】レドーム②
【R-3】レドーム③
【R-6】レドーム⑥
【R-4】レドーム④
【R-7】レドーム⑦
【R-8】レドーム⑧
【R-13】レドーム⑬
【R-5】レドーム⑤
【R-9】レドーム⑨
【R-10】レドーム⑩
【R-11】レドーム⑪
【R-12】レドーム⑫
【R-14】レドーム⑭
【Q-3】救命艇・3
【Q-1】救命艇・1
【C-4】艦体中央(左舷側)
【C-5】艦体中央(右舷側)
【Q-3】救命艇・3
【Q-1】救命艇・1
【Q-2】救命艇・2
【Q-2】救命艇・2

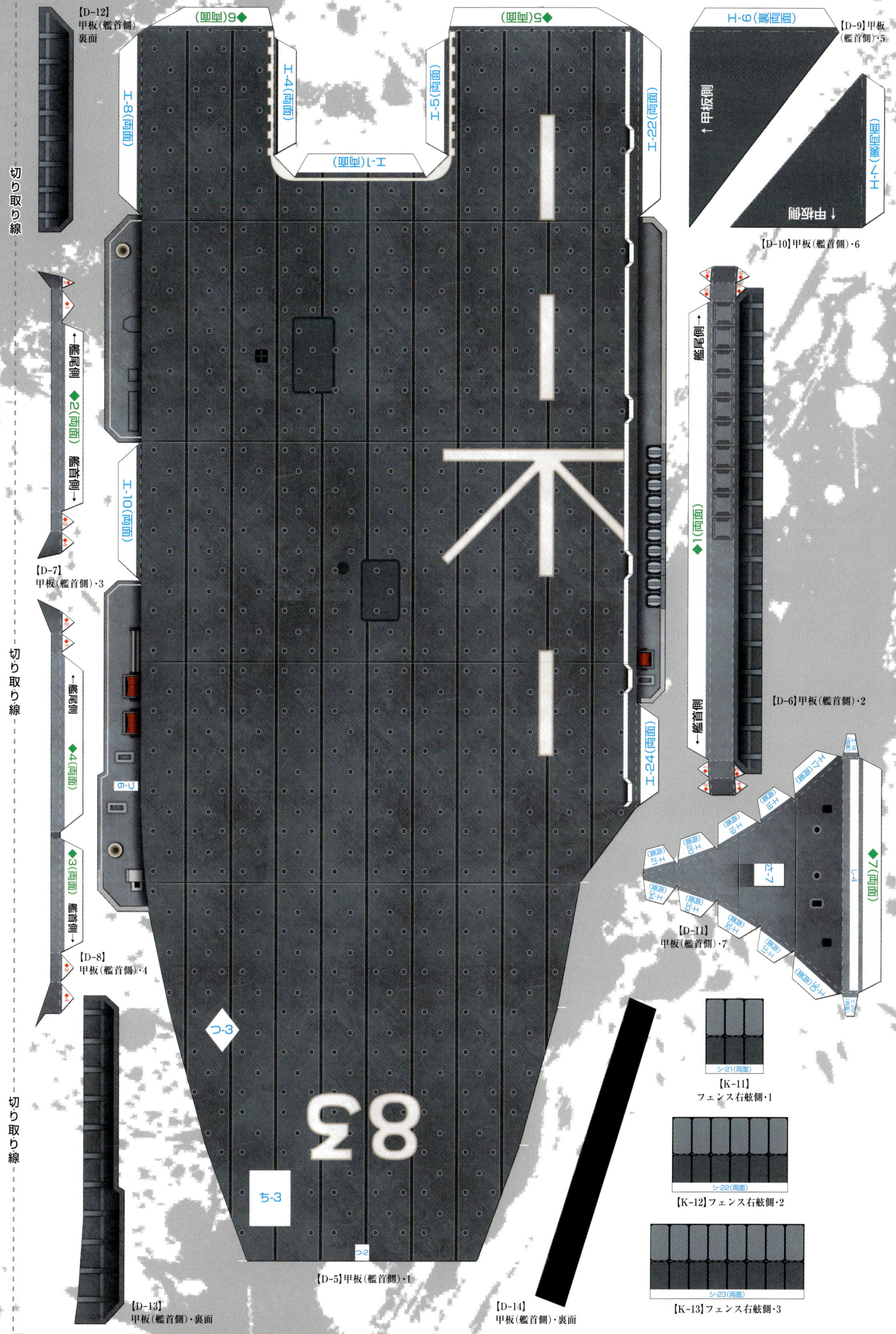
【D-12】甲板(艦首側)
裏面
◆6(両面)
◆5(両面)
エ-4(両面)
エ-5(両面)
エ-1(両面)
エ-8(両面)
エ-22(両面)
【D-9】甲板(艦首側)・5
【D-10】甲板(艦首側)・6
甲板側
切り取り線
艦尾側
◆2(両面)
艦首側
【D-7】甲板(艦首側)・3
エ-10(両面)
◆1(両面)
◆4(両面)
◆3(両面)
【D-8】甲板(艦首側)・4
エ-24(両面)
【D-6】甲板(艦首側)・2
◆7(両面)
さ-7
【D-11】甲板(艦首側)・7
つ-3
83
ち-3
【D-5】甲板(艦首側)・1
シ-21(両面)
【K-11】フェンス右舷側・1
シ-22(両面)
【K-12】フェンス右舷側・2
シ-23(両面)
【K-13】フェンス右舷側・3
【D-13】甲板(艦首側)・裏面
【D-14】甲板(艦首側)・裏面

切り取り線

切り取り線

切り取り線

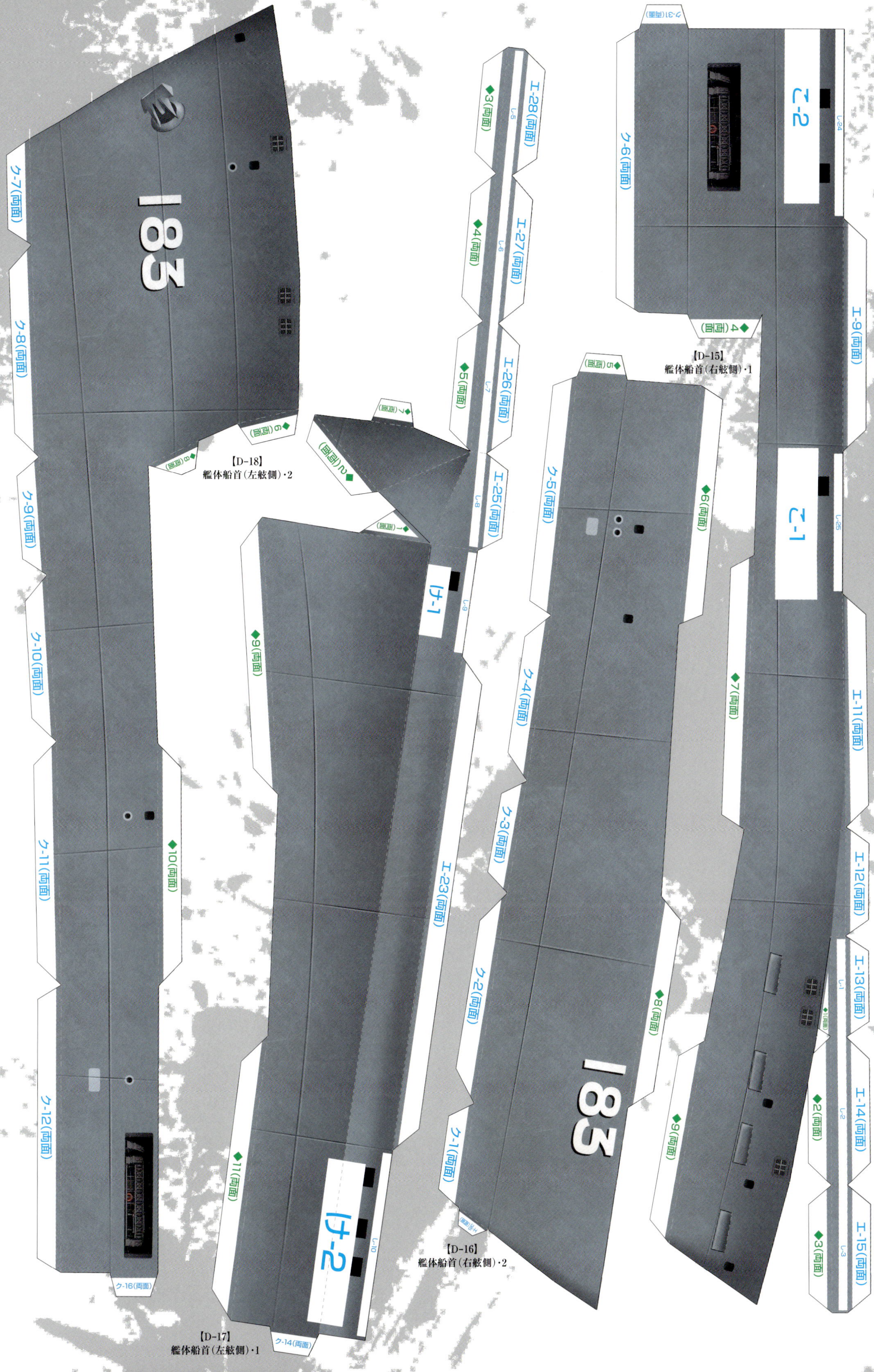

【D-18】
艦体船首(左舷側)・2

【D-15】
艦体船首(右舷側)・1

【D-16】
艦体船首(右舷側)・2

【D-17】
艦体船首(左舷側)・1

切り取り線

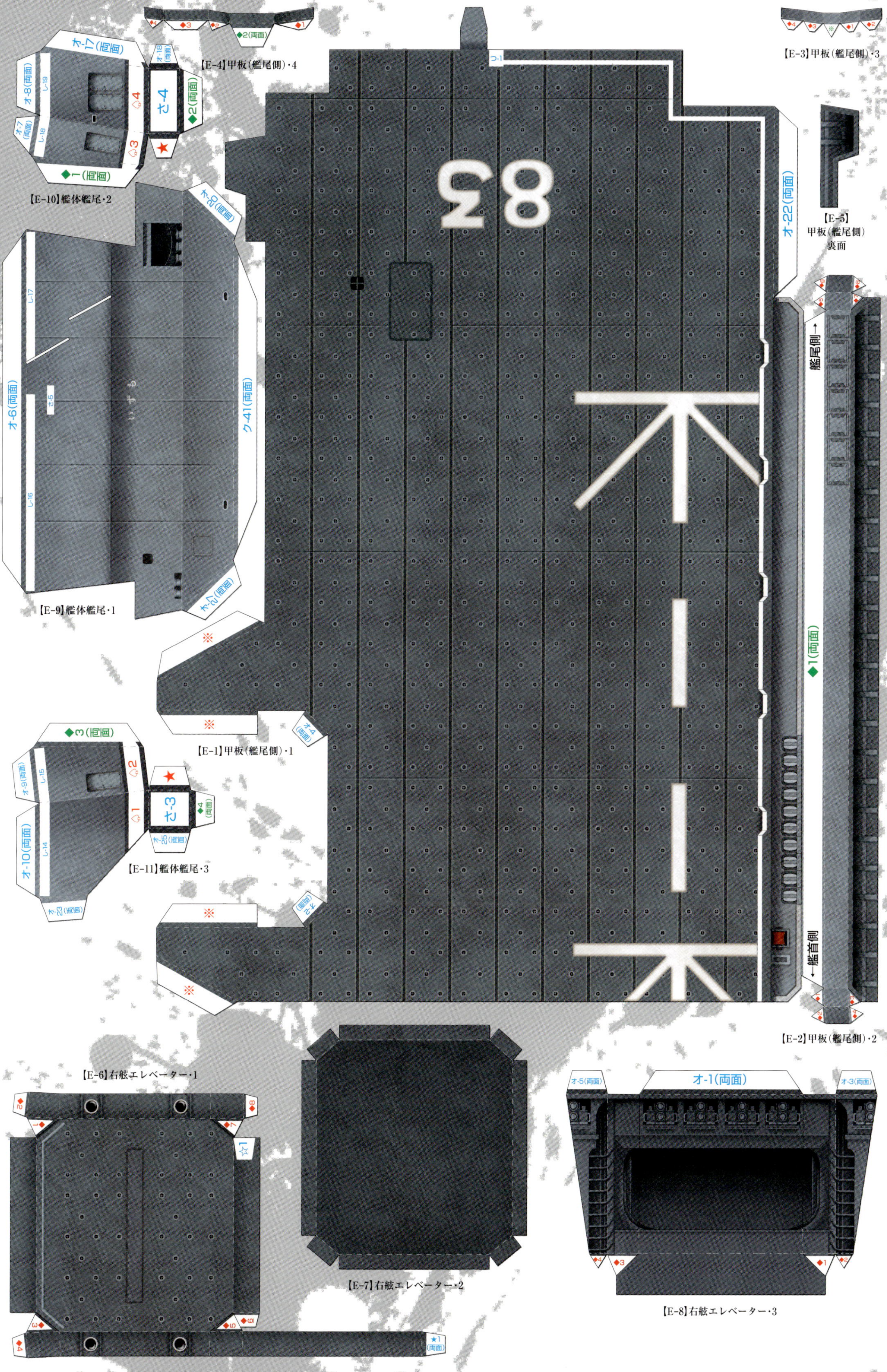

切り取り線

切り取り線

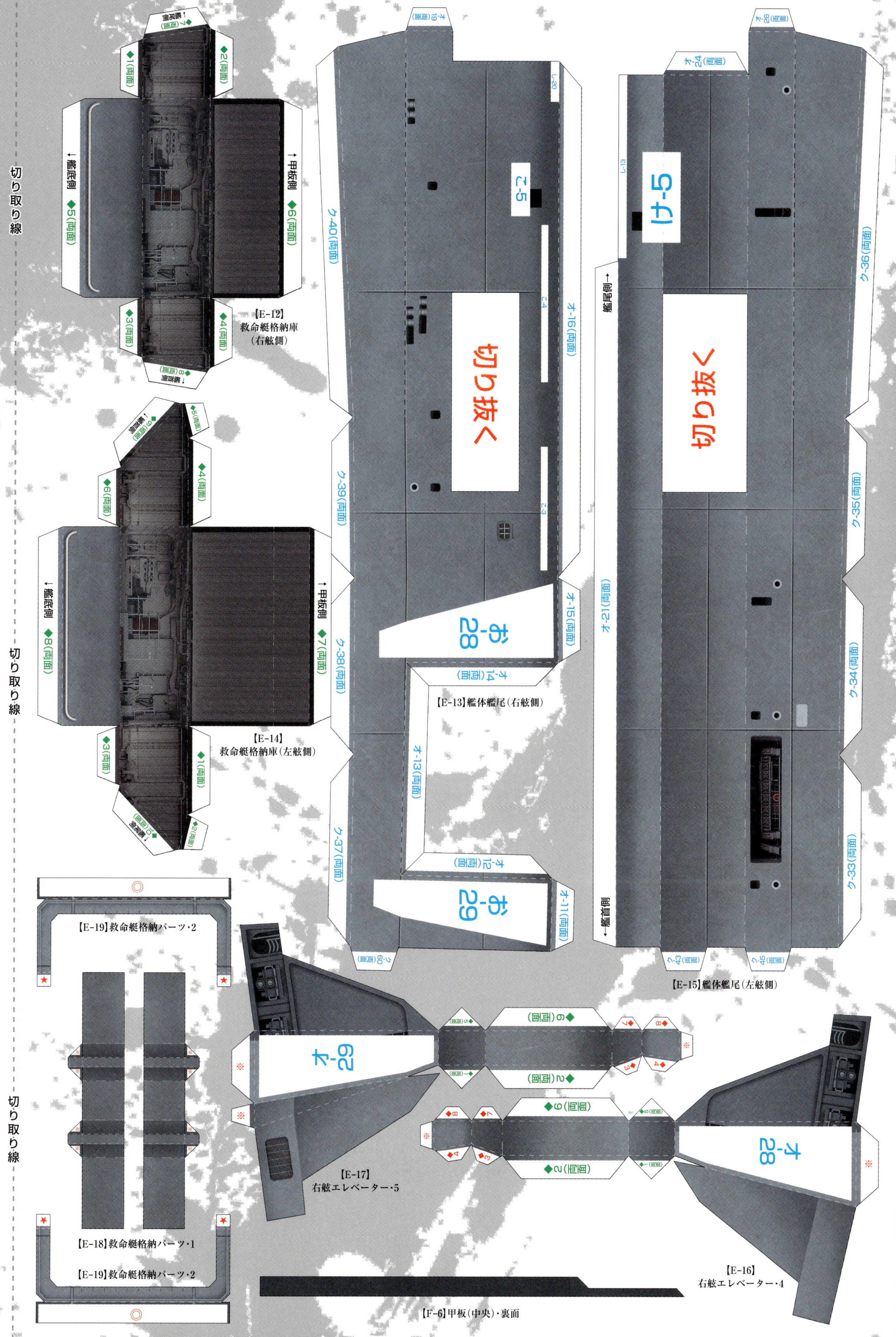

【E-12】救命艇格納庫（右舷側）

【E-13】艦体艦尾（右舷側）

【E-14】救命艇格納庫（左舷側）

【E-15】艦体艦尾（左舷側）

【E-19】救命艇格納パーツ・2

【E-17】右舷エレベーター・5

【E-18】救命艇格納パーツ・1

【E-19】救命艇格納パーツ・2

【E-16】右舷エレベーター・4

【F-6】甲板（中央）・裏面

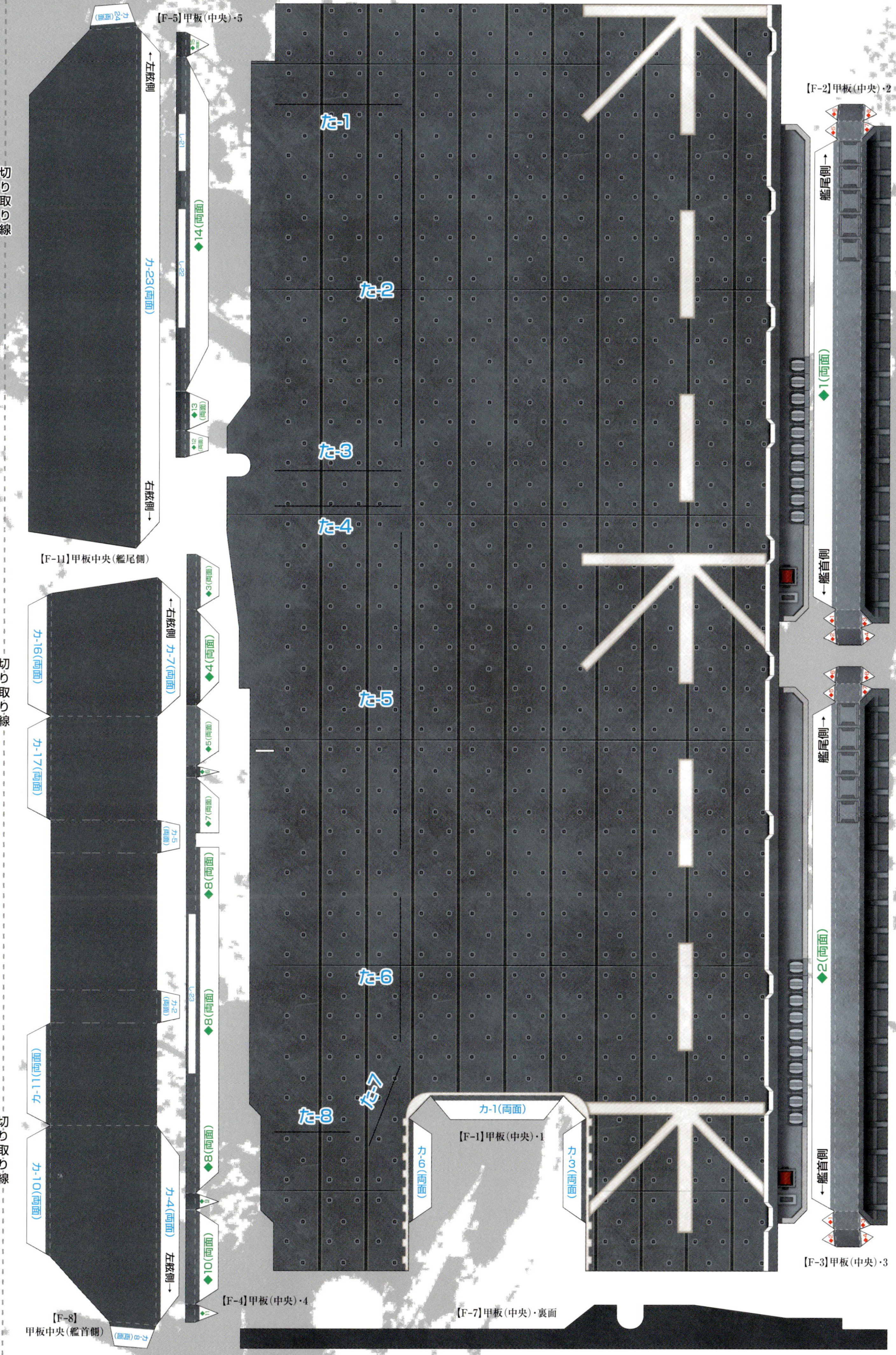
【F-5】甲板(中央)・5
【F-2】甲板(中央)・2
【F-11】甲板中央(艦尾側)
【F-1】甲板(中央)・1
【F-3】甲板(中央)・3
【F-4】甲板(中央)・4
【F-7】甲板(中央)・裏面
【F-8】
甲板中央(艦首側)
切り取り線
切り取り線
切り取り線
←左舷側
右舷側→
←右舷側
左舷側→
艦尾側→
←艦首側
艦尾側→
←艦首側
カ-23(両面)
カ-16(両面)
カ-17(両面)
カ-11(両面)
カ-10(両面)
カ-7(両面)
カ-4(両面)
カ-1(両面)
カ-6(両面)
カ-3(両面)
た-1
た-2
た-3
た-4
た-5
た-6
た-7
た-8
◆14(両面)
◆1(両面)
◆2(両面)
◆4(両面)
◆8(両面)
◆10(両面)

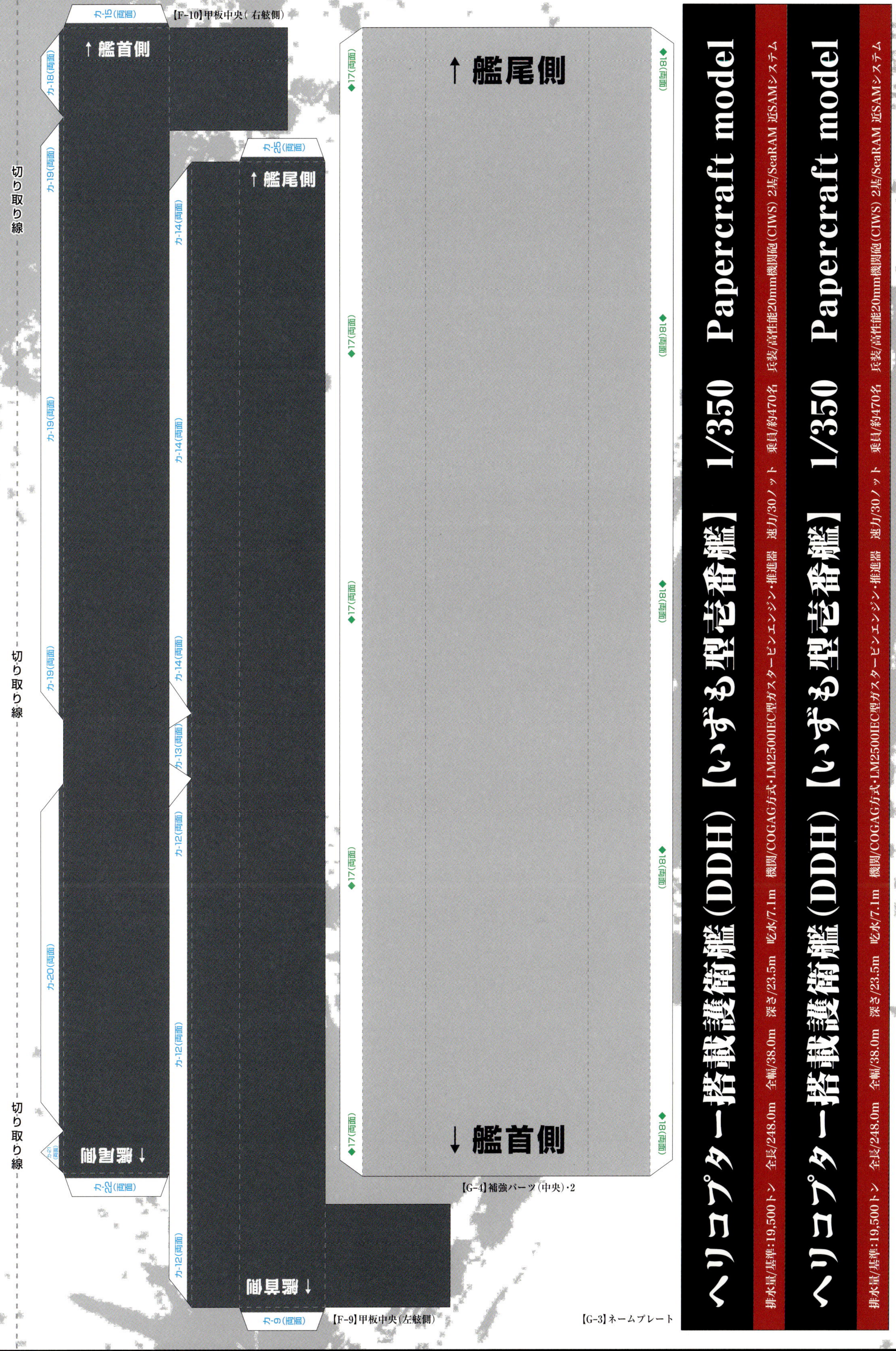
【F-10】甲板中央（右舷側）
↑艦首側
↓艦尾側
【F-9】甲板中央（左舷側）
↑艦尾側
↓艦首側
↑艦尾側
↓艦首側
【G-4】補強パーツ（中央）・2
【G-3】ネームプレート
ヘリコプター搭載護衛艦（DDH）【いずも型壱番艦】 1/350 Papercraft model
排水量/基準:19,500トン 全長/248.0m 全幅/38.0m 深さ/23.5m 吃水/7.1m 機関/COGAG方式・LM2500IEC型ガスタービンエンジン・推進器 速力/30ノット 乗員/約470名 兵装/高性能20mm機関砲（CIWS） 2基/SeaRAM 近SAMシステム
切り取り線
切り取り線
切り取り線

切り取り線

切り取り線

切り取り線

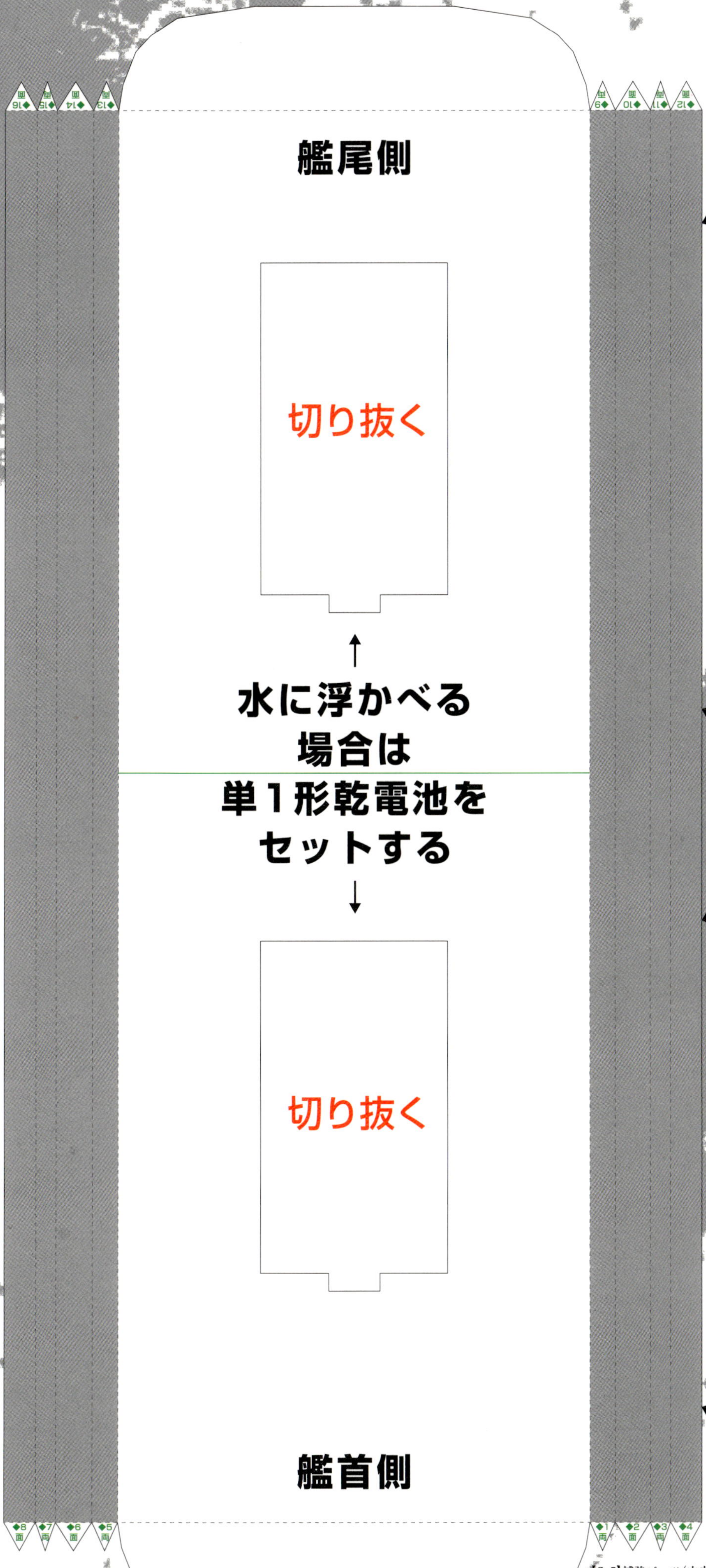

【G-5】補強パーツ（中央）・1

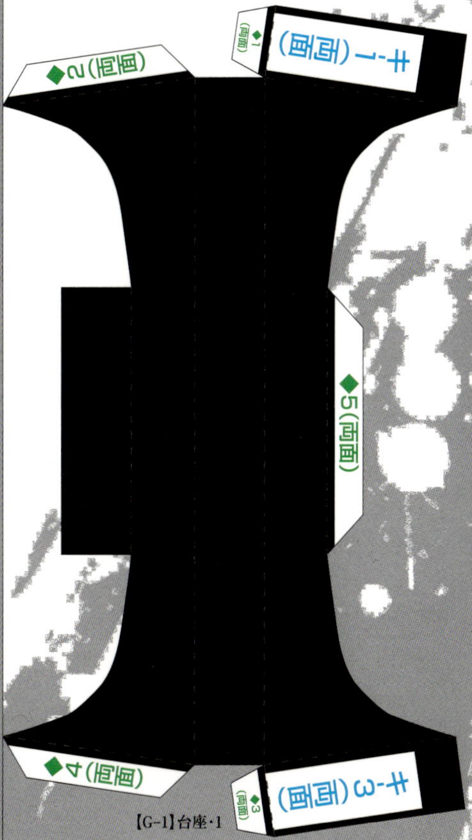

【G-1】台座・1

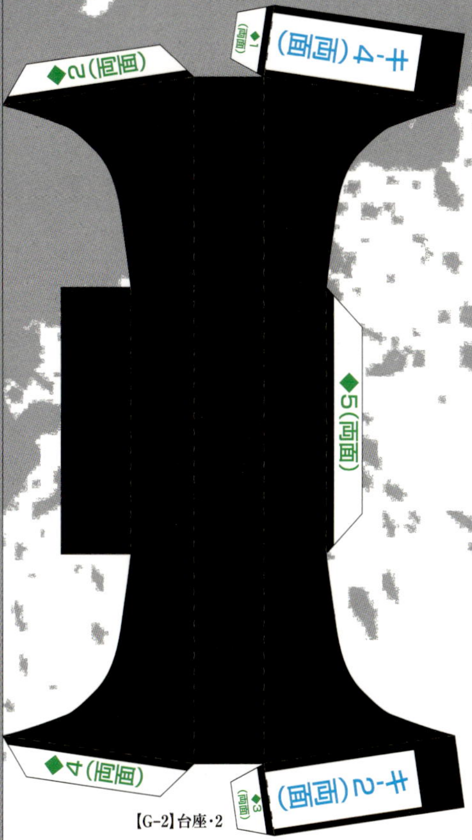

【G-2】台座・2

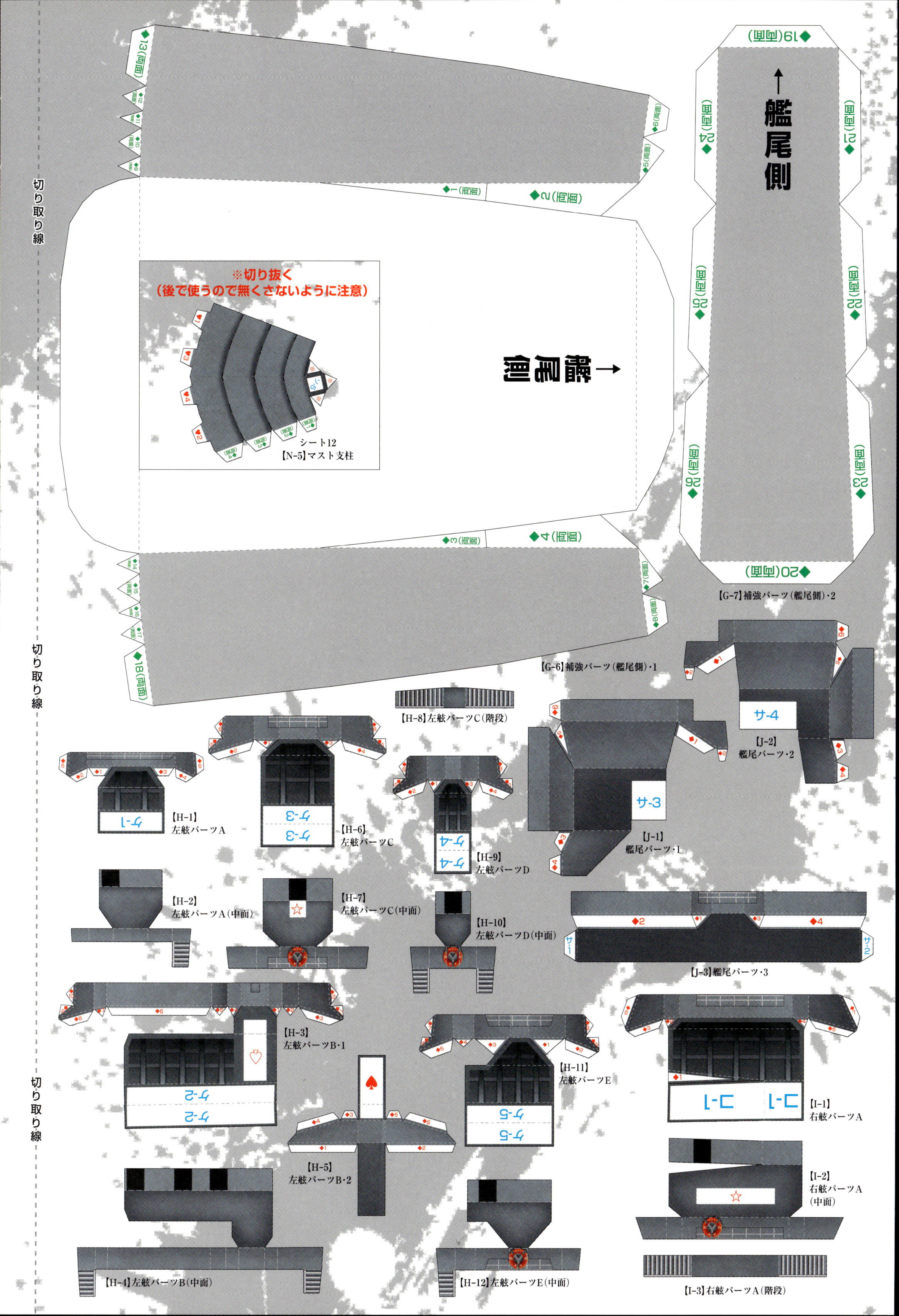
切り取り線
艦尾側
※切り抜く
（後で使うので無くさないように注意）
シート12
【N-5】マスト支柱
【G-7】補強パーツ（艦尾側）·2
【G-6】補強パーツ（艦尾側）·1
【H-8】左舷パーツC（階段）
【J-2】艦尾パーツ·2
【H-1】左舷パーツA
【H-6】左舷パーツC
【H-9】左舷パーツD
【J-1】艦尾パーツ·1
【H-2】左舷パーツA（中面）
【H-7】左舷パーツC（中面）
【H-10】左舷パーツD（中面）
【J-3】艦尾パーツ·3
【H-3】左舷パーツB·1
【H-11】左舷パーツE
【I-1】右舷パーツA
【H-5】左舷パーツB·2
【I-2】右舷パーツA（中面）
【H-4】左舷パーツB（中面）
【H-12】左舷パーツE（中面）
【I-3】右舷パーツA（階段）

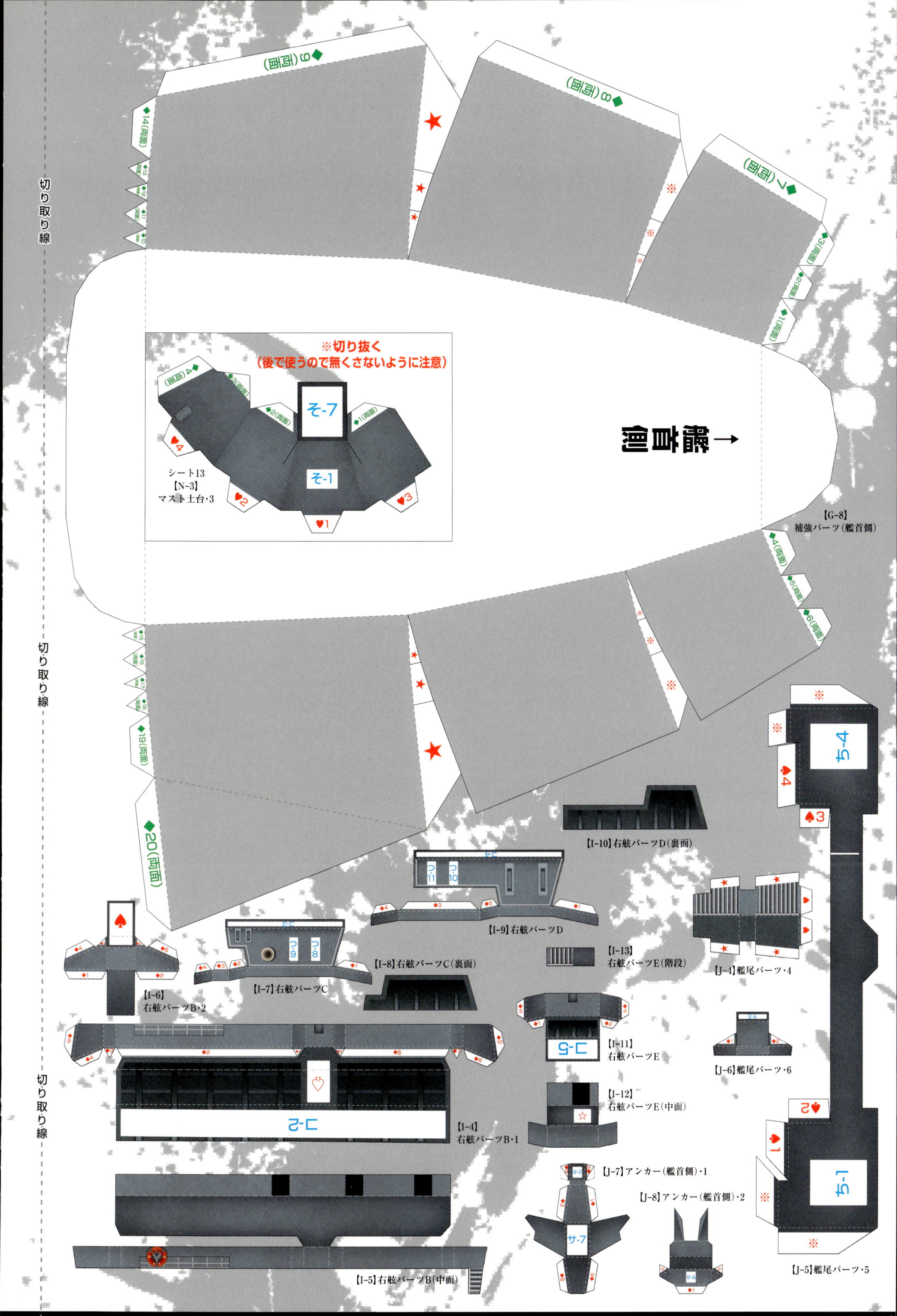
切り取り線
※切り抜く
(後で使うので無くさないように注意)
そ-7
そ-1
シート13
【N-3】
マスト土台·3
艦首側
【G-8】
補強パーツ(艦首側)
【I-10】右舷パーツD(裏面)
【I-9】右舷パーツD
【I-8】右舷パーツC(裏面)
【I-7】右舷パーツC
【I-6】
右舷パーツB·2
【I-13】
右舷パーツE(階段)
【I-11】
右舷パーツE
【I-12】
右舷パーツE(中面)
【I-4】
右舷パーツB·1
【I-5】右舷パーツB(中面)
【J-4】艦尾パーツ·4
【J-6】艦尾パーツ·6
【J-7】アンカー(艦首側)·1
【J-8】アンカー(艦首側)·2
【J-5】艦尾パーツ·5
ち-4
ち-1
つ-11
つ-10
つ-9
つ-8
コ-5
コ-2
サ-7

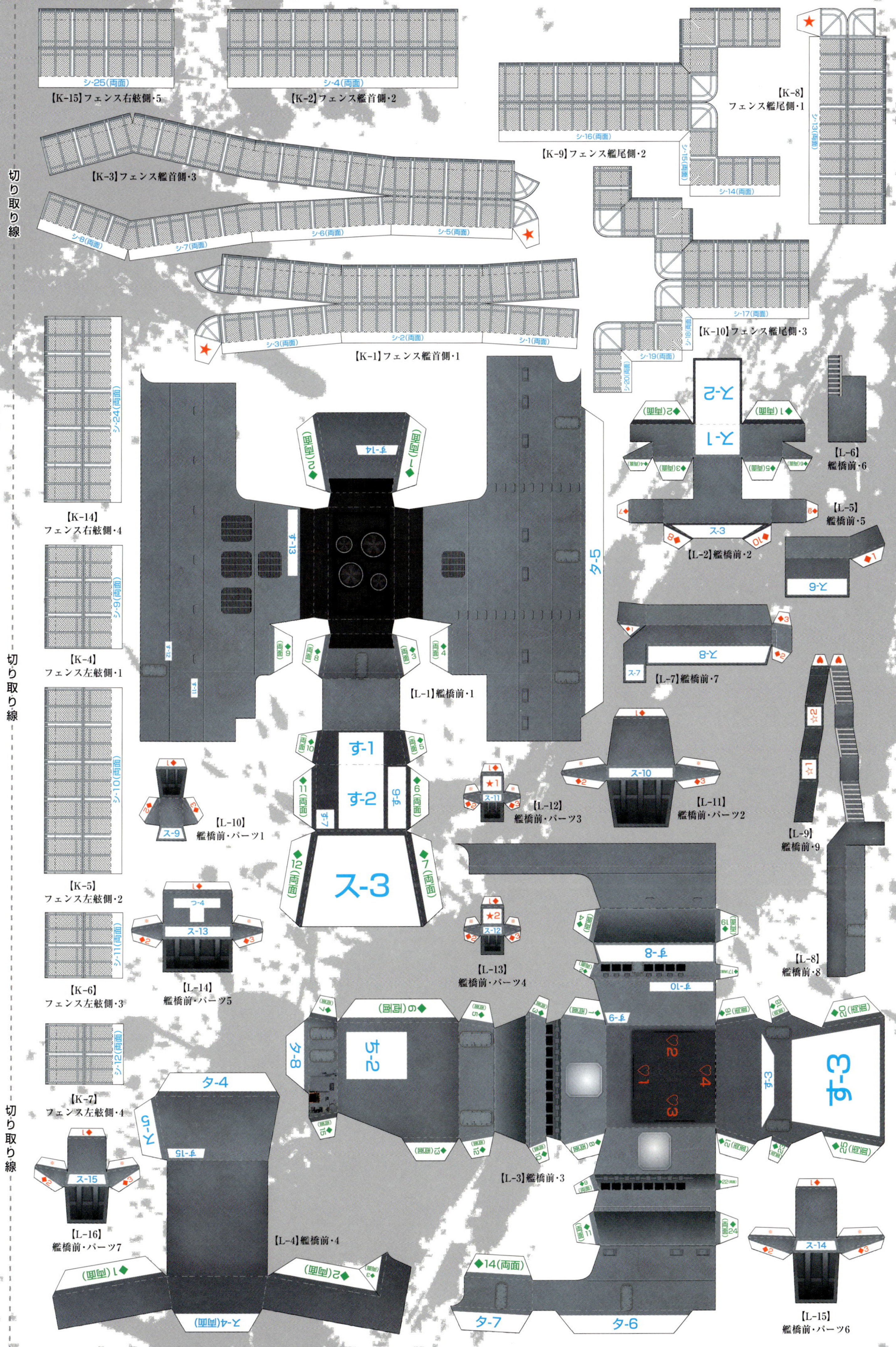
【K-15】フェンス右舷側・5
【K-2】フェンス艦首側・2
【K-9】フェンス艦尾側・2
【K-8】フェンス艦尾側・1
【K-3】フェンス艦首側・3
【K-10】フェンス艦尾側・3
【K-1】フェンス艦首側・1
切り取り線
【K-14】フェンス右舷側・4
【K-4】フェンス左舷側・1
【K-5】フェンス左舷側・2
【K-6】フェンス左舷側・3
【K-7】フェンス左舷側・4
【L-6】艦橋前・6
【L-5】艦橋前・5
【L-2】艦橋前・2
【L-7】艦橋前・7
【L-1】艦橋前・1
【L-10】艦橋前・パーツ1
【L-12】艦橋前・パーツ3
【L-11】艦橋前・パーツ2
【L-9】艦橋前・9
【L-14】艦橋前・パーツ5
【L-13】艦橋前・パーツ4
【L-8】艦橋前・8
【L-16】艦橋前・パーツ7
【L-4】艦橋前・4
【L-3】艦橋前・3
【L-15】艦橋前・パーツ6

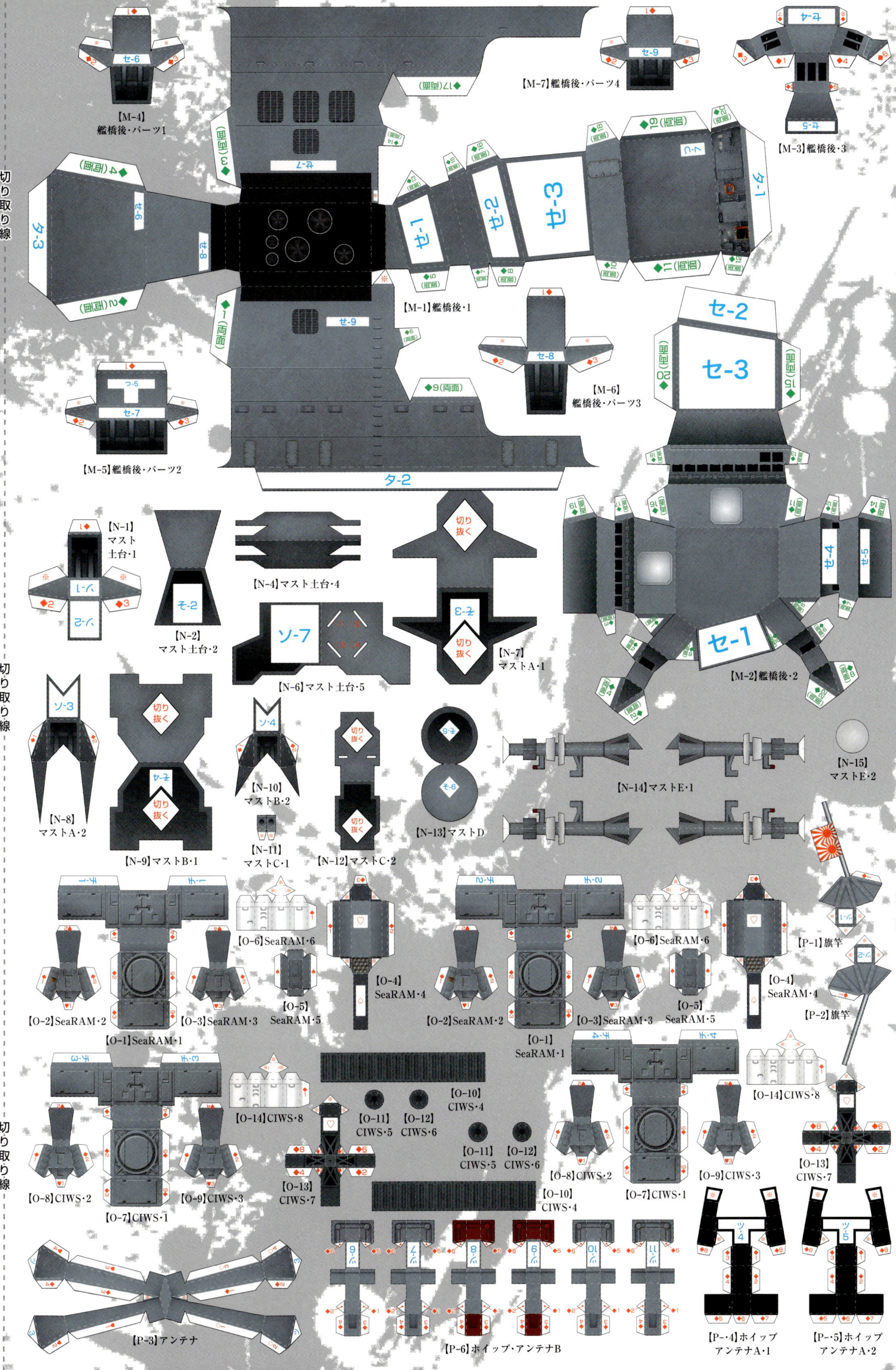

切り取り線
【M-4】艦橋後・パーツ1
【M-7】艦橋後・パーツ4
【M-3】艦橋後・3
【M-1】艦橋後・1
【M-6】艦橋後・パーツ3
【M-5】艦橋後・パーツ2
【M-2】艦橋後・2
切り取り線
【N-1】マスト土台・1
【N-2】マスト土台・2
【N-4】マスト土台・4
【N-6】マスト土台・5
切り抜く
【N-7】マストA・1
【N-8】マストA・2
【N-9】マストB・1
【N-10】マストB・2
【N-11】マストC・1
【N-12】マストC・2
【N-13】マストD
【N-14】マストE・1
【N-15】マストE・2
【O-6】SeaRAM・6
【O-4】SeaRAM・4
【O-5】SeaRAM・5
【O-2】SeaRAM・2
【O-3】SeaRAM・3
【O-1】SeaRAM・1
【O-6】SeaRAM・6
【O-4】SeaRAM・4
【O-5】SeaRAM・5
【O-2】SeaRAM・2
【O-3】SeaRAM・3
【O-1】SeaRAM・1
【P-1】旗竿
【P-2】旗竿
切り取り線
【O-14】CIWS・8
【O-11】CIWS・5
【O-12】CIWS・6
【O-10】CIWS・4
【O-11】CIWS・5
【O-12】CIWS・6
【O-13】CIWS・7
【O-8】CIWS・2
【O-9】CIWS・3
【O-7】CIWS・1
【O-10】CIWS・4
【O-8】CIWS・2
【O-9】CIWS・3
【O-7】CIWS・1
【O-14】CIWS・8
【O-13】CIWS・7
【P-3】アンテナ
【P-6】ホイップ・アンテナB
【P-4】ホイップアンテナA・1
【P-5】ホイップアンテナA・2

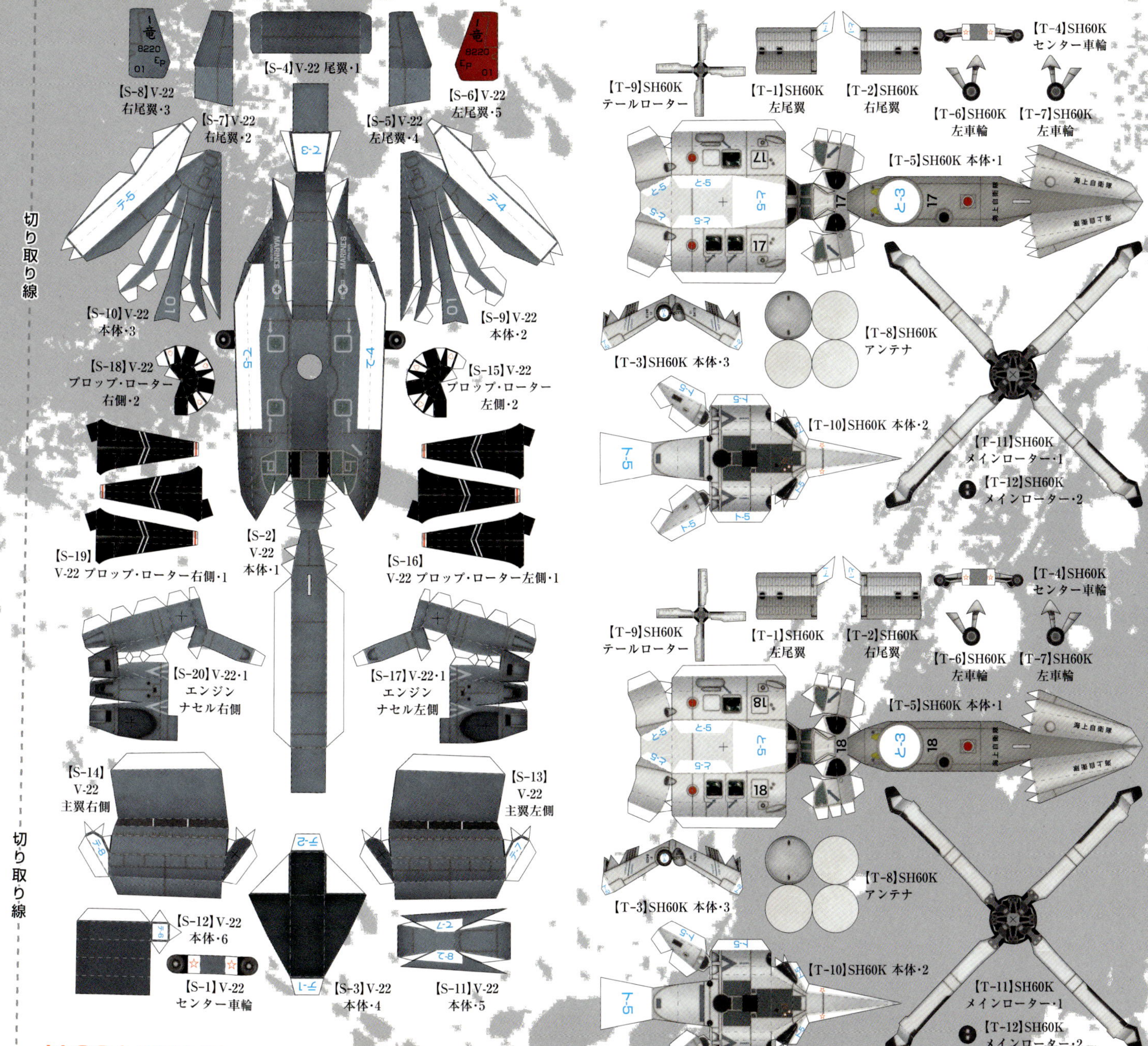

V-22とSH60Kののりしろ番号は
組み立て説明書に拡大図と合わせて記載しています。

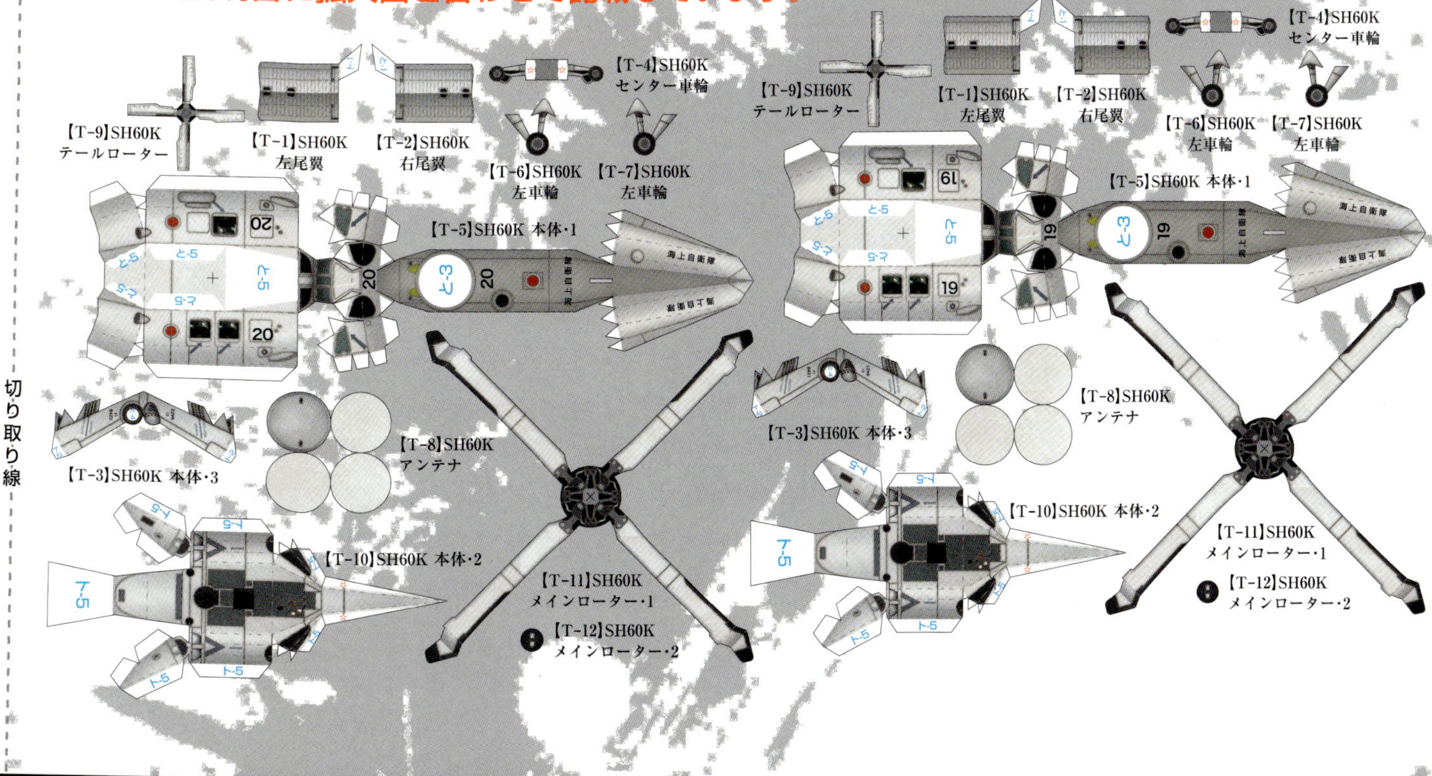